数控加工工艺

叶　畅　刘永利　主　编

冯金冰　尹昭辉　毕艳茹　殷红梅　副主编

清华大学出版社

北京

内 容 简 介

本书根据高等职业院校学生认知和职业成长规律，设计由简单到复杂、由单要素数控加工工艺分析编制到多要素中等级别以上复杂程度零件综合数控加工工艺分析编制，项目基于工作过程方式，按照典型数控加工零件分类——数控车削零件、数控铣削零件、曲面加工零件、多面配合件的数控加工工艺进行分析及编制。

本书可作为各类高职院校数控加工相关专业的学习教材，也可作为有关工程技术人员学习数控加工的参考书。

图书在版编目(CIP)数据

数控加工工艺/叶畅，刘永利主编.—北京：清华大学出版社，2020.2
ISBN 978-7-302-52791-6

Ⅰ.①数…　Ⅱ.①叶…　②刘…　Ⅲ.①数控机床—加工　Ⅳ.①TG659

中国版本图书馆 CIP 数据核字(2019)第 076994 号

责任编辑：颜廷芳
封面设计：傅瑞学
责任校对：李　梅
责任印制：杨　艳

出版发行：清华大学出版社
网　　址：http://www.tup.com.cn，http://www.wqbook.com
地　　址：北京清华大学学研大厦 A 座　　**邮　　编**：100084
社 总 机：010-62770175　　**邮　　购**：010-62786544
投稿与读者服务：010-62776969，c-service@tup.tsinghua.edu.cn
质量反馈：010-62772015，zhiliang@tup.tsinghua.edu.cn
课件下载：http://www.tup.com.cn，010-83470410
印 装 者：北京国马印刷厂
经　　销：全国新华书店
开　　本：185mm×260mm　　**印　　张**：12.75　　**字　　数**：291 千字
版　　次：2020 年 3 月第 1 版　　**印　　次**：2020 年 3 月第 1 次印刷
定　　价：49.00 元

产品编号：077403-01

前　言

根据教育部有关高等职业技术教育文件精神，高等职业教育课程内容要体现职业特色，需要按照工作的相关性而不是知识的相关性来组织课程教育内容，完成从知识体系向行动体系的转换，建立以服务为宗旨、以就业为导向、工学结合的课程组织模式。对比市场上现有的传统课程体系教材，本书以数控人才知识结构和工作能力的市场需求为目标，特别是将企业生产零件和生产实训零件纳入教材项目载体，使教材更具职业特色。

本书根据高等职业院校学生认知和职业成长规律，设计由简单到复杂、由单要素数控加工工艺分析编制到多要素中等级别以上复杂程度零件综合数控加工工艺分析编制，共4个项目，项目基于工作过程方式，按照典型数控加工零件分类——数控车削零件、数控铣削零件、曲面加工零件、多面配合件的数控加工工艺进行分析及编制。

本书融“教、学、做”为一体，工学结合，根据职业岗位完成工作任务的需求来选择和组织教材内容，教材内容编排符合行动体系的“时序”。本书结构严谨，特色鲜明，图文并茂，内容丰富，实用性强；理论问题论述清晰，详略得当，易于掌握。项目案例根据职业岗位工作领域、工作过程、工作任务和职业标准涉及的典型零件数控加工工艺选取，案例全部来源于生产实际，具有示范性，有利于培养学生的职业能力。

本书由叶畅、刘永利任主编，叶畅拟定大纲，冯金冰、尹昭辉任副主编。本书编写分工如下：绪论、项目1、项目2由叶畅、刘永利编写，项目3由冯金冰、殷红梅编写，项目4由尹昭辉、毕艳茹编写。在此，对所有在本书编写过程中给予支持与帮助的同志表示由衷的感谢。

由于编者水平有限，书中难免会有不足之处，恳请读者批评、指正，谢谢！

编　者

2019年8月

目录

绪　论

1. 数控加工过程与数控加工工艺系统

1）数控加工过程

数控加工就是根据零件图纸、工艺技术要求等原始条件，编制零件数控加工程序，输入数控机床的数控系统，以控制数控机床中刀具相对工件的运动轨迹，从而完成零件加工的过程。利用数控机床完成零件的数控加工过程如图 1 所示。

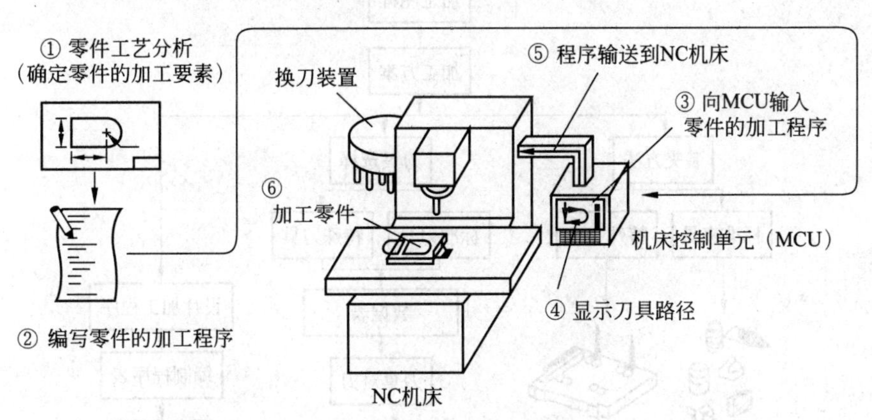

图 1　数控加工过程示意图

由图 1 可以看出，数控加工过程的主要工作内容包括以下 6 个方面。

① 根据零件加工图纸进行工艺分析，确定加工方案、工艺参数和位移数据。

② 用规定的程序代码和格式编写零件加工程序单；或用自动编程软件进行 C 工作，直接生成零件的 NC 加工程序文件。

③ 程序的输入或传输。手工编程时，可以通过数控机床的操作面板输入程序：由自动编程软件生成的 NC 加工程序，通过计算机的串行通信接口直接传输到机床控制单元（Machine Control Unit，MCU）。

④ 将输入或传输到数控装置的 NC 加工程序进行试运行与刀具路径模拟等。

⑤ 通过对机床的正确操作，运行程序。

⑥ 完成零件的加工。

2）数控加工工艺系统

由图1可以看出，数控加工过程是在一个由数控机床、刀具、夹具和工件构成的数控加工工艺系统中完成的；NC加工程序是控制刀具相对工件的运动轨迹。因此，由数控机床夹具、刀具和工件等组成的统一体称为数控加工工艺系统。图2所示为数控加工工艺系统的构成及其相互关系。数控加工工艺系统性能的好坏直接影响零件的加工精度和零件表面的质量。

（1）数控机床。采用数控技术，或者装备了数控系统的机床，称为数控机床。数控机床是一种技术密集度和自动化程度都比较高的机电一体化加工装备，是实现数控加工的主体。

（2）夹具。在机械制造中，用于装夹工件（和引导刀具）的装置统称为夹具。在机械制造过程中，夹具的使用十分广泛，从毛坯制造到产品装配以及检测的各个生产环节，都有许多不同种类的夹具。夹具用来固定工件并使之保持正确的位置，它是实现数控加工的纽带。

（3）刀具。金属切削刀具是现代机械加工中的重要工具。无论是普通机床还是数控机床，都必须依靠刀具才能完成切削工作。刀具是实现数控加工的桥梁。

（4）工件。工件是数控加工的对象。

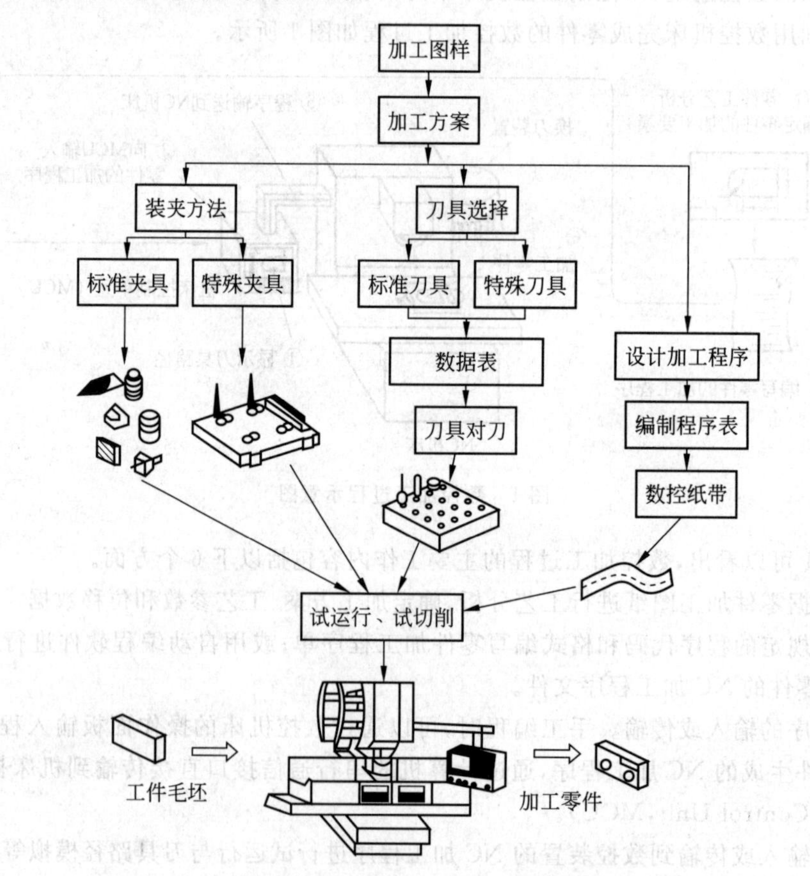

图2 数控加工工艺系统的构成及其相互关系

2. 数控加工工艺的特点与数控加工工艺过程的主要内容

1）数控加工工艺的特点

由于数控加工采用计算机数控系统的数控机床，使得数控加工与普通加工相比具有加工自动化程度高、加工精度高、加工质量稳定、生产效率高、生产周期短和设备使用费用高等特点。因此，数控机床加工工艺与普通机床加工工艺相比，具有如下特点。

(1) 数控加工工艺内容要求十分具体、详细。所有工艺问题必须事先设计和安排好，并编入加工程序中，数控加工工艺不仅包括详细的切削加工步骤和所用工装夹具的装夹方案，还包括刀具的型号、规格、切削用量和其他特殊要求的内容，以及标有数控加工坐标位置的工序图等。在自动编程中更需要确定各种加工工艺的详细参数。

(2) 数控加工工艺设计要求更严密、精确。数控加工过程中可能遇到的所有问题必须事先精心考虑到，否则将导致严重的后果。例如攻螺纹时，数控机床不知道孔中是否已充满铁屑，是否需要退刀清理铁屑后再继续加工。又例如普通机床加工时，可以多次"试切"来满足零件的精度要求：而数控加工过程，严格按规定尺寸进给，要求准确无误。因此，数控加工工艺设计要求更加严密、精确。

(3) 制定数控加工工艺要进行零件图形的数学处理和编程尺寸设定值的计算，编程尺寸并不是零件图上设计尺寸的简单再现。在对零件图进行数学处理和计算时，编程尺寸设定值要根据零件尺寸公差要求和零件的形状几何关系重新调整计算，才能确定合理的编程尺寸。

(4) 要考虑进给速度对零件形状精度的影响。制订数控加工工艺时，选择切削用量时要考虑进给速度对加工零件形状精度的影响。在数控加工中，刀具的移动轨迹是由插补运算完成的。根据插补运算原理分析，在数控系统已定的条件下，进给速度越快，则插补运算精度越低，导致工件的轮廓形状精度越差。尤其在高精度加工时，这种影响非常明显。

(5) 强调刀具选择的重要性。复杂形状的加工编程通常采用自动编程方式。在自动编程中，必须先选定刀具再生成刀具中心运动轨迹，因此，对于不具有刀具补偿功能的数控机床来说，若刀具预先选择不当所编程序只能推倒重来。

(6) 数控加工工艺的加工工序相对集中。由于数控机床特别是功能复合化的数控机床一般都带有自动换刀装置，在加工过程中能够自动换刀，一次装夹即可完成多道工序或全部工序的加工。因此，数控加工工艺的明显特点是工序相对集中，表现为工序数目少、工序内容多，并且由于在数控机床上尽可能安排较复杂的加工工序，所以数控加工工艺的工序内容比普通机床加工的工序内容复杂。

2）数控加工工艺过程的主要内容

数控加工工艺过程的主要内容如下。

(1) 选择并确定进行数控加工的内容。

(2) 对零件图进行数控加工工艺分析。

(3) 设计零件数控加工工艺方案。

(4) 确定工件装夹方案。

(5) 设计工步和加工进给路线。

(6) 选择数控加工设备。
(7) 确定刀具、夹具和量具。
(8) 对零件图形进行数学处理并确定编程尺寸的设定值。
(9) 确定加工余量。
(10) 确定工序、工步尺寸及公差。
(11) 确定切削参数。
(12) 选择切削液。
(13) 编写、校验和修改加工程序。
(14) 首件试加工与现场工艺问题处理。
(15) 数控加工工艺技术文件的拟订与归档。

项目 1

螺纹轴的数控工艺分析

【项目介绍】

在工业产品中,轴类零件适用于一个或多个数控基床加工零件的维护操作中。轴类零件是五金配件中经常遇到的典型零件之一,它主要用来支承传动零部件、传递扭矩和承受载荷。按轴类零件结构形式的不同,一般可分为光轴、阶梯轴和异形轴三类;或分为实心轴、空心轴等。本项目选取的是典型螺纹轴零件,如图 1-1 所示,零件材料为 45 号钢,无热处理和硬度要求,试对其进行数控加工工艺分析。

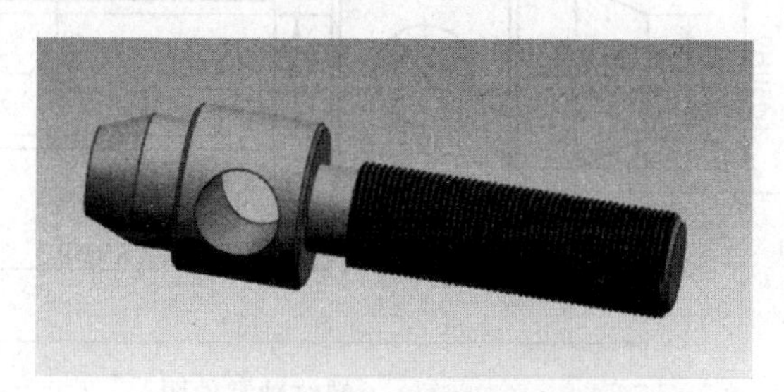

图 1-1　螺纹轴零件

【学习目标】

(1) 学会轴类零件的结构工艺性分析方法。

(2) 学会轴类零件毛坯种类、制造方法、形状与尺寸的选择原则。

(3) 学会轴类零件的定位方法和定位基准的选择原则。

(4) 学会制定轴类零件的加工工艺路线,选择加工方法及确定加工顺序。

(5) 能读懂螺纹轴的加工工艺规程。

任务 1.1　螺纹轴的图纸分析及毛坯的选择

1.1.1　任务单

螺纹轴的图纸分析及毛坯选择的任务单见表 1-1。

表 1-1 项目任务单

学习项目1	螺纹轴的数控工艺分析		
学习任务1	螺纹轴的图纸分析及毛坯选择	学时	4
布 置 任 务			
学习目标	1. 学会对零件图的尺寸分析和对零件的结构分析。 2. 学会对零件图的技术要求合理性分析。 3. 能够读懂零件图的技术要求。 4. 能够根据毛坯选择原则完成零件毛坯的选择。		
任务描述	1. 分析下图,标注零件的尺寸、公差及表面粗糙度的合理性。 2. 分析零件要素的工艺性。 3. 分析零件整体结构的工艺性。 4. 分析零件技术要求的合理性。 5. 分析零件图并确定毛坯的尺寸和形状。 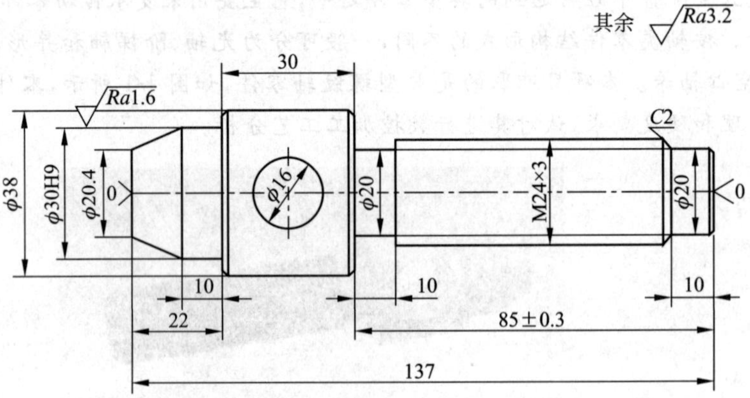 螺纹轴零件图		
对学生的要求	1. 小组讨论零件图,分析零件图的尺寸及公差的合理性。 2. 小组讨论并填写计划单。 3. 小组讨论并填写实施单。		
学时安排	4		

1.1.2 工作任务相关知识

1. 读图步骤

1）读标题栏

了解零件的名称、材料、画图比例、重量等信息。

2）分析视图

零件的内、外形状和结构,是读零件图的重点。组合体的读图方法(包括视图、剖视图、剖视面等),可从基本视图入手看出零件的大致内外形状;然后结合局部视图、斜视图以及制面等表达方法,读懂零件的局部或面的形状;同时,也从设计和加工方面的要求了解零件结构的作用。

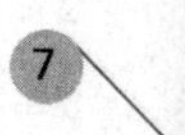

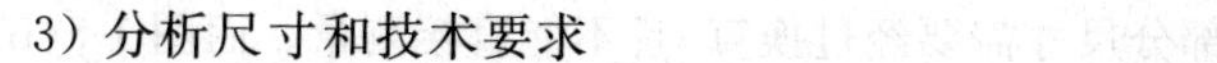

3) 分析尺寸和技术要求

了解零件各部分的定形、定位尺寸和零件的总体尺寸，以及注写尺寸时所用的基准，还要读懂技术要求，如表面粗糙度、公差与配合等内容。

4) 综合考虑

把读懂的结构形状、尺寸标注和技术要求等内容综合起来，就能比较全面地读懂零件图。

有时为了读懂比较复杂的零件图，还需参考有关的技术资料，包括零件所在的部件装配图以及与它有关的零件图。

2. 零件图的尺寸分析

首先应熟悉零件在产品中的作用、位置、装配关系和工作条件，搞清楚各项技术要求对零件装配质量和使用性能的影响，找出主要和关键的技术要求，然后对零件图纸进行分析。

1) 检查零件图的完整性和正确性

在了解零件形状和结构之后，应检查零件视图是否正确，表达是否直观、清楚，绘制是否符合国家标准，尺寸、公差以及技术要求的标注是否齐全、合理等。

2) 分析零件的技术要求

零件的技术要求包括下列几个方面：加工表面的尺寸精度；主要加工表面的形状精度；主要加工表面之间的相互位置精度；加工表面的粗糙度以及表面质量方面的其他要求；热处理要求；其他要求(如动平衡、未注圆角或倒角、去毛刺、毛坯要求等)。

要注意分析这些要求在保证使用性能的前提下是否经济合理，在现有生产条件下能否实现。特别要分析主要表面的技术要求，因为主要表面的加工确定了零件工艺过程的大致轮廓。

3) 分析零件的材料

零件的材料分析即分析所提供的毛坯材质本身的机械性能和热处理状态，毛坯的铸造品质和被加工部位的材料硬度，是否有白口、夹砂、疏松等。判断其加工的难易程度，为选择刀具材料和切削用量提供依据。所选的零件材料应经济合理、切削性能好，满足使用性能的要求。

4) 合理的标注尺寸

(1) 零件图上的重要尺寸应直接标注，而且在加工时应尽量使工艺基准与设计基准重合，并符合尺寸链最短的原则。如图 1-2 所示，活塞环槽的尺寸为重要尺寸，其宽度应直接注出。

(2) 零件图上标注的尺寸应便于测量，不要从轴线、中心线、假想平面等难以测量的基准标注尺寸。如图 1-3 所示，轮毂键槽的深度，只有尺寸 c 的标注才便于用卡尺或样板测量。

(3) 零件图上的尺寸不应标注成封闭式，以免产生矛盾。如图 1-4 所示，已标注了孔距尺寸 $a \pm \delta_a$ 和角度 $\alpha \pm \delta_\alpha$，则 x、y 轴的坐标尺寸就不能随便标注。有时为了方便加工，可按尺寸链计算出来，并标注在圆括号内，作为加工时的参考尺寸。

(4) 零件上非配合的自由尺寸，应按加工顺序尽量从工艺基准标注出。如图 1-5 所示的齿轮轴，图 1-5(a)的表示方法大部分尺寸需要经过换算，且不能直接测量。而图 1-5(b)的标注方式与加工顺序一致，便于加工测量。

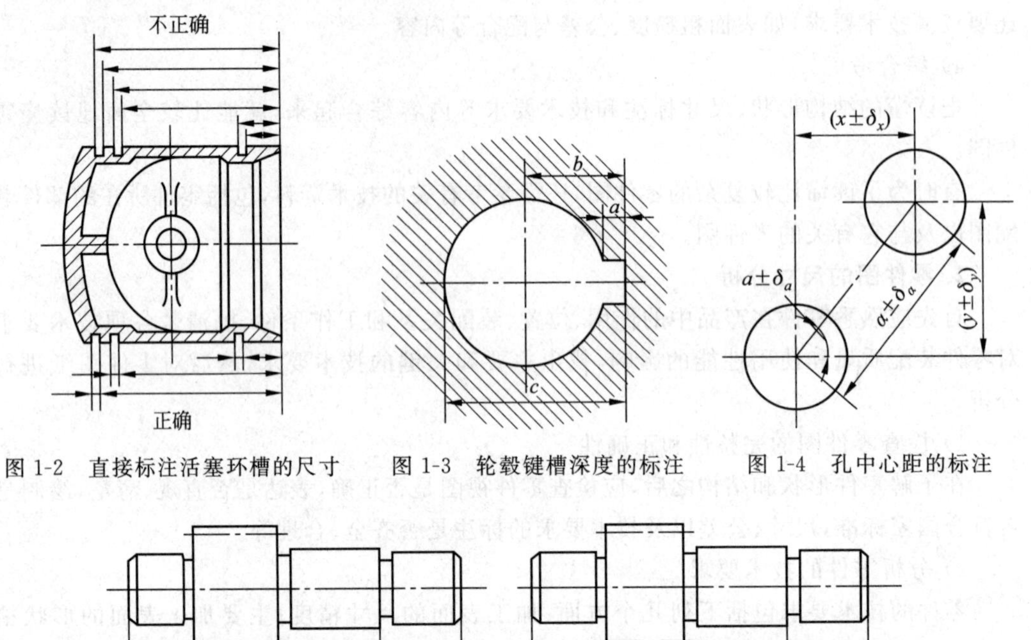

图 1-2 直接标注活塞环槽的尺寸　　图 1-3 轮毂键槽深度的标注　　图 1-4 孔中心距的标注

(a) 错误　　(b) 正确

图 1-5 按加工顺序标注自由尺寸

(5) 零件上各非加工表面的位置尺寸应直接标注，而非加工面与加工面之间只能有一个联系尺寸。如图 1-6 所示，图 1-6(a)中的注法不合理，只能保证一个尺寸符合图纸要求，其余尺寸可能会超差。而图 1-6(b)中标注尺寸 A 在加工面Ⅳ时予以保证，其他非加工面的位置直接标注，在铸造时保证。

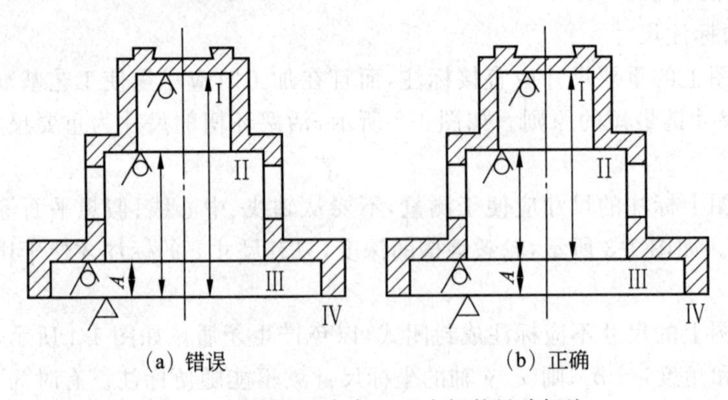

(a) 错误　　(b) 正确

图 1-6 非加工面与加工面之间的尺寸标注

3. 零件的结构工艺性分析

零件的结构工艺性是指在满足使用性能的前提下，是否能以较高的生产率和最低的成本方便地加工出来的特性。为了快捷地把所设计的零件加工出来，就必须对零件的结构工艺性进行详细地分析。主要应考虑如下几方面。

1）有利于达到所要求的加工质量

（1）合理确定零件的加工精度与表面质量。加工精度若定得过高会增加工序和制造成本，定得过低会影响机器的使用性能，因此，必须根据零件在整个机器中的作用和工作条件合理地确定加工精度，尽可能使零件加工方便且制造成本低。

（2）保证位置精度的可能性。为保证零件的位置精度，最好使零件能在一次安装中加工出所有相关表面，这样就能依靠机床本身的精度来达到所要求的位置精度。如图 1-7(a)所示的结构，不能保证外圆 ϕ80mm 与内孔 ϕ60mm 的同轴度。如改成图 1-7(b)所示的结构，就能在一次安装中加工出外圆与内孔，从而保证两者的同轴度。

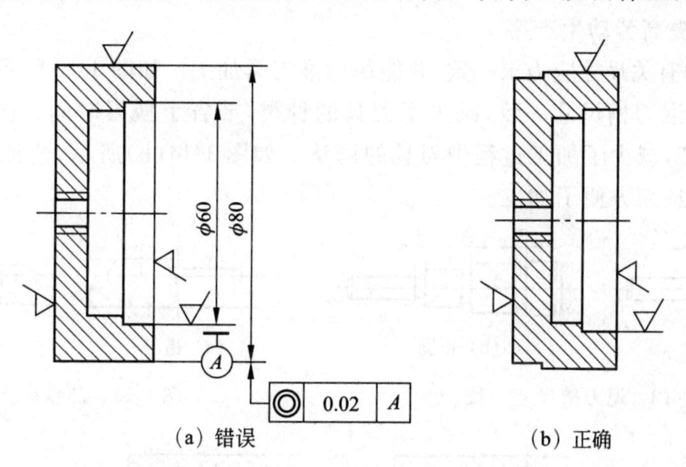

（a）错误　（b）正确

图 1-7　有利于保证位置精度的工艺结构

2）有利于减少加工劳动量

（1）尽量减少不必要的加工面积。减少加工面积不仅可以减少机械加工的劳动量，还可以减少刀具的损耗，提高装配质量。图 1-8(b)所示的轴承座减少了底面的加工面积，降低了修配的工作量，保证配合面的接触。图 1-9(b)所示则减少了精加工的面积，又避免了深孔的加工。

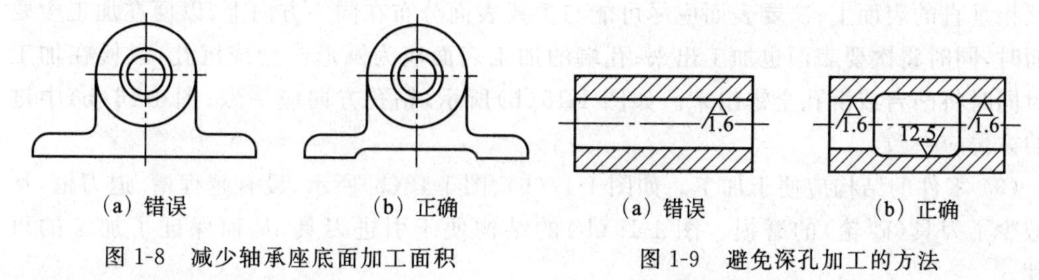

（a）错误　（b）正确　（a）错误　（b）正确

图 1-8　减少轴承座底面加工面积　　图 1-9　避免深孔加工的方法

（2）尽量避免或简化内表面的加工。因为外表面的加工要比内表面的加工方便、经济，又便于测量。因此，在零件设计时应力求避免在零件内腔进行加工。如图 1-10 所示的箱体，将图 1-10(a)的结构改成图 1-10(b)所示的结构，这样的结构不仅加工方便而且有利于装配。再如图 1-11 所示，将图 1-11(a)中件 2 上的内沟槽 a 加工，改成图 1-11(b)中件 1 的外沟槽加工，这样加工与测量都很方便。

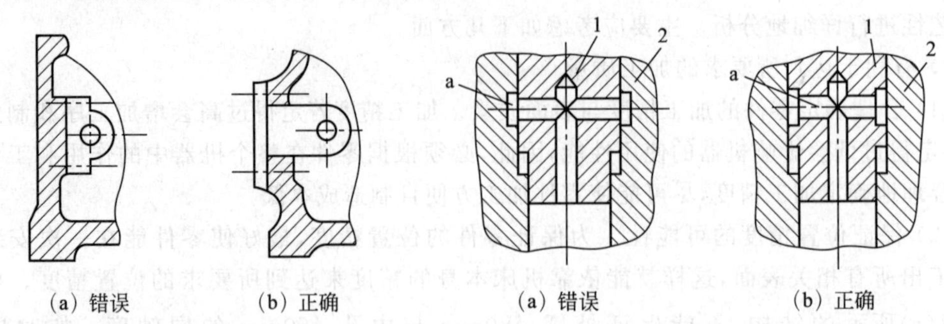

(a) 错误　(b) 正确

图 1-10　将内表面加工转化为外表面加工

(a) 错误　(b) 正确

图 1-11　将内沟槽加工转化为外沟槽加工

3) 有利于提高劳动生产率

(1) 零件的有关尺寸应力求一致，并能用标准刀具加工。如图 1-12 所示，由图 1-12(a)改为图 1-12(b)退刀槽尺寸一致，减少了刀具的种类，节省了换刀时间。图 1-13(b)中采用凸台高度等高，减少了加工过程中刀具的调整。如图 1-14(b)所示，这种结构可以采用标准钻头钻孔，从而方便了加工。

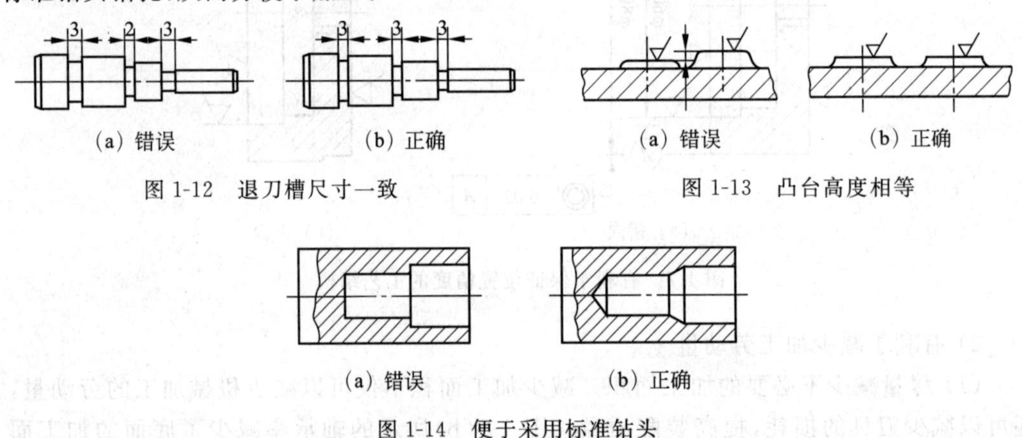

(a) 错误　(b) 正确

图 1-12　退刀槽尺寸一致

(a) 错误　(b) 正确

图 1-13　凸台高度相等

(a) 错误　(b) 正确

图 1-14　便于采用标准钻头

(2) 减少零件的安装次数。零件的加工表面应尽量分布在同一方向上，或互相平行或互相垂直的表面上；次要表面应尽可能与主要表面分布在同一方向上，以便在加工主要表面时，同时将次要表面也加工出来；孔端的加工表面应为圆形凸台或沉孔，以便在加工孔时同时将凸台或沉孔全锪出来。如图 1-15(b)所示，钻孔方向应一致；图 1-16(b)中键槽的方位应一致。

(3) 零件的结构应便于加工。如图 1-17(b)、图 1-18(b)所示，设有越程槽、退刀槽，从而减少了刀具(砂轮)的磨损。图 1-19(b)的结构便于引进刀具，从而保证了加工的可能性。

(4) 避免在斜面上钻孔和钻头单刃切削。如图 1-20(b)所示，避免了因钻头两边切削力不等使钻孔轴线倾斜或折断钻头。

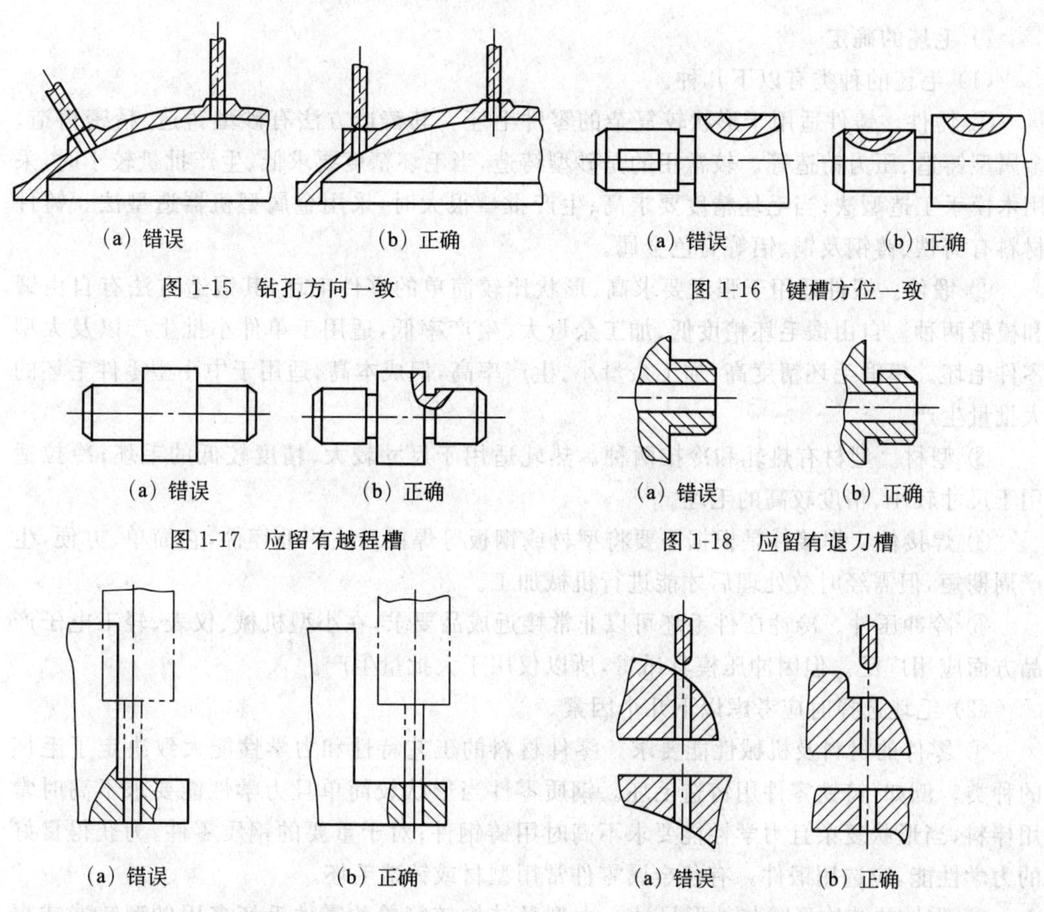

图 1-15　钻孔方向一致　　图 1-16　键槽方位一致

图 1-17　应留有越程槽　　图 1-18　应留有退刀槽

图 1-19　孔的位置便于钻头的引入　　图 1-20　避免在斜面上钻孔和钻头单刃切削

(5) 便于多刀或多件加工。如图 1-21(b)所示，为适应多刀加工，阶梯轴各段长度应相似或成整数倍；直径尺寸应沿同一方向递增或递减，以便调整刀具。零件设计的结构要便于多件加工，如图 1-22(b)所示的结构可将毛坯排列成行，便于多件连续加工。

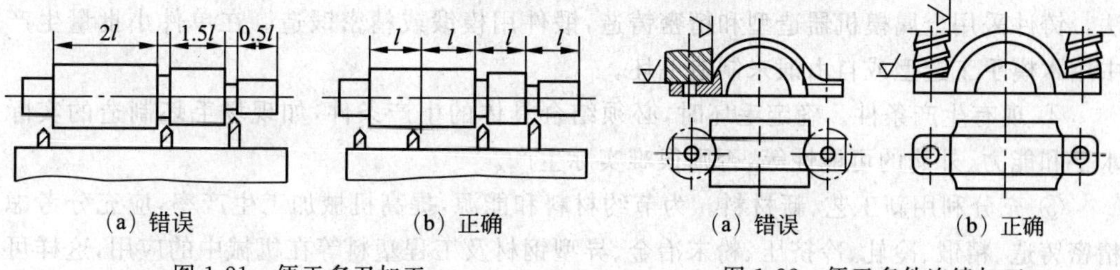

图 1-21　便于多刀加工　　图 1-22　便于多件连续加工

4. 毛坯的选择

在制订机械加工工艺规程时，正确选择合适的毛坯，对零件的加工质量、材料消耗和加工工时都有很大的影响。显然毛坯的尺寸和形状越接近成品零件，机械加工的劳动量越少，毛坯的制造成本越高。所以应根据生产纲领，综合考虑毛坯制造和机械加工的费用来确定毛坯，以求得最大的经济利益。

1）毛坯的确定

(1) 毛坯的种类有以下几种。

① 铸件。铸件适用于形状较复杂的零件毛坯。其铸造方法有砂型铸造、精密铸造、金属型铸造、压力铸造等。较常用的是砂型铸造，当毛坯精度要求低、生产批量较小时，采用木模手工造型法；当毛坯精度要求高、生产批量很大时，采用金属型机器造型法。铸件材料有铸铁、铸钢及铜、铝等有色金属。

② 锻件。锻件适用于强度要求高、形状比较简单的零件毛坯，其锻造方法有自由锻和模锻两种。自由锻毛坯精度低、加工余量大、生产率低，适用于单件小批生产以及大型零件毛坯。模锻毛坯精度高、加工余量小、生产率高，但成本高，适用于中小型零件毛坯的大批量生产。

③ 型材。型材有热轧和冷拉两种。热轧适用于尺寸较大、精度较低的毛坯；冷拉适用于尺寸较小、精度较高的毛坯。

④ 焊接件。焊接件是根据需要将型材或钢板等焊接而成的毛坯件，它简单、方便，生产周期短，但需经时效处理后才能进行机械加工。

⑤ 冷冲压件。冷冲压件毛坯可以非常接近成品要求，在小型机械、仪表、轻工电子产品方面应用广泛。但因冲压模具昂贵，所以仅用于大批量生产。

(2) 毛坯选择时应考虑以下几个因素。

① 零件的材料及机械性能要求。零件材料的工艺特性和力学性能大致决定了毛坯的种类。例如，铸铁零件用铸造毛坯。钢质零件当形状较简单且力学性能要求不高时常用棒料，当形状复杂且力学性能要求不高时用铸钢件；对于重要的钢质零件，为获得良好的力学性能，应选用锻件。有色金属零件常用型材或铸造毛坯。

② 零件的结构形状与外形尺寸。大型且结构较简单的零件毛坯多用砂型铸造或自由锻；结构复杂的毛坯多用铸造；小型零件可用模锻件或压力铸造毛坯；板状钢质零件多用锻件毛坯；轴类零件的毛坯，若台阶直径相差不大，可用棒料，若各台阶尺寸相差较大，则宜选择锻件。

③ 生产纲领。在单件大批大量生产中，应采用精度和生产率都较高的毛坯制造方法。铸件采用金属模机器造型和精密铸造，锻件用模锻或精密锻造。在单件小批量生产中用木模手工造型或自由锻来制造毛坯。

④ 现有生产条件。确定毛坯时，必须结合具体的生产条件，如现场毛坯制造的实际水平和能力、外购的可能性等，否则很难实际生产。

⑤ 充分利用新工艺、新材料。为节约材料和能源，提高机械加工生产率，应充分考虑精密铸造、精锻、冷轧、冷挤压、粉末冶金、异型钢材及工程塑料等在机械中的应用，这样可以大大减少机械加工量，甚至不需要进行加工，经济效益非常明显。

2）加工余量的确定

(1) 加工余量的概念。加工余量是指加工过程中所切去的金属层厚度，余量分为总加工余量和工序余量之分。由毛坯转变为零件的过程中，在某加工表面上切除金属层的总厚度，称为该表面的总加工余量(也称毛坯余量)。一般情况下，总加工余量并非一次切除，而是分在各工序中逐渐切除，故每道工序所切除的金属层厚度称为工序加工余量(简称工序余量)。工序余量是相邻两工序的工序尺寸之差,毛坯余量是毛坯尺寸与零件图纸的设计尺寸之差。由于工序尺寸有公差,故实际切除的余量大小不等。图 1-23 所示为工序余量与工序尺寸的关系。

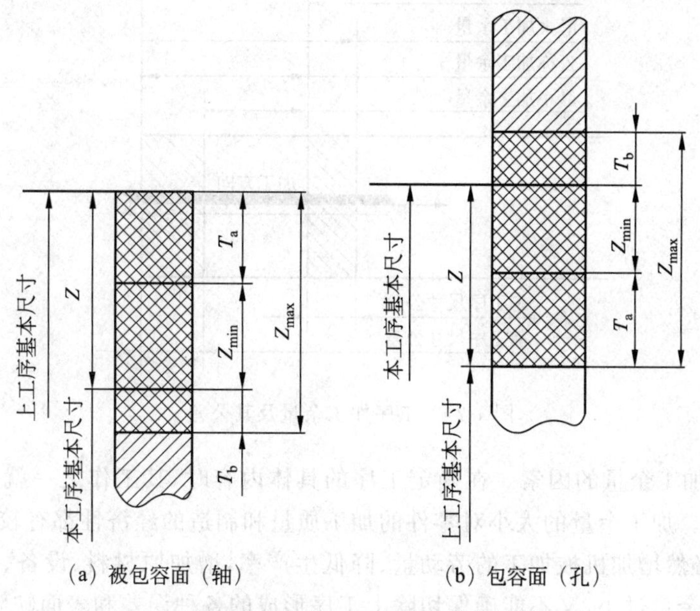

图 1-23　工序余量与工序尺寸及其公差的关系

由图可知,工序余量的基本尺寸(简称基本余量或公称余量)Z 可按下式计算。

对于被包容面：　　Z＝上工序基本尺寸－本工序基本尺寸

对于包容面：　　Z＝本工序基本尺寸－上工序基本尺寸

为了便于加工,工序尺寸都按“入体原则”标注极限偏差,即被包容面的工序尺寸取上偏差为零;包容面的工序尺寸取下偏差为零。毛坯尺寸则按双向布置上、下偏差。工序余量和工序尺寸及其公差的计算公式为

$$Z=Z_{min}+T_a$$

$$Z_{max}=Z+T_b=Z_{min}+T_a+T_b$$

式中：Z_{min}——最小工序余量,单位为 mm；

Z_{max}——最大工序余量,单位为 mm；

T_a——上工序尺寸的公差,单位为 mm；

T_b——本工序尺寸的公差,单位为 mm。

由于毛坯尺寸、零件尺寸和各道工序的工序尺寸都存在误差,所以无论是总加工余量,还是工序加工余量都是一个变动值,出现了最大和最小加工余量,它们与工序尺寸及其公差的关系可用图 1-24 说明。

由图 1-24 可以看出,公称加工余量为前工序和本工序尺寸之差,最小加工余量为前工序尺寸的最小值和本工序尺寸的最大值之差,最大加工余量为前工序尺寸的最大值和本工序尺寸的最小值之差。工序加工余量的变动范围(最大加工余量与最小加工余量之

差)等于前工序与本工序的工序尺寸公差之和。

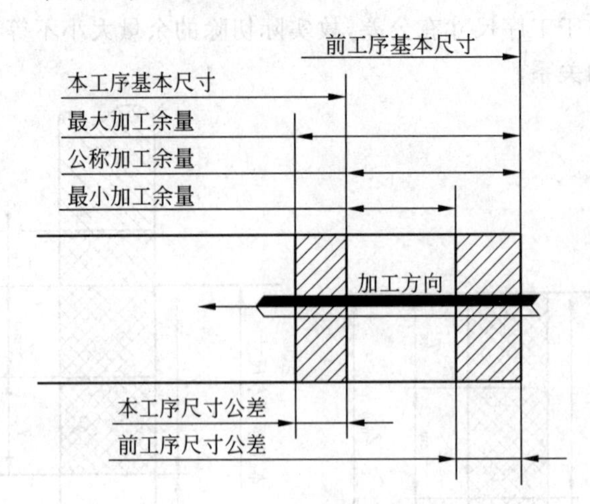

图 1-24 工序加工余量及其公差

(2) 影响加工余量的因素。在确定工序的具体内容时,其工作之一就是合理地确定工序加工余量。加工余量的大小对零件的加工质量和制造的经济性都有较大的影响。加工余量过大,必然增加机械加工的劳动量、降低生产率,增加原材料、设备、工具及电力等的消耗。加工余量过小,又不能确保切除上工序形成的各种误差和表面缺陷,从而影响零件的质量,甚至产生废品。由 1-24 可知,工序加工余量(公称值,以下同)除可用相邻工序的工序尺寸表示外,还可以用另外一种方法表示,即工序加工余量等于最小加工余量与前工序尺寸公差之和。因此,在讨论影响加工余量的因素时,应首先研究影响最小加工余量的因素。

影响最小加工余量的因素较多,现将主要影响因素分项介绍如下。

① 前工序形成的表面粗糙度和表面缺陷层深度(Ra 和 D_a)。为了使工件的加工质量逐步提高,一般每道工序都应切到待加工表面以下的正常金属组织,将上道工序形成的表面粗糙度和表面缺陷层切掉。

② 前工序形成的形状误差和位置误差(Δ_x 和 Δ_w)。当形状公差、位置公差和尺寸公差之间的关系是独立原则时,尺寸公差不控制形状公差和位置公差。此时,最小加工余量应保证将前工序形成的形状误差和位置误差切掉。

以上影响因素中的误差及缺陷,有时会重叠在一起,如图 1-25 所示,图中的 Δ_x 为平面度误差、Δ_w 为平行度误差,但为了保证加工质量,可对各项进行简单叠加,以便彻底切除。上述各项误差和缺陷都是前工序形成的,为能将其全部切除,还要考虑本工序的装夹误差 ε_b 的影响。如图 1-26 所示,由于三爪自定心卡盘定心不准,使工件轴线偏离主轴旋转轴线 e 值,造成加工余量不均匀,为确保将前工序的各项误差和缺陷全部切除,直径上的余量应增加 $2e$。装夹误差 ε_b 的数值,可在求出定位误差、夹紧误差和夹具的对定误差后求得。

综上所述,影响工序加工余量的因素可归纳为下列几点。

① 前工序的工序尺寸公差(T_a)。

② 前工序形成的表面粗糙度和表面缺陷层深度($Ra+D_a$)。

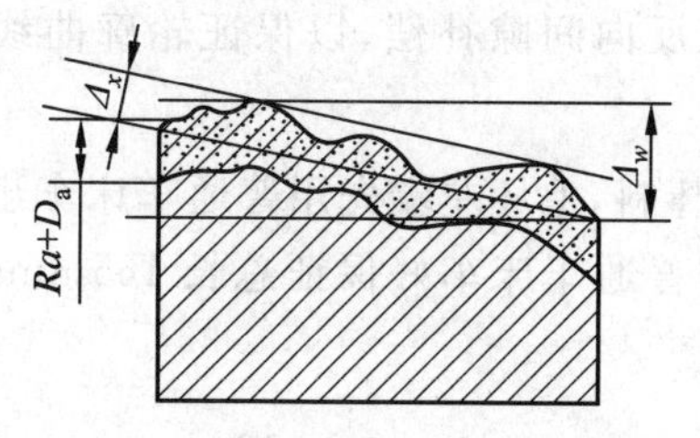

图 1-25　影响最小加工余量的因素

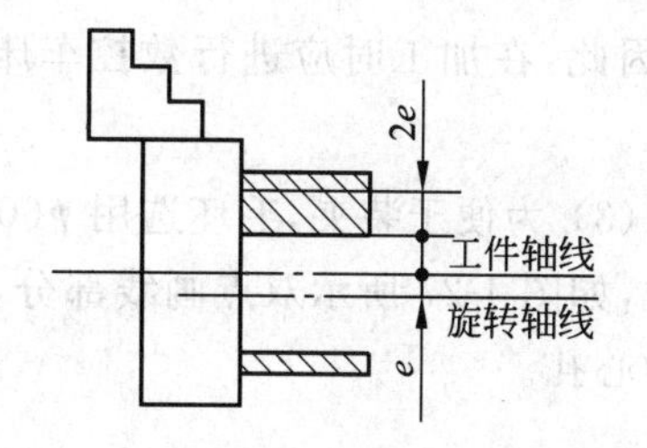

图 1-26　装夹误差对加工余量的影响

③ 前工序形成的形状误差和位置误差(Δ_x、Δ_w)。

④ 本工序的装夹误差(ε_b)。

(3) 确定加工余量的方法。确定加工余量的方法有以下三种。

① 查表修正法。根据生产实践和试验研究,已将毛坯余量和各种工序的工序余量数据编于《机械加工工艺手册》。确定加工余量时,可从手册中获得所需数据,然后结合工厂的实际情况进行修正。查表时应注意表中的数据为公称值,对称表面(轴孔等)的加工余量是双边余量,非对称表面的加工余量是单边余量。这种方法目前应用最广。

② 经验估计法。此方法是根据实践经验确定加工余量。为防止加工余量不足而产生废品,往往估计的数值总是偏大,因而这种方法只适用于单件、小批量生产。

③ 分析计算法。此方法是根据加工余量计算公式和一定的试验资料,通过计算确定加工余量的一种方法。采用这种方法确定的加工余量比较经济合理,但必须有比较全面且可靠的试验资料及先进的计算手段方可进行,故目前应用较少。

在确定加工余量时,总加工余量和工序加工余量要分别确定。总加工余量的大小与选择的毛坯制造精度有关。用查表修正法确定工序加工余量时,粗加工工序的加工余量不应查表确定,而是用总加工余量减去各工序余量求得,同时要对求得的粗加工工序余量进行分析,如果过小,则要增加总加工余量;如果过大,则适当减少总加工余量,以免造成浪费。

1.1.3　参考案例

联结轴加工案例零件图如图 1-27 所示,该联结轴加工案例零件加工表面由圆柱、圆锥、顺圆弧、逆圆弧及双头螺纹等表面组成。圆柱面的直径、球面直径及凹圆弧面的直径尺寸和大锥面锥角等的精度要求较高。

球径 $S\phi 50$mm 的尺寸公差还兼有控制该球面形状(线轮廓)误差的作用,大部分的表面粗糙度为 $Ra\,3.2\mu$m。尺寸标注完整,轮廓描述清楚。零件的材料为 45 号钢,无热处理和硬度要求,切削加工性能较好。

通过上述分析,可采用以下几点工艺措施。

(1) 零件图形的数学处理及编程尺寸设定值的确定。

① 对零件图上几个精度要求较高的尺寸,将基本尺寸换算成平均尺寸。

② 保持零件图上原重要的几何约束关系,如角度、相切等不变。

③ 调整零件图上精度低的尺寸,通过修改一般精度尺寸保持零件原有几何约束关系,使之协调。

(2) 在轮廓曲线上,有三处为圆弧,其中两处为既过象限又改变进给方向的轮廓曲线，因此，在加工时应进行数控车床进给传动系统反向间隙补偿，以保证轮廓曲线的准确性。

(3) 为便于装夹，毛坯选用ϕ60mm×180mm棒料，毛坏左端先用普通车床车出装夹部位，如图1-27所示双点画线部分，右端面也先用普通车床车好保证总长165mm，并钻好中心孔。

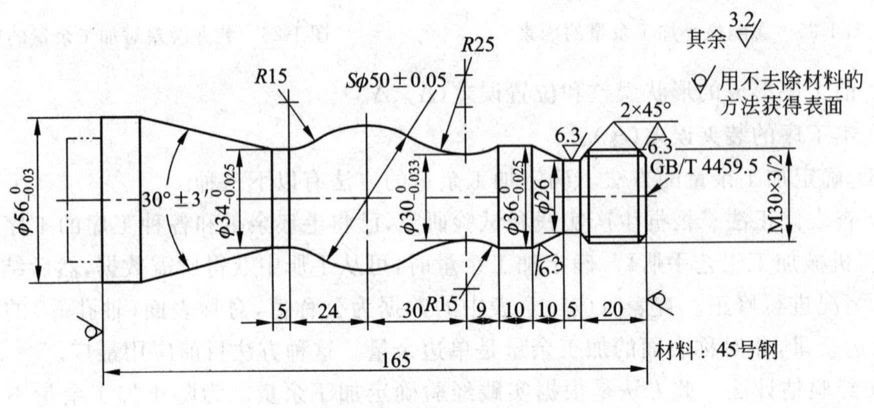

图1-27 联结轴加工案例

1.1.4 制订计划

明确如何完成螺纹轴的图纸分析与毛坯选择及完成步骤，根据实际情况制订如表1-2所示计划单。

表1-2 任务计划单

学习项目1	螺纹轴的数控工艺分析				
学习任务1	螺纹轴的图纸分析及毛坯选择			学时	
计划方式	制订计划和工艺				
序号	实施步骤				使用工具
计划评价	班级		第 组	组长签字	
	教师签字			日期	
	评语				

1.1.5 任务实施

根据所学内容具体实施螺纹轴的图纸分析及完成毛坯选择任务，填写如表1-3所示的任务实施单。

表 1-3　任务实施单

学习项目 1	螺纹轴的数控工艺分析		
学习任务 1	螺纹轴的图纸分析及毛坯选择	学时	
实施方式	小组针对实施计划进行讨论，决策后每人均填写一份任务实施单		

实施内容：
回答下列问题。
1. 根据零件图纸分析，该零件属于什么类型的零件？
2. 根据零件图纸分析，该零件由什么材料组成？
3. 根据零件图纸分析，该零件的加工表面主要有哪几部分？
4. 根据零件图纸分析，该零件不同部分的精度要求是什么？
5. 根据零件图纸分析，该零件不同部分的粗糙度要求是什么？
6. 该零件有无热处理要求？
7. 根据毛坯选择原则，该零件加工毛坯尺寸为多少？
8. 根据该零件的图纸分析特点，该零件加工时应采取什么措施才能更好地完成加工任务？

班级		第　组	组长签字	
教师签字		日期		

1.1.6　任务评价

根据学生任务的完成及课堂表现情况，教师填写表 1-4 所示的任务评价单。

表 1-4　任务评价单

评价等级（在对应等级前打√）	等级分类	评　价　标　准	
	优秀	能高质量、高效率地完成零件图的分析和毛坯选择	
	良好	能在无教师指导下完成零件图的分析和毛坯选择	
	中等	能在教师的偶尔指导下完成零件图的分析和毛坯选择	
	合格	能在教师的全程指导下完成零件图的分析和毛坯选择	
班级		第　组	姓名
教师签字		日期	

任务 1.2　螺纹轴加工工艺路线的拟订

1.2.1　任务单

拟订螺纹轴的加工工艺路线的任务单见表 1-5。

表 1-5 项目任务单

学习项目 1	螺纹轴的数控工艺分析		
学习任务 2	螺纹轴的加工工艺路线的拟订	学时	4
布 置 任 务			
学习目标	1. 学会螺纹轴零件的加工工艺路线的制订。 2. 学会螺纹轴零件的加工方法的选择。 3. 学会确定轴类零件的加工顺序。		
任务描述	1. 选择合理的表面加工方法。 2. 选择正确的加工顺序。 3. 制定合理的加工路线。 4. 填写任务单。		
对学生的要求	1. 小组讨论螺纹轴零件的工艺路线方案。 2. 小组讨论如何选择螺纹轴零件的加工方法。 3. 小组讨论确定轴类零件加工顺序。		
学时安排	4		

1.2.2 工作任务相关知识

机械加工工艺规程的制订,大体上可分为两个步骤。首先是拟订零件加工的工艺路线,然后确定每一工序的工序尺寸、所用设备、工艺装备、切削规范和工时定额等,这两个步骤是互相联系的,应进行综合分析和考虑。

拟订工艺路线的主要内容,除选择定位基准外,还应该包括各加工表面的加工方法安排、安排工序的先后顺序、确定工序的集中与分散程度以及选择设备与工艺装备等。它是制订工艺规程的关键阶段。关于工艺路线的拟订,目前还没有一套精准的计算方法,而是采用经过生产实际总结出的一些带有经验性和综合性的原则。在应用这些原则时,要结合生产实际,灵活应用,防止生搬硬套。

1. 加工方法的选择

机械零件的结构形状是多种多样的,但它们都是由平面、外圆柱面、内圆柱面或曲面、成形面等基本表面所组成的。每一种表面都有多种加工方法,具体选择时应根据零件的加工精度、表面粗糙度、材料、结构形状、尺寸及生产类型等,选用相应的加工方法和加工方案。

1) 外圆表面加工方法的选择

外圆表面的加工方法主要是车削和磨削。表面粗糙度值较小时,还要经过光整加工。外圆表面的加工方案具体如图 1-28 所示。

(1) 最终工序为车削的加工方案,适用于除淬火钢以外的各种金属。

(2) 最终工序为磨削的加工方案,适用于淬火钢、未淬火钢和铸铁。不适用于有色金属,因其韧性大,磨削时易堵塞砂轮。

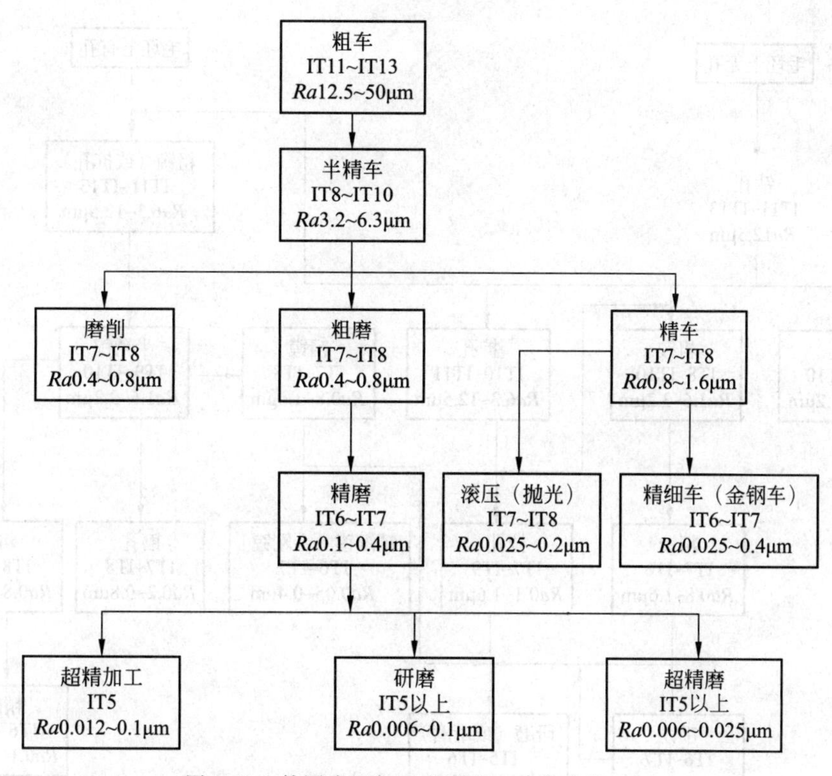

图 1-28　外圆表面加工方案（*Ra* 值单位为 μm）

(3) 最终工序为精细车或金刚车的加工方案，适用于要求较高的有色金属的精加工。

(4) 最终工序为光整加工，如研磨、超精磨及超精加工等，为提高生产率和加工质量，一般在光整加工前进行精磨。

(5) 对表面粗糙度要求高，而尺寸精度要求不高的外圆，可通过滚压或抛光达到要求。

2) 内孔表面加工方法的选择

内孔表面的加工方法有钻孔、扩孔、铰孔、镗孔、拉孔、磨孔以及光整加工等。图 1-29 所示的方案是常用的孔加工方案。应根据被加工孔的加工要求、尺寸、具体的生产条件、批量的大小以及毛坯上有无预加工孔等合理选用。

(1) 加工精度为 IT9 级的孔，当孔径小于 10mm 时，可采用钻→铰方案；当孔径小于 30mm 时，可采用钻→扩方案；当孔径大于 30mm 时，可采用钻→镗方案。此方案的工件材料为除淬火钢以外的各种金属。

(2) 加工精度为 IT8 级的孔，当孔径小于 20mm 时，可采用钻→铰方案；当孔径大于 20mm 时，可采用钻→扩→铰方案，此方案适用于加工除淬火钢以外的各种金属，但孔径应在 20～80mm 的范围内，此外也可采用最终工序为精镗或拉的方案。淬火钢可采用磨削加工。

(3) 加工精度为 IT7 级的孔，当孔径小于 12mm 时，可采用钻→粗铰→精铰方案；当孔径在 12～60mm 的范围内时，可采用钻→扩→粗铰→精铰方案或钻→扩→拉方案。若

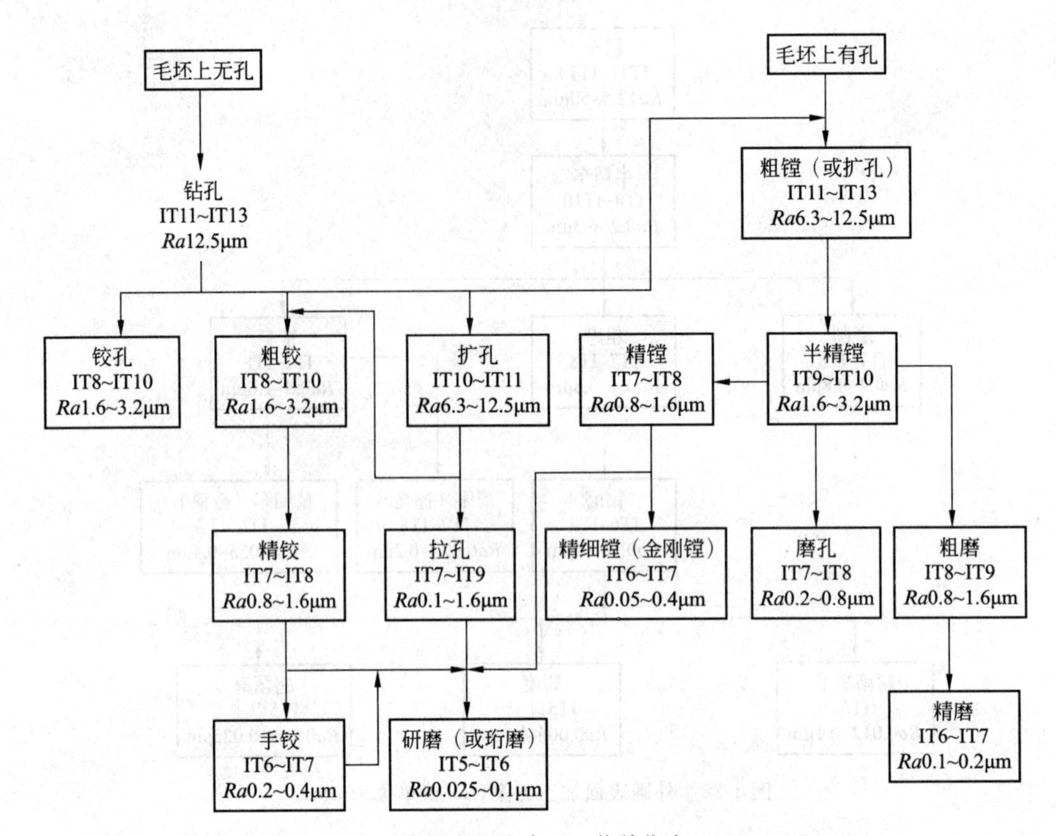

图 1-29　孔加工方案（Ra 值单位为 μm）

加工毛坯上已铸出或锻出的孔，可采用粗镗→半精镗→精镗方案或采用粗镗→半精镗→磨孔方案。最终工序为铰孔的方案适用于未淬火钢或铸铁，对有色金属铰出的孔表面粗糙度较大，常用精细镗孔代替铰孔。最终工序为拉孔的方案适用于大批量生产，工件材料为未淬火钢、铸铁及有色金属。最终工序为磨孔的方案适用于加工除硬度低、韧性大的有色金属外的淬火钢、未淬火钢和铸铁。

(4) 加工精度为 IT6 级的孔，最终工序采用手铰、精细镗、研磨或珩磨等均能达到，应视具体情况选择。韧性较大的有色金属不宜采用珩磨，可采用研磨或精细镗。研磨对大孔、小孔加工均适用，而珩磨只适用于大直径孔的加工。

3) 平面加工方法的选择

平面的主要加工方法有铣削、刨削、车削、磨削及拉削等，精度要求高的表面还需经研磨或刮削加工。图 1-30 所示为常见的平面加工方案。表中尺寸公差的等级是指平行平面之间距离尺寸的公差等级。

(1) 刮研多用于单件小批量生产中配合表面要求高且不淬硬平面的加工。当批量生产时，可用宽刀细刨代替刮研。宽刀细刨特别适用于加工像导轨面这样的狭长平面，能显著提高生产率。

(2) 磨削适用于直线度及表面粗糙度要求高的淬硬工件和薄片工件，也适用于未淬硬钢件上面积较大的平面的精加工。但不宜加工塑性较大的有色金属。

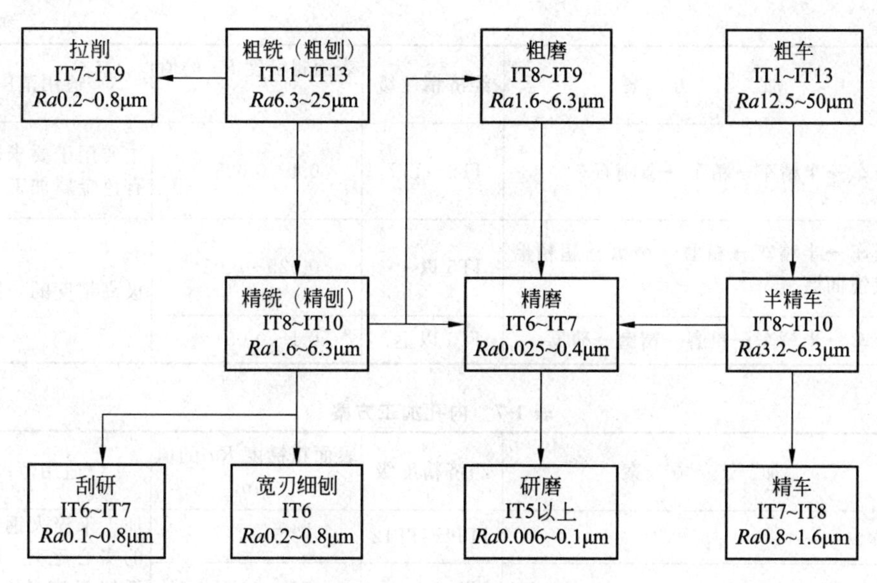

图 1-30 平面加工方案

(3) 车削主要用于回转体零件的端面加工,以保证端面与回转轴线的垂直度要求。

(4) 拉削平面适用于大批量生产中对加工质量要求较高且面积较小的平面。

(5) 研磨适用于高精度、小表面粗糙度的小型零件的精密平面,如量规等精密量具的表面。

任何一种加工方法获得的精度只在一定范围内才是经济的,这种一定范围内的加工精度称为该种加工方法的经济精度。它是指在正常加工条件下(采用符合质量标准的设备、工艺装备和标准等级的工人,不延长加工时间)所能达到的加工精度。相应的表面粗糙度称为经济粗糙度。在选择加工方法时,应根据工件的精度要求选择与经济精度相适应的加工方法。常用的加工方法的经济精度和表面粗糙度,可查阅有关工艺手册。

在实际生产应用中,应充分利用现有设备和工艺手段,不断引进新技术,对老设备进行技术改造,挖掘企业潜力,提高工艺水平。表 1-6～表 1-9 分别列出了外圆、内孔和平面的加工方案及经济精度,供选择加工方法时参考。

表 1-6 外圆表面加工方案

序号	加 工 方 案	经济精度级	表面粗糙度 Ra 的值/μm	适用范围
1	粗车	IT11 以下	50～12.5	适用于淬火钢以外的各种金属
2	粗车→半精车	IT8～IT10	6.3～3.2	
3	粗车→半精车→精车	IT7～IT8	1.6～0.8	
4	粗车→半精车→精车→滚压(或抛光)	IT7～IT8	0.2～0.025	
5	粗车→半精车→磨削	IT7～IT8	0.8～0.4	主要用于淬火钢,也可用于未淬火钢,但不宜加工有色金属
6	粗车→半精车→粗磨→精磨	IT6～IT7	0.4～0.1	
7	粗车→半精车→粗磨→精磨→超精加工(或轮式超精磨)	IT5	0.1～0.1	

续表

序号	加 工 方 案	经济精度级	表面粗糙度 Ra 的值/μm	适用范围
8	粗车→半精车→精车→金刚石车	IT6～IT7	0.4～0.025	主要用于要求较高的有色金属加工
9	粗车→半精车→粗磨→精磨→超精磨或镜面磨	IT5 以上	0.025～0.05	极高精度的外圆加工
10	粗车→半精车→粗磨→精磨→研磨	IT5 以上	0.1～0.05	

表 1-7 内孔加工方案

序号	加 工 方 案	经济精度级	表面粗糙度 Ra 的值/μm	适用范围
1	钻	IT11～IT12	12.5	加工未淬火钢及铸铁的实心毛坯，也可用于加工有色金属（但表面粗糙度稍大，孔径小于15～20mm）
2	钻→铰	IT9	3.2～1.6	
3	钻→铰→精铰	IT7～IT8	1.6～0.8	
4	钻→扩	IT10～IT11	12.5～6.3	同上，但孔径大于15～20mm
5	钻→扩→铰	IT8～IT9	3.2～1.6	
6	钻→扩→粗铰→精铰	IT7	1.6～0.8	
7	钻→扩→机铰→手铰	IT6～IT7	0.4～0.1	
8	钻→扩→拉	IT7～IT9	1.6～0.1	大批大量生产（精度由拉刀的精度而定）
9	粗镗（或扩孔）	IT11～IT12	12.5～6.3	除淬火钢外各种材料，毛坯有铸出孔或锻出孔
10	粗镗（粗扩）→半精镗（精扩）	IT8～IT9	3.2～1.6	
11	粗镗（扩）→半精镗（精扩）→精镗（铰）	IT7～IT8	1.6～0.8	
12	粗镗（扩）→半精镗（精扩）→精镗→浮动镗刀精镗	IT6～IT7	0.8～0.4	
13	粗镗（扩）→半精镗→磨孔	IT7～IT8	0.8～0.2	主要用于淬火钢也可用于未淬火钢，但不宜用于有色金属
14	粗镗（扩）→半精镗→粗磨→精磨	IT6～IT7	0.2～0.1	
15	粗镗→半精镗→精镗→金刚镗	IT6～IT7	0.4～0.05	主要用于精度要求高的有色金属加工
16	钻→（扩）→粗铰→精铰→珩磨； 钻→（扩）→拉→珩磨； 粗镗→半精镗→精镗→珩磨	IT6～IT7	0.2～0.025	精度要求很高的孔
17	以研磨代替上述方案中的珩磨	IT6 以上		

表 1-8　平面加工方案

序号	加工方案	经济精度级	表面粗糙度 Ra 的值/μm	适用范围
1	粗车→半精车	IT9	6.3～3.2	端面
2	粗车→半精车→精车	IT7～IT8	1.6～0.8	
3	粗车→半精车→磨削	IT8～IT9	0.8～0.2	
4	粗刨(或粗铣)→精刨(或精铣)	IT8～IT9	6.3～1.6	一般不淬硬平面(端铣表面粗糙度较细)
5	粗刨(或粗铣)→精刨(或精铣)→刮研	IT6～IT7	0.8～0.1	精度要求较高的不淬硬平面;批量较大时宜采用宽刃精刨方案
6	以宽刃刨削代替上述方案刮研	IT7	0.8～0.2	
7	粗刨(或粗铣)→精刨(或精铣)→磨削	IT7	0.8～0.2	精度要求高的淬硬平面或不淬硬平面
8	粗刨(或粗铣)→精刨(或精铣)→粗磨→精磨	IT6～IT7	0.4～0.02	
9	粗铣→拉	IT7～IT9	0.8～0.2	大量生产,较小的平面(精度视拉刀精度而定)
10	粗铣→精铣→磨削→研磨	IT6 以上	0.1～0.05	高精度平面

表 1-9　各种加工方法的经济精度和表面粗糙度(中批生产)

被加工表面	加工方法	经济精度	表面粗糙度 Ra 的值/μm
外圆和端面	粗车	IT11～IT13	50～12.5
	半精车	IT8～IT11	6.3～3.2
	精车	IT7～IT9	3.2～1.6
	粗磨	IT8～IT11	3.2～0.8
	精磨	IT6～IT8	0.8～0.2
	研磨	IT5	0.2～0.012
	超精加工	IT5	0.2～0.012
	精细车(金刚车)	IT5～IT6	0.8～0.05
孔	钻孔	IT11～IT13	50～6.3
	铸锻孔的粗扩(镗)	IT11～IT13	50～12.5
	精扩	IT9～IT11	6.3～3.2
	粗铰	IT8～IT9	6.3～1.6
	精铰	IT6～IT7	3.2～0.8
	半精镗	IT9～IT11	6.3～3.2
	精镗(浮动镗)	IT7～IT9	3.2～0.8
	精细镗(金刚镗)	IT6～IT7	0.8～0.1
	粗磨	IT9～IT11	6.3～3.2
	精磨	IT7～IT9	1.6～0.4
	研磨	IT6	0.2～0.012
	珩磨	IT6～IT7	0.4～0.1
	拉孔	IT7～IT9	1.6～0.8

续表

被加工表面	加 工 方 法	经济精度	表面粗糙度 Ra 的值/μm
平面	粗刨、粗铣	IT11～IT13	50～12.5
	半精刨、半精铣	IT8～IT11	6.3～3.2
	精刨、精铣	IT6～IT8	3.2～0.8
	拉削	IT7～IT8	1.6～0.8
	粗磨	IT8～IT11	6.3～1.6
	精磨	IT6～IT8	0.8～0.2
	研磨	IT5～IT6	0.2～0.012

2. 加工阶段的划分

当零件的加工质量要求较高时，往往不可能用一道工序来满足要求，而要用几道工序逐步达到所要求的加工质量。按工序的性质不同，零件的加工过程通常可分为粗加工、半精加工、精加工和光整加工四个阶段。

1）各加工阶段的主要任务

(1) 粗加工阶段。该阶段的主要任务是切除毛坯上大部分多余的金属，使毛坯在形状和尺寸上接近零件成品，主要目标是提高生产率。

(2) 半精加工阶段。该阶段的主要任务是使主要表面达到一定的精度，留有一定的精加工余量，为主要表面的精加工(如精车、精磨)做好准备。同时完成一些次要表面的加工，如扩孔、攻螺纹、铣键槽等。

(3) 精加工阶段。该阶段的主要任务是保证各主要表面达到规定的尺寸精度和表面粗糙度要求，主要目标是全面保证加工质量。

(4) 光整加工阶段。该阶段的主要任务是对零件的精度和表面粗糙度要求很高(IT6级以上，表面粗糙度 Ra 的值为 0.2μm 以下)的表面进行光整加工，其主要目标是提高尺寸精度、减小表面粗糙度，但一般不用来提高位置精度。

应当指出，加工阶段的划分不是绝对的，必须根据工件的加工精度要求和工件的刚性来决定。一般来说，工件精度要求越高、刚性越差，划分阶段应越细；当工件批量小、精度要求不太高、工件刚性较好时也可以不分或少分阶段；重型零件由于输送及装夹困难，一般在一次装夹下完成粗、精加工，为了弥补不分阶段带来的弊端，常常在粗加工工步后松开工件，然后以较小的夹紧力重新夹紧，再继续进行精加工工步。

2）划分加工阶段的目的

(1) 保证加工质量。工件在粗加工时，切除的金属层较厚，切削力和夹紧力都比较大，切削温度也较高，这将引起较大的变形。如果不划分加工阶段，粗、精加工混在一起，就无法避免上述原因引起的加工误差。按加工阶段加工，粗加工造成的加工误差可以通过半精加工和精加工来纠正，从而保证零件的加工质量。

(2) 合理使用设备。粗加工余量大，切削用量大，可采用功率大、刚度好、效率高而精度低的机床。精加工切削力小，对机床的破坏小，可采用高精度机床。这样发挥了设备各自的优势，既能提高生产率，又能延长精密设备的使用寿命。

(3) 便于及时发现毛坯缺陷。对毛坯的各种缺陷，如铸件的气孔、夹砂和余量不足等，在粗加工后即可发现，便于及时修补或决定报废，以免继续加工下去，造成浪费。

(4) 便于安排热处理工序。例如粗加工后，一般要安排去应力的热处理，以消除内应力。

3) 划分加工工序

(1) 工序划分的原则。工序的划分可以采用两种不同原则，即工序集中原则和工序分散原则。

① 工序集中原则。工序集中原则是指每道工序包括尽可能多的加工内容，从而使工序的总数减少。采用工序集中原则的优点是有利于采用高效的专用设备和数控机床，提高生产效率；减少工序数目，缩短工艺路线，简化生产计划和生产组织工作；减少机床数量、操作工人数和占地面积；减少工件装夹次数，保证了加工表面件的相互位置精度，减少了夹具的数量和装夹工件的辅助时间。但是专用设备和工艺装备投资大、调整维修比较麻烦，生产准备周期长，不利于转产。

② 工序分散原则。工序分散原则是将工件的加工分散在较多的工序内进行，每道工序的加工内容很少。采用工序分散原则的优点是加工设备和工艺装备结构简单，调整和维修方便，操作简单，转产容易；有利于选择合理的切削用量，减少机动时间。但工艺路线较长，所需设备及工人人数较多，占地面积大。

(2) 工序划分方法。工序划分方法主要考虑生产纲领、所用设备及零件本身的结构和技术要求等。大批量生产时，若使用多轴、多刀的高效加工中心，可按工序集中原则组织生产；若在由组合机床组成的自动线上加工，工序一般按分散原则划分。随着现代数控技术的发展，特别是加工中心的应用，工艺路线的安排更多地趋向于工序集中。单件小批量生产时，通常采用工序集中原则；大批量生产时，可按工序集中原则划分，也可按工序分散原则划分，应视具体情况而定；对于结档尺寸和质量都很大的重型零件，应采用工序集中原则，以减少装夹次数和运输量；对于刚性差、精度高的零件，应按工序分散原则划分工序。

在数控铣床上加工的零件，一般按工序集中原则划分，划分的方法如下。

① 按安装次数划分。以一次安装完成的工艺过程为另一道工序。这种方法适用于加工内容不多的工件，加工完成后就能达到待检状态。

② 按粗、精加工划分。以精加工中完成的那一部分工艺过程为一道工序，粗加工中完成的那一部分工艺过程为另一道工序。这种划分方法适用于加工后变形较大，且需粗、精加工分开的零件，如毛坯为铸件、焊接件或锻件。

③ 按加工部位划分。以完成相同型面的那一部分工艺过程为一道工序，对于加工表面多且复杂的零件，可按其结构特点(如内形、外形、曲面和平面等)划分成多道工序。

④ 按所用刀具划分。以同一把刀具完成的那一部分工艺过程为一道工序，这种方法适用于工件的待加工表面较多、机床连续工作时间过长、加工程序的编制和检查难度较大等情况。加工中心常用这种方法来划分。

3. 加工顺序的安排

1) 加工顺序安排的原则

(1) 先粗后精。先安排粗加工，中间安排半精加工，最后安排精加工和光整加工。

(2) 先主后次。先安排零件的装配基面和工作表面等主要表面的加工,后安排如键槽、紧固用的光孔和螺纹孔等次要表面的加工。由于次要表面加工工作量小,又常与主要表面有位置精度要求,所以一般放在主要表面的半精加工之后、精加工之前进行。

(3) 先面后孔。对于箱体、支架、连杆、底座等零件,先加工用作定位的平面和孔的端面,然后再加工孔。这样可使工件定位夹紧、稳定、可靠,利于保证孔与平面的位置精度,减小刀具的磨损,同时也给孔加工带来方便。

(4) 基面先行。用作精基准的表面要首先加工出来。所以,第一道工序一般是进行定位面的粗加工和半精加工(有时包括精加工),然后再以精基面定位来加工其他表面。例如,轴类零件顶尖孔的加工。

2) 材料热处理选择

热处理可以提高材料的力学性能,改善金属的切削性能以及消除残余应力。在制订工艺路线时,应根据零件的技术要求和材料的性质,合理地安排热处理工序。

(1) 退火与正火。退火或正火的目的是为了消除组织的不均匀,细化晶粒,改善金属的加工性能。对高碳钢零件用退火降低其硬度,对低碳钢零件用正火提高其硬度,以获得适中的、较好的可切削性,同时能消除毛坯制造中的应力。退火与正火一般安排在机械加工之前进行。

(2) 时效处理。以消除内应力、减少工件变形为目的。为了消除残余应力,在工艺过程中需要安排时效处理。对于一般铸件,常在粗加工前或粗加工后安排一次时效处理;对于要求较高的零件,在半精加工后需再安排一次时效处理;对于一些刚性较差、精度要求特别高的重要零件(如精密丝杠、主轴等),常常在每个加工阶段之间都安排一次时效处理。

(3) 调质。对零件淬火后再高温回火,能消除内应力,改善加工性能,并能获得较好的综合力学性能。一般安排在粗加工之后进行。对一些性能要求不高的零件,调质也常作为最终热处理。

(4) 淬火、渗碳淬火和渗氮。它们的主要目的是提高零件的硬度和耐磨性,常安排在精加工(磨削)之前进行,其中渗氮由于热处理温度较低,零件变形很小,也可以安排在精加工之后。

1.2.3 参考案例

案例零件加工工艺路线设计的步骤如下。

1. 确定加工顺序

加工顺序为先粗车后精车,粗车给精车单边留 0.25mm 的余量;工步顺序按由近到远(由右至左)的原则进行,即先从右到左进行粗车(单边留 0.25mm 精车余量),然后从右到左进行精车,最后车削螺纹。

(1) 粗车分以下两步进行。

① 粗车外圆,基本采用阶梯切削路线,粗车 ϕ56mm、$S\phi$50mm、ϕ36mm、M30mm 各外圆段以及锥长为 10mm 的圆锥段,留 1mm 的余量。

② 自右向左粗车 R15mm、R25mm、$S\phi$50mm、R15mm 各圆弧面及 $30° \pm 3'$ 的圆

锥面。

(2) 自右向左精车：螺纹右端倒角→车削螺纹段外圆 ϕ30mm→螺纹左端倒角→5mm×ϕ26mm 螺纹退刀槽→锥长 10mm 的圆锥→ϕ36mm 圆柱段→R15mm、R25mm、$S\phi$50mm、R15mm 各圆弧面→5mm×ϕ34mm 的槽→30°±3′的圆锥面→ϕ56mm 圆柱段。

(3) 车削螺纹。完成以上两步，最后进行车削螺纹。

2. 确定进给加工路线

数控车床数控系统具有粗车循环和车螺纹循环功能，只要正确使用编程指令，机床数控系统就会自行确定其进给路线，因此，该案例零件的粗车循环和车螺纹循环不需要人为确定其进给加工路线，但精车的进给加工路线需要人为确定。该案例零件精车的进给加工路线是从右到左沿零件表面轮廓精车进给，如图 1-31 所示。

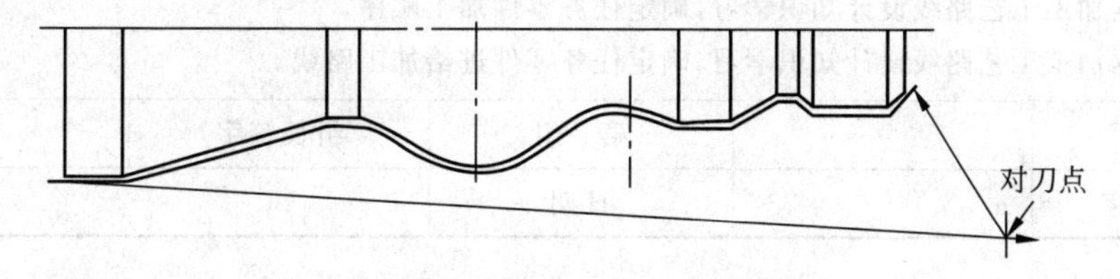

图 1-31　精车轮廓进给加工路线

1.2.4　制订计划

拟订完成螺纹轴加工工艺路线的步骤，根据实际情况制订如表 1-10 所示计划单。

表 1-10　任务计划单

学习项目1	螺纹轴的数控工艺分析				
学习任务2	螺纹轴加工工艺路线的拟订			学时	
计划方式	制订计划和工艺				
序号	实　施　步　骤				使用工具
计划评价	班级		第　组	组长签字	
	教师签字			日期	
	评语				

1.2.5 任务实施

明确完成螺纹轴加工工艺路线的实施方案，根据实际情况填写如表1-11所示的任务实施单。

表 1-11 任务实施单

<table>
<tr><td>学习项目 1</td><td colspan="5">螺纹轴的数控工艺分析</td></tr>
<tr><td>学习任务 2</td><td colspan="3">螺纹轴加工工艺路线的拟订</td><td>学时</td><td></td></tr>
<tr><td>实施方式</td><td colspan="5">小组针对实施计划进行讨论，决策后每人均填写一份任务实施单</td></tr>
<tr><td colspan="6">实施内容：
回答下列问题。
1. 根据加工工艺路线设计知识学习，确定任务零件加工顺序。
2. 根据加工工艺路线设计知识学习，确定任务零件进给加工路线。</td></tr>
<tr><td>班级</td><td></td><td>第　组</td><td>组长签字</td><td colspan="2"></td></tr>
<tr><td>教师签字</td><td></td><td>日期</td><td colspan="3"></td></tr>
</table>

1.2.6 任务评价

根据学生任务的完成情况及课堂表现，教师填写表1-12所示的任务评价单。

表 1-12 任务评价单

<table>
<tr><td>评价等级
（在对应等级前打√）</td><td>等级分类</td><td colspan="3">评　价　标　准</td></tr>
<tr><td></td><td>优秀</td><td colspan="3">能高质量、高效率地完成零件的加工顺序和加工路线的制订</td></tr>
<tr><td></td><td>良好</td><td colspan="3">能在无教师的指导下完成零件的加工顺序和加工路线的制订</td></tr>
<tr><td></td><td>中等</td><td colspan="3">能在教师的偶尔指导下完成零件的加工顺序和加工路线的制订</td></tr>
<tr><td></td><td>合格</td><td colspan="3">能在教师的全程指导下完成零件的加工顺序和加工路线的制订</td></tr>
<tr><td>班级</td><td></td><td>第　组</td><td>姓名</td><td></td></tr>
<tr><td>教师签字</td><td></td><td>日期</td><td colspan="2"></td></tr>
</table>

任务 1.3 螺纹轴加工刀具的选择

1.3.1 任务单

螺纹轴的加工刀具选择项目任务单，如表1-13所示。

表 1-13　项目任务单

学习项目1	螺纹轴的数控工艺分析		
学习任务3	螺纹轴加工刀具的选择	学时	4
布　置　任　务			
学习目标	1. 掌握数控车削零件刀具材料的基本要求。 2. 掌握数控车刀的分类和组成形式。 3. 掌握不同类型的数控车刀具的应用场合。		
任务描述	外圆车刀及割槽刀 1. 学会区分不同类型的数控车刀。 2. 学会选择不同类型的数控车刀完成数控加工。 3. 学会应用车削知识用于不同的工艺刀具的选择。 4. 填写相应单据。		
对学生的要求	1. 小组讨论各种刀具的使用场合。 2. 小组讨论并填写计划单。 3. 小组讨论并填写实施单。		
学时安排	4		

1.3.2　工作任务相关知识

1. 刀具材料的概述

因为在金属切削加工中，刀具切削部分起主要作用，所以刀具材料一般指刀具切削部分材料。刀具材料决定了刀具的切削性能，直接影响加工效率、刀具耐用度和加工成本，刀具材料的合理选择是切削加工工艺的一项重要内容。

1）刀具材料的基本要求

金属加工时，刀具受到很大切削压力、摩擦力和冲击力，产生很高的切削温度，刀具在这种高温、高压和剧烈的摩擦环境下工作，刀具材料需满足以下一些基本要求。

（1）高硬度。刀具是从工件上去除材料，所以刀具材料的硬度必须高于工件材料的硬度。刀具材料最低硬度应在60HRC以上。对于碳素工具钢材料，在室温条件下硬度应在62HRC以上；高速钢的硬度为63～70HRC；硬质合金刀具的硬度为89～93HRC。

（2）高强度与强韧性。刀具材料在切削时受到很大的切削力与冲击力，如车削45号钢，在背吃刀量 $a_p=4mm$，进给量 $f=0.5mm/r$ 的条件下，刀片所承受的切削力达到4000N，可见，刀具材料必须具有较高的强度和较强的韧性。一般刀具材料的韧性用冲击韧度 a_k 表示，它反映了刀具材料抗脆性和崩刃能力。

(3) 较强的耐磨性和耐热性。刀具耐磨性是刀具抵抗磨损的能力。一般刀具硬度越高,耐磨性越好。刀具金相组织中硬质点(如碳化物、氮化物等)越多,颗粒越小,分布越均匀,则刀具耐磨性越好。

刀具材料耐热性是衡量刀具切削性能的主要标志,通常用高温下保持高硬度的性能来衡量,也称为热硬性。刀具材料高温硬度越高,耐热性越好,在高温下的抗塑性变形能力、抗磨损能力越强。

(4) 优良导热性。刀具导热性好,表示切削产生的热量容易传导出去,降低了刀具切削部分的温度,减小了刀具磨损。另外,刀具材料导热性好,其抗耐热冲击和抗热裂纹性能也强。

(5) 良好的工艺性与经济性。刀具不但要有良好的切削性能,本身还应该易于制造,这要求刀具材料要有较好的工艺性,如锻造、热处理、焊接、磨削、高温塑性变形等功能。此外,经济性也是刀具材料的重要指标之一,因此在选择刀具时,要考虑经济效果,以降低生产成本。

2) 刀具材料的种类和选择

当前所使用的刀具材料的种类很多,不过应用最多的还是工具钢(碳素工具钢、合金工具钢、高速钢)和硬质合金类普通刀具材料,以下分别对这些刀具材料作介绍。

(1) 高速钢。高速钢是一种含有钨、钼、铬、钒等合金元素较多的工具钢。高速钢具有良好的热稳定性,在500～600℃的高温仍能切削,与碳素工具钢、合金工具钢相比,切削速度提高了1～3倍,刀具耐用度提高了10～40倍。高速钢具有较高的强度和韧性,如抗弯强度为一般硬质合金的2～3倍,为陶瓷的5～6倍,且具有一定的硬度(63～70HRC)和耐磨性。

① 普通高速钢。普通高速钢分为两种,钨系高速钢和钨钼系高速钢。

a. 钨系高速钢。这类钢的典型钢种为W18Cr4V(简称为W18),它是应用最普遍的一种高速钢。这种钢磨削性能和综合性能好,通用性强。常温硬度为63～66HRC,600℃高温硬度为48.5HRC左右。此类钢的缺点是碳化物分布通常不均匀,强度与韧性不够,热塑性差,不宜制造成大截面刀具。

b. 钨钼系高速钢。钨钼系高速钢是将一部分钨用钼代替所制成的钢。典型的钢种为W6Mo5Cr4V2(简称为M2)。此种钢的优点是减小了碳化物数量及分布的不均匀性,和W18钢相比,M2抗弯强度提高了17%,抗冲击韧度提高了40%以上,而且大截面刀具具有同样的强度与韧性,它的性能也较好。此类钢的缺点是高温切削性能和W18相比稍差。我国生产的另一种钨钼系高速钢为W9Mo5Cr4V2(简称为W9),它的抗弯强度和冲击韧性都高于M2,而且热塑性、刀具耐用度、磨削加工性和热处理时脱碳倾向性都比M2有所提高。

② 高性能高速钢。此钢是在普通高速钢中增加碳、钒含量并添加钴、铝等合金元素而形成的新钢种。此类钢的优点是具有较强的耐热性,在630～650℃的高温下,仍可保持60HRC的高硬度,而且刀具耐用度是普通高速钢的1.5～3倍。它适合加工奥氏体不锈钢、高温合金、钛合金、超高强度钢等难加工材料。此类钢的缺点是强度与韧性较普通高速钢低,高钒高速钢磨削加工性差。典型的钢种有高碳高速钢9W6Mo5Cr4V2、高钒高

速钢 W6Mo5Cr4V3、钴高速钢 W6Mo5Cr4V2Co5 及超硬高速钢 W2Mo9Cr4VCo8、W6Mo5Cr4V2Al 等。

③ 粉末冶金高速钢。粉末冶金高速钢是用高压氩气或纯氮气雾化熔化的高速钢钢水，得到细小的高速钢粉末，然后经热压制成刀具毛坯。粉末冶金钢的优点是：无碳化物偏析，提高钢的强度、韧性和硬度，硬度值达 69～70HRC；保证材料各向同性，减小热处理内应力和变形；磨削加工性好，磨削效率比熔炼高速钢提高 2～3 倍；耐磨性好。此类钢适于制造切削难加工材料的刀具、大尺寸刀具（如滚刀和插齿刀）、精密刀具和磨加工量大的复杂刀具。几种常用高速钢的牌号及主要性能见表 1-14。

表 1-14　高速钢的牌号及主要性能表

类型	高速钢牌号		常温硬度 HRC	抗弯强度/MPa	冲击韧度/(kJ/mm^2)	600℃下的硬度 HRC
	中国牌号	习惯名称				
普通高速钢	W18Cr4V	T1	62～65	3430	290	50.5
	W6Mo5Cr4V2	M2	63～66	3500～4000	300～400	47～48
高性能高速钢	W6Mo5Cr4V3	M3	65～67	3200	250	51.7
	W7Mo4Cr4V2Co5	M41	66～68	2500～3000	230～350	54
	W6Mo5Cr4V2A1	501 钢	66～69	3000～4100	230～350	55～56
	110W1.5Mo9.5Cr4VCo8	M42	67～69	2650～3730	230～290	55.2
	W10Mo4Cr4VA1	5F6 钢	68～69	3010	200	54.2

(2) 硬质合金。硬质合金是由难熔金属碳化物（如 TiC、WC、NbC 等）和金属黏结剂（如 Co、Ni 等）经粉末冶金方法制成。

① 硬质合金的性能特点。硬质合金中高熔点、高硬度碳化物含量高，因此硬质合金常温硬度很高，达到 78～82HRC，热熔性好，热硬性可达 800～1000℃ 以上，切削速度比高速钢提高 4～7 倍。

硬质合金的缺点是脆性大，抗弯强度和抗冲击韧性不强。抗弯强度只有高速钢的 1/3～1/2，冲击韧性只有高速钢的 1/35～1/4。

硬质合金力学性能主要由组成硬质合金碳化物的种类、数量、粉末颗粒的粗细和黏结剂的含量决定。碳化物的硬度和熔点越高，硬质合金的热硬性越好。黏结剂含量大，则强度与韧性好。碳化物粉末越细，而黏结剂含量一定时，则硬度高。

② 普通硬质合金。国产普通硬质合金按其化学组成的不同，可分为四类。

a. 钨钴类（WC+Co），合金代号为 YG，对应于国标 K 类。此类合金钴含量越高，韧性越好，适用于粗加工；钴含量低，适用于精加工。

b. 钨钛钴类（WC+TiC+Co），合金代号为 YT，对应于国标 P 类。此类合金有较高的硬度和耐热性，主要用于加工切屑为呈带状的钢件等塑性材料。合金中 TiC 含量高，则耐磨性和耐热性提高，但强度降低。因此，粗加工一般选择 TiC 含量少的牌号，精加工选择 TiC 含量多的牌号。

c. 钨钛钽(铌)钴类（WC+TiC+TaC(Nb)+Co），合金代号为 YW，对应于国标 M

类。此类硬质合金不但适用于加工冷硬铸铁、有色金属及合金半精加工，也能用于高锰钢、淬火钢、合金钢及耐热合金钢的半精加工和精加工。

d. 碳化钛基类（WC＋TiC＋Ni＋Mo）。合金代号为 YN，对应于国标 P01 类。一般用于精加工和半精加工，对于大长零件且加工精度较高的零件尤其适合，但不适用于有冲击载荷的粗加工和低速切削。

③ 超细晶粒硬质合金。超细晶粒硬质合金多用于 YG 类合金，它的硬度和耐磨性得到较大提高，抗弯强度和冲击韧度也得到提高，已接近高速钢。适合做小尺寸铣刀、钻头等，并可用于加工高硬度且难加工的材料。

几种常用硬质合金的牌号及主要性能见表 1-15。

表 1-15 硬质合金的牌号及主要性能表

牌号	牌号	密度/$(g \cdot cm^{-3})$	硬度 HRA	抗弯强度/MPa	使用性能或推荐用途
YG3	K05	15.20～15.40	91.5	140	铸铁、有色金属及其合金的精加工、半精加工，要求无冲击
YG3X	K05	15.20～15.40	92.0	130	细晶粒，铸铁、有色金属及其合金的精加工、半精加工
YG6	K20	14.85～15.05	90.5	186	铸铁、有色金属及其合金的半精加工、粗加工
YG6X	K10	14.85～15.05	91.7	180	细晶粒，铸铁、有色金属及其合金的半精加工、粗加工
YG8	K30	14.60～14.85	90.0	206	铸铁、有色金属及其合金粗加工，可用于断续切削
YT5	P30	11.50～13.20	90.0	175	碳素钢、合金钢的粗加工，可用于断续切削
YT14	P20	11.20～11.80	91.0	155	碳素钢、合金钢的半精加工、粗加工，可用于断续切削时的精加工
YT15	P10	11.10～11.60	91.5	150	碳素钢、合金钢的半精加工、粗加工，可用于断续切削时的精加工
YT30	P01	9.30～9.70	92.5	127	碳素钢、合金钢的精加工
YW1	M10	12.85～13.40	92.0	138	高温合金、不锈钢等难加工材料的精加工、半精加工
YW2	M20	12.65～13.35	91.0	168	高温合金、不锈钢等难加工材料的半精加工、粗加工

④ 涂层硬质合金。涂层硬质合金是在韧性较好的硬质合金基体上或高速钢刀具基体上，涂覆一层耐磨性较高的难熔金属化合物而制成的合金。

常用的涂层材料有 TiC、TiN、Al_2O_3 等。TiC 的硬度比 TiN 高，抗磨损性能好。不过 TiN 与金属亲和力小，在空气中抗氧化能力强。因此，对于摩擦剧烈的刀具，宜采用 TiC 涂层；而在容易产生黏结的条件下，宜采用 TiN 涂层刀具。

涂层可以采用单涂层和复合涂层，如 TiC—TiN、TiC—Al_2O_3、TiC—TiN—Al_2O_3 等。涂层厚度一般在 5～8μm，它具有比基体高很多的硬度，表层硬度可达 2500～4200HV。

涂层刀具具有高的抗氧化性能和抗黏结性能，因此具有较高的耐磨性。涂层摩擦系数较低，可降低切削时的切削力和切削温度，提高刀具的耐用度，高速钢基体涂层刀具的耐用度可提高2～10倍，硬质合金基体刀具的耐用度提高1～3倍。加工材料硬度越高，涂层刀具效果越好。

涂层刀具主要用于车削、铣削等加工，由于成本较高，还不能完全取代未涂层刀具的使用。硬质合金涂层刀具在涂覆后强度和韧性都有所降低，不适合受力大和冲击大的粗加工，也不适合高硬材料的加工。涂层刀具经过钝化处理，切削刃锋利程度减小，不适合进给量很小的精密切削。

(3) 陶瓷。陶瓷刀具材料主要由硬度和熔点都很高的 Al_2O_3、Si_3N_4 等氧化物、氮化物组成，另外还有少量的金属碳化物、氧化物等添加剂，通过粉末冶金工艺方法制粉，再压制烧结而成。常用的陶瓷刀具有 Al_2O_3 基陶瓷和 Si_3N_4 基陶瓷两种。

陶瓷刀具的优点是有很高的硬度和耐磨性，硬度达91～95HRA，耐磨性是硬质合金的5倍；寿命比硬质合金高；具有很好的热硬性，当切削温度达760℃时，硬度达87HRA(相当于66HRC)，当切削温度达1200℃时，仍能保持80HRA的硬度；摩擦系数低，切削力比硬质合金小，用该类刀具加工时能提高表面光洁度。

陶瓷刀具的缺点是强度和韧性差，热导率低。陶瓷的最大缺点是脆性大，抗冲击性能很差。因此，此类刀具一般用于高速精细加工硬材料。

(4) 立方氮化硼。立方氮化硼(简称为CBN)是以六方氮化硼为原料在高温高压下合成的。

CBN刀具的主要优点是硬度高，硬度仅次于金刚石，热稳定性好，有较高的导热性和较小的摩擦系数。其缺点是强度和韧性较差，抗弯强度仅为陶瓷刀具的1/5～1/2。

CBN刀具适用于加工高硬度淬火钢、冷硬铸铁和高温合金材料。它不宜加工塑性大的钢件和镍基合金，也不适合加工铝合金和铜合金，通常采用负前角的高速切削。

(5) 金刚石。金刚石是碳的同素异构体，具有极高的硬度。现用的金刚石刀具有三类，分别是天然金刚石刀具、人造聚晶金刚石刀具和复合聚晶金刚石刀具。

金刚石刀具的优点是有极高的硬度和耐磨性，人造金刚石硬度达10000HV，耐磨性是硬质合金的60～80倍；切削刃锋利，能实现超精密微量加工和镜面加工；有很高的导热性。

金刚石刀具的缺点是耐热性差，强度低，脆性大，对振动很敏感。

此类刀具主要用于高速条件下精细加工有色金属及其合金和非金属材料。

2. 数控车削刀具

1) 数控车削刀具的分类

(1) 根据加工用途分类。车床主要用于回转表面的加工，如圆柱面、圆锥面、圆弧面、螺纹、切槽等切削加工。因此，数控车床用刀具可分为外圆车刀、内孔车刀、螺纹车刀、切槽刀等。

(2) 根据刀尖形状分类。数控车刀按刀尖的形状一般分成3类，即尖形车刀、圆弧形车刀和成型车刀，如图1-32所示。

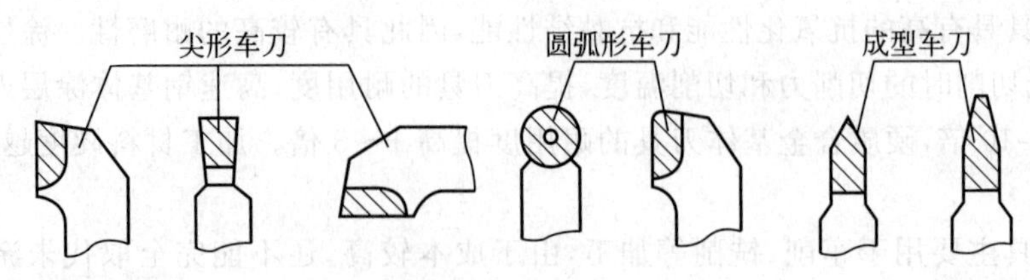

图 1-32 数控车削刀具的刀尖形状

① 尖形车刀。以直线形切削刃为特征的车刀一般称为尖形车刀。这类车刀的刀尖(刀位点)由直线形的主副切削刃相交而成,常用的尖形车刀有端面车刀、切断刀、90°内外圆车刀等。尖形车刀主要用于车削内外轮廓、直线沟槽等直线表面。

② 圆弧形车刀。构成圆弧形车刀的主切削刃形状为一段圆度误差或线轮廓度误差很小的圆弧。车刀圆弧刃上的每一点都是刀具的切削点,因此,车刀的刀位点不在圆弧刃上,而在该圆弧刃的圆心上。圆弧形车刀主要用于加工有光滑连接的成形表面及精度、表面质量要求高的表面,如精度要求高的内外圆弧面及尺寸精度要求高的内外圆锥面等。由尖形车刀自然或经修磨而成的圆弧刃车刀也属于这一类。

③ 成型车刀。成型车刀俗称样板车刀,其加工零件的轮廓形状完全由车刀的切削刃形状和尺寸决定。常用的成型车刀有小半径圆弧车刀、非矩形车槽刀、螺纹车刀等。

(3) 根据车刀结构分类。一般可分为整体式车刀、焊接式车刀和机械夹固定车刀3类。

① 整体式车刀。整体式车刀主要指整体式高速钢车刀,如图 1-33(a)所示。通常用于小型车刀、螺纹车刀和形状复杂的成形车刀。具有抗弯强度高、冲击韧度好、制造简单和刃磨方便、刃口锋利等优点。

② 焊接式车刀。焊接式车刀是将硬质合金刀片用焊接的方法固定在刀杆上的一种车刀,如图 1-33(b)所示。焊接式车刀结构简单,制造方便,刚性较好,但抗弯强度低、冲击韧度差,切削刃不如高速钢车刀锋利,不易制作复杂的刀具。

③ 机械夹固式车刀。机械夹固式车刀是将标准的硬质合金可换刀片通过机械夹固方式安装在刀杆上的一种车刀,是当前数控车床上使用最广泛的一种车刀,如图 1-33(c)所示。

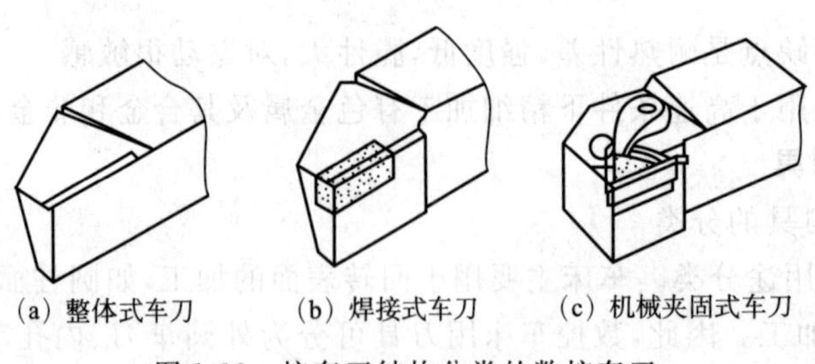
(a) 整体式车刀　(b) 焊接式车刀　(c) 机械夹固式车刀

图 1-33 按车刀结构分类的数控车刀

2) 常用车刀的种类、形状和用途

图 1-34 所示为常用车刀的种类、形状和用途。

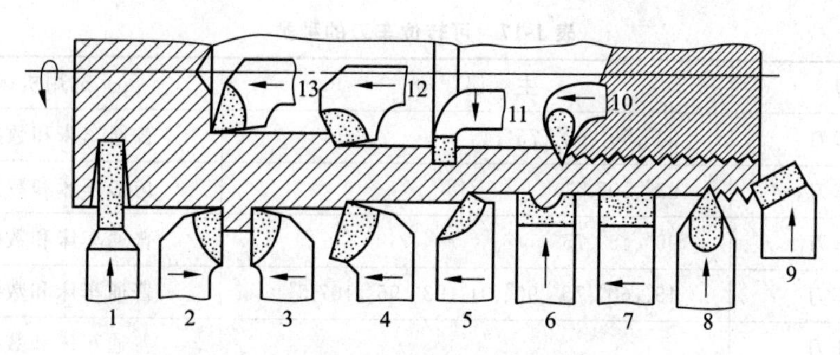

图 1-34　常用车刀的种类、形状和用途

1—切断刀；2—90°左偏刀；3—90°右偏刀；4—弯头车刀；5—直头车刀；6—成形车刀；7—宽刃精车刀；8—外螺纹车刀；9—端面车刀；10—内螺纹车刀；11—内槽车刀；12—通孔车刀；13—盲孔车刀

3. 机夹可转位车刀

数控车床所采用的机夹可转位车刀，其几何参数是通过刀片结构形状和刀体上刀片槽座的方位安装组合形成的，与通用车床相比一般无本质的区别，其基本结构、功能特点是相同的。但数控车床的加工工序是自动完成的，因此，对可转位车刀的要求又有别于通用车床所使用的刀具，具体要求和特点如表 1-16 所示。

表 1-16　机夹可转位车刀特点

要求	特　点	目　的
精度高	采用 M 级或更高精度等级的刀片； 多采用精密级的刀杆； 用带微调装置的刀杆在机外预调好	保证刀片重复定位精度，方便坐标设定，保证刀尖位置精度
可靠性高	采用断屑可靠性高的断屑槽型或有断屑台和断屑器的车刀； 采用结构可靠的车刀，采用复合式夹紧结构和夹紧可靠的其他结构	断屑稳定，不能有紊乱和带状切屑；适应刀架快速移动和换位以及整个自动切削过程中夹紧不得有松动的要求
换刀迅速	采用车削工具系统； 采用快换小刀夹	迅速更换不同形式的切削部件，完成多种切削加工，提高生产效率
刀片材料	刀片较多采用涂层刀片	满足生产节拍要求，提高加工效率
刀杆截形	较多采用正方形刀杆，但因刀架系统结构差异大，有的需采用专用刀杆	刀杆与刀架系统匹配

1）机夹可转位车刀的种类

机夹可转位车刀按其用途可分为外圆车刀、仿形车刀、端面车刀、内圆车刀、切断车刀、螺纹车刀和切槽车刀，见表 1-17。

表 1-17 可转位车刀的种类

类型	主 偏 角	适用机床
外圆车刀	90°、50°、60°、75°、45°	普通车床和数控车床
仿形车刀	93°、107.5°	仿形车床和数控车床
端面车刀	90°、45°、75°	普通车床和数控车床
内圆车刀	45°、60°、75°、90°、91°、93°、95°、107.5°	普通车床和数控车床
切断车刀		普通车床和数控车床
螺纹车刀		普通车床和数控车床
切槽车刀		普通车床和数控车床

2）机夹可转位车刀的结构形式

(1) 杠杆式。结构见图 1-35，由杠杆、螺钉、刀垫、刀垫销、刀片组成。这种方式依靠螺钉旋紧压靠杠杆，由杠杆的力压紧刀片达到夹固的目的。其特点适合各种正、负前角的刀片，有效的前角范围为−6°～+18°；切屑可无阻碍地流过，切削热不影响螺孔和杠杆；两面槽壁给刀片有力的支撑，并确保转位精度。

(2) 楔块式。其结构见图 1-36，由螺钉、刀垫、销、楔块和刀片组成。这种方式依靠销与楔块的挤压力将刀片紧固。其特点适合各种负前角刀片，有效前角的变化范围为−6°～+18°。两面无槽壁，便于仿形切削或倒转操作时留有间隙。

(3) 楔块夹紧式。其结构见图 1-37，由紧定螺钉、刀垫、销、压紧楔块、刀片组成。这种方式依靠销与楔块的压下力将刀片夹紧。其特点同楔块式，但切屑流畅度不如楔块式。此外还有螺栓上压式、压孔式、上压式等形式。

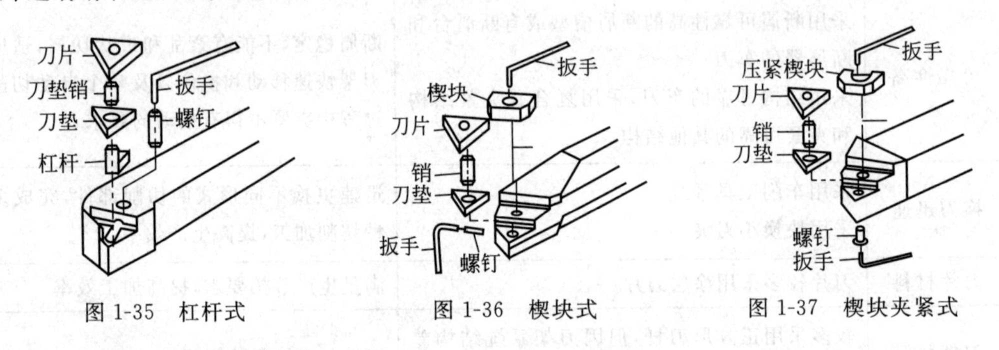

图 1-35 杠杆式　　图 1-36 楔块式　　图 1-37 楔块夹紧式

3）机夹可转位车刀

为了减少换刀时间和方便对刀，便于实现机械加工的标准化，数控车削加工时，应尽量采用机夹可转位车刀。机夹可转位车刀主要由刀片、刀垫、刀柄、杠杆和螺钉等零件组成，如图 1-38 所示。刀片上压制出断屑槽，周边经过精磨，刃口磨钝后可方便地转位换刃，不需重磨。

4）机夹可转位刀片的选择

根据被加工零件的材料、表面粗糙度要求和加工余量等条件来决定刀片的类型。这里主要介绍车削加工中刀片的选择方法，其他切削加工的刀片也可参考。

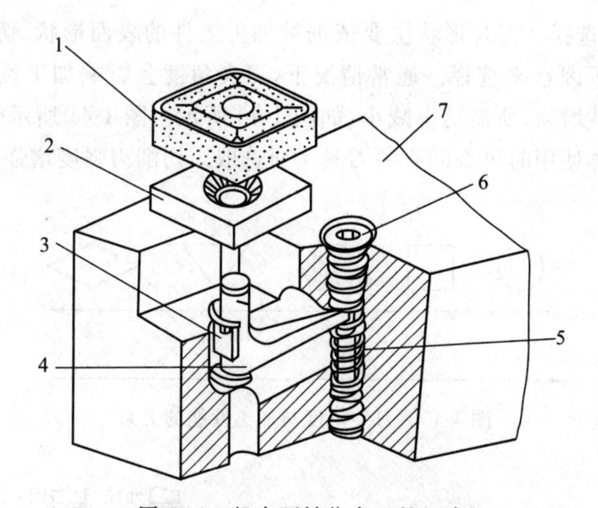

图 1-38 机夹可转位车刀的组成

1—刀片；2—刀垫；3—卡簧；4—杠杆；5—弹簧；6—螺钉；7—刀柄

(1) 刀片选择应考虑的因素。选择刀片或刀具应考虑的因素是多方面的。随着机床种类、型号的不同，生产经验和习惯的不同以及其他各种因素而得到的效果是不同的，归纳起来应考虑的要素有以下几点。

① 被加工工件材料的类别，如有色金属（铜、铝、钛及其合金）、黑色金属（碳钢、低合金钢、工具钢、不锈钢、耐热钢等）、复合材料、塑料等。

② 被加工工件材料性能的状况，包括硬度、韧性、组织状态（铸、锻、轧、粉末冶金）等。

③ 切削工艺的类别，分车、钻、铣、镗，粗加工、精加工、超精加工，内孔、外圆，切削流动状态，刀具变位时间间隔等。

④ 被加工工件的几何形状（影响到连续切削或间断切削、刀具的切入或退出角度）、零件精度（尺寸公差、形位公差、表面粗糙度）和加工余量等因素。

⑤ 要求刀片（刀具）能承受的切削用量（背吃刀量、进给量、切削速度）。

⑥ 生产现场的条件（操作间断时间、振动、电力波动或突然中断）。

⑦ 被加工工件的生产批量，影响到刀片（刀具）的经济寿命。

(2) 刀片的选择。包括刀片材料、尺寸和形状的选择。

① 刀片材料的选择。车刀刀片的材料主要有高速钢、硬质合金、涂层硬质合金、陶瓷、立方氮化硼和金刚石。

其中应用最多的是硬质合金和涂层硬质合金刀片。选择刀片材料，主要依据被加工工件的材料、被加工表面的精度要求、切削载荷的大小以及切削过程中有无冲击和振动等。

② 刀片尺寸的选择。刀片尺寸的大小取决于必要的有效切削刃长度 L，有效切削刃长度与背吃刀量 a_p 和主偏角 K_r 有关，l 为刀片厚度，如图 1-39 所示。使用时可查阅有关刀具手册选取。

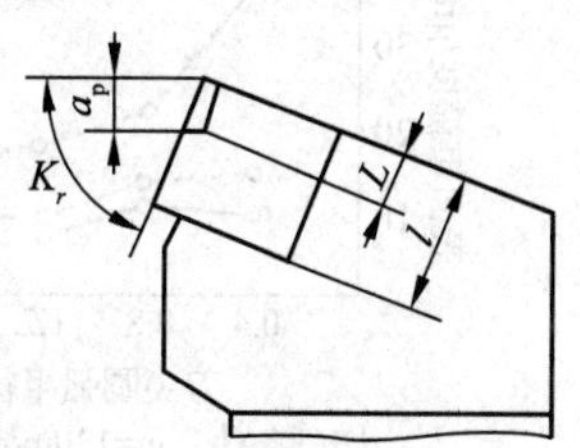

图 1-39 有效切削刃长度与背吃刀量 a_p 和主偏角 K_r 的关系

③ 刀片形状的选择。刀片形状主要依据被加工工件的表面形状、切削方法、刀具寿命和刀片的转位次数等因素来选择。通常情况下,刀尖角度会影响加工性能,切削刃强度增强,振动增加,通用性增强,所需功率减小,如图 1-40 所示。图 1-41 所示为被加工表面及适用的刀片形状。具体使用时可查阅有关刀具手册选取。切削刃强度增强,振动增加,通用性增强,所需功率减小。

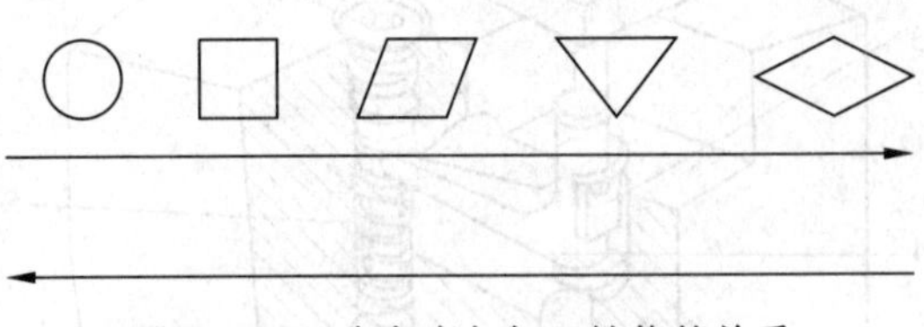

图 1-40 刀尖角度与加工性能的关系

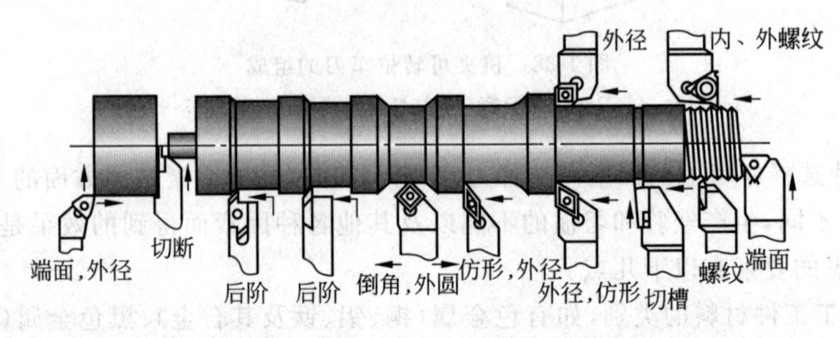

图 1-41 被加工表面与适用的刀片形状

5) 刀片的刀尖半径选择

刀尖圆弧半径的大小直接影响刀尖的强度及被加工零件的表面粗糙度。刀尖圆弧半径增大,表面粗糙度值增大,切削力增大且易产生振动,切削性能变坏,但刀刃强度增加,刀具前后刀面磨损减少。通常在切深较小的精加工、细长轴加工、机床刚度较差的情况下,选用刀尖圆弧半径小一些;而在需要刀刃强度高、工件直径大的粗加工中,选用刀尖圆弧半径大一些。国家标准《硬质合金可转位刀片圆角半径》(GB/T2077—1987)规定刀尖圆弧半径的尺寸系列为 0.2mm、0.4mm、0.8mm、1.2mm、1.6mm、2.0mm、2.4mm、3.2mm。图 1-42(a)、(b)分别表示刀尖圆弧半径与表面粗糙度、刀具寿命的关系。刀尖圆弧半径一般适宜选取进给量的 2~3 倍。

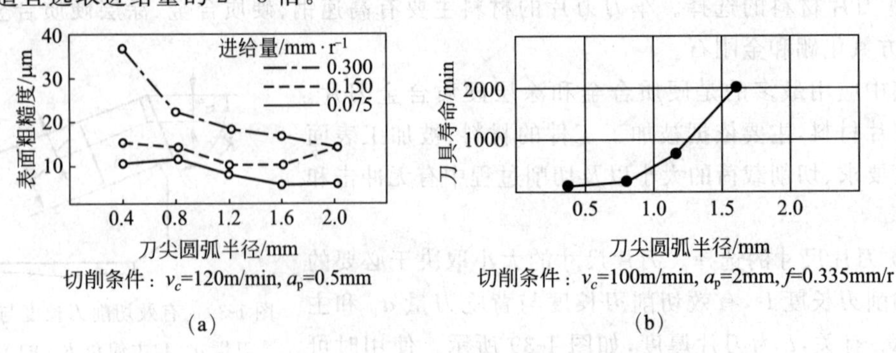

图 1-42 刀尖圆弧半径与表面粗糙度、刀具寿命的关系

1.3.3　参考案例

选择图 1-43 零件加工所用刀具。

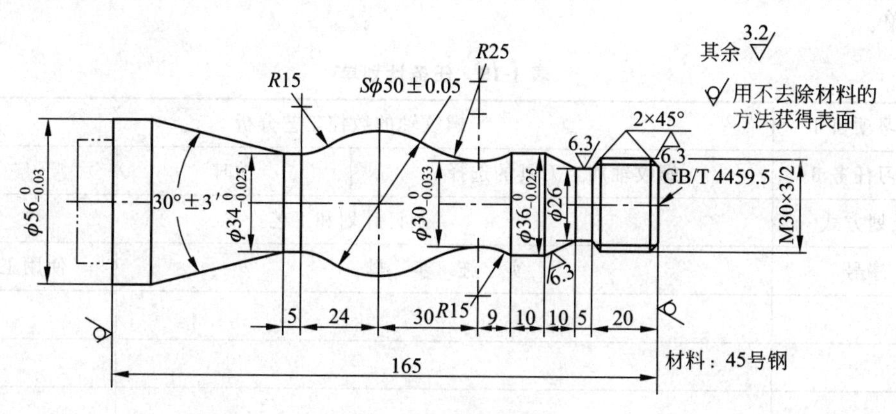

图 1-43　案例零件图

(1) 选用 ϕ5mm 中心钻钻削中心孔。

(2) 粗车及车端面选用硬质合金主偏角 95°外圆车刀(右手刀)，为防止副后刀面与工件轮廓发生干涉，副偏角不能太小，选副偏角 $K_r' = 35°$。

(3) 精车轮廓选用带涂层硬质合金主偏角 90°右手刀，车螺纹选用带涂层硬质合金 60°外螺纹车刀，刀尖圆弧半径应小于轮廓最小圆角半径，取刀尖圆弧半径 $r = 0.15 - 0.2$mm。

具体中心钻和外圆车刀(右手刀)如图 1-44 所示。

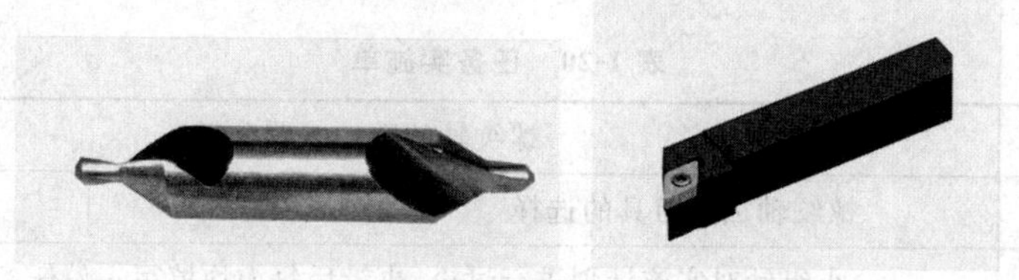

图 1-44　中心钻和外圆车刀(右手刀)

根据以上所学知识，填写图 1-44 案例零件图的数控加工刀具卡片，如表 1-18 所示。

表 1-18　数控加工刀具卡片

产品名称或代号			零件名称		零件图号
序号	刀具号	刀具规格名称	数量	加工表面	备注
1	T01	ϕ5 中心钻	1	钻 ϕ5 中心孔	
2	T02	95°外圆车刀(硬质合金)	1	车左右端面及粗车轮廓	右手刀
3	T03	90°外圆车刀(带涂层)	1	精车轮廓	右手刀
4	T04	60°外螺纹车刀(带涂层)	1	车螺纹	
编制		审核	批准		共　页　第　页

1.3.4 制订计划

明确如何完成螺纹轴加工刀具的选择及完成步骤，根据实际情况制订如表1-19所示计划单。

表1-19 任务计划单

学习项目1	螺纹轴的数控工艺分析				
学习任务3	螺纹轴加工刀具的选择		学时		
计划方式	制订计划和工艺				
序号	实 施 步 骤				使用工具
计划评价	班级		第 组	组长签字	
	教师签字			日期	
	评语				

1.3.5 任务实施

明确如何完成螺纹轴加工刀具的选择，根据实际情况填写如表1-20所示任务实施单。

表1-20 任务实施单

学习项目1	螺纹轴的数控工艺分析		
学习任务3	螺纹轴加工刀具的选择	学时	
实施方式	小组针对实施计划进行讨论，决策后每人均填写一份任务实施单		

实施内容：

填写下列刀具卡片。

产品名称或代号			零件名称		零件图号	
序号	刀具号	刀具规格名称	数量	加工表面		备注
编制		审核		批准	共 页	第 页
班级			第 组	组长签字		
教师签字			日期			

1.3.6　任务评价

根据学生任务的完成情况及课堂表现，教师填写表1-21所示的任务评价单。

表1-21　任务评价单

评价等级（在对应等级前打√）	等级分类	评价标准		
	优秀	能高质量、高效率地完成零件加工刀具的选择		
	良好	能在无教师的指导下完成零件加工刀具的选择		
	中等	能在教师的偶尔指导下完成零件加工刀具的选择		
	合格	能在教师的全程指导下完成零件加工刀具的选择		
班级		第　组	姓名	
教师签字		日期		

任务1.4　螺纹轴切削用量的选择

1.4.1　任务单

螺纹轴的切削用量选择项目任务单如表1-22所示。

表1-22　项目任务单

学习项目1	螺纹轴的数控工艺分析		
学习任务4	螺纹轴切削用量的选择	学时	4
布　置　任　务			
学习目标	1. 掌握数控切削零件的三要素。 2. 掌握数控切削零件背吃刀量的确定方法。 3. 掌握数控切削零件进给速度 F 的确定方法。 4. 掌握数控切削零件主轴转速 N 的确定方法。		
任务描述	1. 学会数控切削零件三要素的概念。 2. 学会数控切削零件背吃刀量的确定方法。 3. 学会数控切削零件进给速度的确定方法。 4. 学会数控切削零件主轴转速 N 的确定方法。 5. 填写相应单据。		
对学生的要求	1. 小组讨论各加工部分切削用量的确定。 2. 小组讨论并填写计划单。 3. 小组讨论并填写实施单。 4. 独立进行任务实施单的填写。 5. 积极参加小组任务讨论，严禁抄袭，遵守纪律。		
学时安排	4		

1.4.2 任务相关知识

切削用量是切削加工过程中切削速度、进给量和背吃刀量的总称。切削用量的选择，对加工效率、加工成本和加工质量都有重大影响。切削用量的选择需要考虑机床、刀具、工件材料和工艺等多种因素。

切削用量的选择原则和方法如下。

所谓合理的切削用量是指充分利用机床和刀具的性能，在保证加工质量的前提下，获得高的生产率与低加工成本的切削用量。在切削生产率方面，在不考虑辅助工时的情况下，有生产率公式 $P=A_o v_c f a_p$，其中 A_o 为与工件尺寸有关的系数。从式中可以看出，切削用量三要素 v_c、f、a_p 任何一个参数增加1倍，生产率就相应提高1倍。但从刀具寿命与切削用量三要素之间的关系式 $T=C_T/(v_c^{1/m} f^{1/n} a_p^{1/p})$ 来看，当刀具寿命一定时，切削速度 v_c 对生产率影响最大，进给量 f 次之，背吃刀量 a_p 最小。因此，在刀具耐用度一定时，从提高生产率角度考虑，对于切削用量的选择有一个总的原则：首先选择尽量大的背吃刀量，其次选择最大的进给量，最后是切削速度。当然，切削用量的选择还要考虑各种因素，最后才能得出一种比较合理的方案。

自动换刀数控机床主轴或装刀所费时间较多，所以选择切削用量要保证刀具加工完一个零件，或保证刀具耐用度不低于一个工作班，最少不低于半个工作班。

以下对切削用量三要素的选择方法分别论述如下。

(1) 背吃刀量的选择。背吃刀量的选择根据加工余量确定。切削加工一般分为粗加工、半精加工和精加工3道工序，各工序有不同的选择方法。

① 粗加工时(表面粗糙度 Ra 为 50～12.5μm)，在允许的条件下，尽量一次切除该工序的全部余量。中等功率机床，背吃刀量可达8～10mm。但对于加工余量大，一次走刀会造成以下几种情况：机床功率或刀具强度不够；加工余量不均匀，引起振动；刀具受冲击严重出现打刀，需要采用多次走刀。如分两次走刀，则第一次背吃刀量尽量取大一些，一般为加工余量的3/4～2/3左右。第二次背吃刀量尽量取小一些，可取加工余量的1/4～1/3左右。

② 半精加工时(表面粗糙度 Ra 为 6.3～3.2μm)，背吃刀量一般为0.5～2mm。

③ 精加工时(表面粗糙度 Ra 为 1.6～0.8μm)，背吃刀量为0.1～0.4mm。

在工艺系统刚度和机床功率允许的情况下，尽可能选取较大的背吃刀量 a_p，以减少进给次数。当零件精度要求较高时，则应考虑留出精车余量，其所留的精车余量一般比普通车削时所留余量小，常取0.1～0.5mm。

(2) 进给量的选择。粗加工时，进给量主要考虑工艺系统所能承受的最大进给量，如机床进给机构的强度，刀具强度与刚度，工件的装夹刚度等。精加工和半精加工时，最大进给量主要考虑加工精度和表面粗糙度。另外，还要考虑工件材料、刀尖圆弧半径、切削速度等。如当刀尖圆弧半径增大，切削速度提高时，可以选择较大的进给量。

在生产实际中，进给量常根据经验选取。粗加工时，工件材料、车刀导杆直径、工件直径和背吃刀量按表1-23进行选取，表中数据是经验所得，其中包含了导杆的强度和刚度，工件的刚度等工艺系统因素。

表 1-23　硬质合金车刀粗车外圆及端面的进给量参考值

工件材料	车刀刀杆尺寸/mm	工件直径/mm	背吃刀量 a_p/mm				
			≤3	>3～5	>5～8	>8～12	>12
			进给量 f/(mm/r)				
碳素结构钢、合金结构钢、耐热钢	16×25	20	0.3～0.4	—	—	—	—
		40	0.4～0.5	0.3～0.4	—	—	—
		60	0.5～0.7	0.4～0.6	0.3～0.5	—	—
		100	0.6～0.9	0.5～0.7	0.5～0.6	0.4～0.5	—
		400	0.8～1.2	0.7～1.0	0.6～0.8	0.5～0.6	—
	20×30 25×25	20	0.3～0.4	—	—	—	—
		40	0.4～0.5	0.3～0.4	—	—	—
		60	0.6～0.7	0.5～0.7	0.4～0.6	—	—
		100	0.8～1.0	0.7～0.9	0.5～0.7	0.4～0.7	—
		400	1.2～1.4	1.0～1.2	0.8～1.0	0.6～0.9	0.4～0.6
铸铁及合金钢	16×25	40	0.4～0.5	—	—	—	—
		60	0.6～0.8	0.5～0.8	0.4～0.6	—	—
		100	0.8～1.2	0.7～1.0	0.6～0.8	0.5～0.7	—
		400	1.0～1.4	1.0～1.2	0.8～1.0	0.6～0.8	—
	20×30 25×25	40	0.4～0.5	—	—	—	—
		60	0.6～0.9	0.5～0.8	0.4～0.7	—	—
		100	0.9～1.3	0.8～1.2	0.7～1.0	0.5～0.78	—
		400	1.2～1.8	1.2～1.6	1.0～1.3	0.9～1.0	0.7～0.9

从表中可以看到，在背吃刀量一定时，进给量随着导杆尺寸和工件尺寸的增大而增大。加工铸铁时，切削力比加工钢件时小，所以铸铁可以选取较大的进给量。精加工与半精加工时，可根据加工表面粗糙度要求按表选取，同时考虑切削速度和刀尖圆弧半径因素，如表1-24所示。如有必要，还要对所选进给量参数进行强度校核，最后根据机床说明书确定。

表 1-24　按表面粗糙度选择进给量的参考值

工件材料	表面粗糙度 Ra/μm	切削速度范围 v_c/(m/min)	刀尖圆弧半径 r/mm		
			0.5	1.0	2.0
			进给量 f/(mm/r)		
铸铁、青铜、铝合金	10～5	不限	0.25～0.40	0.40～0.50	0.50～0.60
	5～2.5		0.15～0.25	0.25～0.40	0.40～0.60
	2.5～1.25		0.10～0.15	0.15～0.20	0.20～0.35
碳钢及合金钢	10～5	<50	0.30～0.50	0.45～0.60	0.55～0.70
		>50	0.40～0.55	0.55～0.65	0.65～0.70
	5～2.5	<50	0.18～0.25	0.25～0.30	0.30～0.40
		>50	0.25～0.30	0.30～0.35	0.35～0.50

续表

工件材料	表面粗糙度 $Ra/\mu m$	切削速度范围 v_c/(m/min)	刀尖圆弧半径 r/mm		
			0.5	1.0	2.0
			进给量 f/(mm/r)		
碳钢及合金钢	2.5～1.25	<50	0.10	0.11～0.15	0.15～0.22
		50～100	0.11～0.16	0.16～0.25	0.25～0.35
		>100	0.16～0.20	0.20～0.25	0.25～0.35

在数控加工中最大进给量受机床刚度和进给系统的性能限制。在选择进给量时，还应注意零件加工中的某些特殊因素。比如在轮廓加工中，选择进给量时，应考虑轮廓拐角处的超程问题。特别是在拐角较大、进给速度较高时，应在接近拐角处适当降低进给速度，在拐角后逐渐升速，以保证加工精度。

在加工过程中，由于切削力的作用，机床、工件、刀具系统产生变形，可能使刀具运动滞后，从而在拐角处产生“欠程”。因此，拐角处的“欠程”问题，在编程时应给予足够的重视。此外，还应充分考虑切削的自然断屑问题，通过选择刀具几何形状和对切削用量的调整，使排屑处于最顺畅的状态，避免长屑缠绕刀具而引起的故障。

进给量 f（有些数控机床用进给速度 v_f）的选取应该与背吃刀量和主轴转速相适应。在保证工件加工质量的前提下，可以选择较高的进给速度（2000mm/min 以下）。在切断、车削深孔或精车时，应选择较低的进给速度。当刀具空行程特别是远距离“回零”时，可以设定尽量高的进给速度。

粗车时，一般取 $f=0.3\sim0.8$mm/r；精车时，常取 $f=0.1\sim0.3$mm/r；切断时，常取 $f=0.05\sim0.2$mm/r。

(3) 切削速度的选择。确定了背吃刀量 a_p、进给量 f 和刀具耐用度 T 后，就可以按下式计算或由表确定切削速度 v_c 和机床转速 n。

$$v_c=\frac{C_v}{60T^m a_p^{x_v} f^{y_v}}k_v$$

公式中各指数和系数可以在表 1-25 中选取，修正系数 k_v 为一系列修正系数的乘积，各修正系数可以通过表 1-26 选取。此外，切削速度也可以通过表 1-27 得出。

表 1-25 车削速度计算式中的系数与指数

工件材料	刀具材料	进给量 f/(mm/r)	系数与指数值			
			C_v	x_v	y_v	m
外圆纵车碳素结构钢	YT15（干切）	≤0.3	291	0.15	0.20	0.2
		≤0.7	242	0.15	0.35	0.2
		>0.7	235	0.15	0.45	0.2
	W18Cr4V（加切削液）	≤0.25	67.2	0.25	0.33	0.125
		>0.25	43	0.25	0.66	0.125

续表

工件材料	刀具材料	进给量 f/(mm/r)	系数与指数值			
			C_v	x_v	y_v	m
外圆纵车灰铸铁	YG6 （干切）	≤0.4 >0.4	189.8 158	0.15 0.15	0.20 0.40	0.2 0.2
	W18Cr4V （干切）	≤0.25 >0.25	24 22.7	0.15 0.15	0.30 0.40	0.1 0.1

表 1-26　车削速度计算修正系数

<table>
<tr><td rowspan="2">工件材料
K_{Mv_c}</td><td colspan="61">加工钢：硬质合金 $K_{Mv_c}=0.637/\sigma_b$，高速钢 $K_{Mv_c}=C_M(0.637/\sigma_b)^{n_{v_c}}$，$C_M=1.0$，$n_{v_c}=1.75$。当 $\sigma_b \leqslant 0.441$GPa 时，$n_{v_c}=-1.0$</td></tr>
<tr><td colspan="61">加工灰铸铁：硬质合金 $K_{Mv_c}=(190/\text{HBS})^{1.25}$，高速钢 $K_{Mv_c}=(190/\text{HBS})^{1.7}$</td></tr>
<tr><td rowspan="3">毛坯状况
K_{Sv_c}</td><td rowspan="2">无外皮</td><td colspan="12" rowspan="2">棒料</td><td colspan="12" rowspan="2">锻件</td><td colspan="24">铸钢、铸铁</td><td colspan="12" rowspan="2">Cu－Al 合金</td></tr>
<tr><td colspan="12">一般</td><td colspan="12">带砂皮</td></tr>
<tr><td>1.0</td><td colspan="12">0.9</td><td colspan="12">0.8</td><td colspan="12">0.8～0.85</td><td colspan="12">0.5～0.6</td><td colspan="12">0.9</td></tr>
<tr><td rowspan="4">刀具材料
K_{Tv_c}</td><td rowspan="2">钢</td><td colspan="12">YT5</td><td colspan="12">YT14</td><td colspan="12">YT15</td><td colspan="12">YT30</td><td colspan="12">YG8</td></tr>
<tr><td colspan="12">0.65</td><td colspan="12">0.8</td><td colspan="12">1</td><td colspan="12">1.4</td><td colspan="12">0.4</td></tr>
<tr><td rowspan="2">灰铸铁</td><td colspan="20">YG8</td><td colspan="20">YG6</td><td colspan="20">YG3</td></tr>
<tr><td colspan="20">0.83</td><td colspan="20">1.0</td><td colspan="20">1.15</td></tr>
<tr><td rowspan="3">主偏角
$K_{K_r v_c}$</td><td>K_r</td><td colspan="12">30°</td><td colspan="12">45°</td><td colspan="12">60°</td><td colspan="12">75°</td><td colspan="12">90°</td></tr>
<tr><td>钢</td><td colspan="12">1.13</td><td colspan="12">1</td><td colspan="12">0.92</td><td colspan="12">0.86</td><td colspan="12">0.81</td></tr>
<tr><td>灰铸铁</td><td colspan="12">1.2</td><td colspan="12">1</td><td colspan="12">0.88</td><td colspan="12">0.83</td><td colspan="12">0.73</td></tr>
<tr><td rowspan="2">副偏角
$K'_{K_r v_c}$</td><td>K'_r</td><td colspan="12">30°</td><td colspan="12">30°</td><td colspan="12">30°</td><td colspan="12">30°</td><td colspan="12">30°</td></tr>
<tr><td>$K'_{K_r v_c}$</td><td colspan="12">1</td><td colspan="12">0.97</td><td colspan="12">0.94</td><td colspan="12">0.91</td><td colspan="12">0.87</td></tr>
<tr><td rowspan="2">刀尖半径
$K_{r_\varepsilon v_c}$</td><td>r</td><td colspan="15">1mm</td><td colspan="15">2 mm</td><td colspan="15">3 mm</td><td colspan="15">4 mm</td></tr>
<tr><td>$K_{r_\varepsilon v_c}$</td><td colspan="15">0.94</td><td colspan="15">1.0</td><td colspan="15">1.03</td><td colspan="15">1.13</td></tr>
<tr><td rowspan="2">刀杆尺寸
K_{Bv_c}</td><td>$B \times H$</td><td colspan="10">12×20
16×16</td><td colspan="10">16×25
20×20</td><td colspan="10">20×30
25×25</td><td colspan="10">25×40
30×30</td><td colspan="10">30×45
40×40</td><td colspan="10">40×60</td></tr>
<tr><td>K_{Bv_c}</td><td colspan="10">0.93</td><td colspan="10">0.97</td><td colspan="10">1</td><td colspan="10">1.04</td><td colspan="10">1.08</td><td colspan="10">1.12</td></tr>
</table>

半精加工和精加工时，切削速度 v_c，主要受刀具耐用度和已加工表面质量限制，在选取切削速度 v_c 时，要尽可能避开产生积屑瘤的速度范围。

切削速度的选取原则是：粗车时，因背吃刀量和进给量都较大，应选择较低的切削速度，精加工时则选择较高的切削速度；加工材料强度和硬度较高时，选择较低的切削速度，反之选择较高的切削速度；刀具材料的切削性能越好，切削速度越高。

表 1-27　车削加工常用钢材的切削速度参考数值

加工材料		硬度 HBS	背吃刀量 a_p/mm	高速钢刀具		硬质合金刀具						陶瓷(超硬材料)刀具		
						未涂层				涂层				
				v/(m/min)	f/(mm/r)	v/(m/min) 焊接式	v/(m/min) 可转位	f/(mm/r)	材料	v/(m/min)	f/(mm/r)	v/(m/min)	f/(mm/r)	说明
易切碳钢	低碳	100～200	1	55～90	0.18～0.2	185～240	220～275	0.18	TY15	320～410	0.18	550～700	0.13	切削条件较好时可用冷压 Al_2O_3 陶瓷;切削条件较差时可用 Al_2O_3+TiC 热压混合陶瓷
			4	41～70	0.40	135～185	160～215	0.50	TY14	215～275	0.40	425～580	0.25	
			8	34～55	0.50	110～145	130～170	0.75	TY5	170～220	0.50	335～490	0.40	
	中碳	175～225	1	52	0.2	165	200	0.18	TY15	305	0.18	520	0.13	
			4	40	0.40	125	150	0.50	TY14	200	0.40	395	0.25	
			8	30	0.50	100	120	0.75	TY5	160	0.50	305	0.40	
碳钢	低碳	125～225	1	43～46	0.18	140～150	170～195	0.18	TY15	260～290	0.18	520～580	0.13	
			4	34～33	0.40	115～125	135～150	0.50	TY14	170～190	0.40	365～425	0.25	
			8	27～30	0.50	88～100	105～120	0.75	TY5	135～150	0.50	275～365	0.40	
	中碳	175～275	1	34～40	0.18	115～130	150～160	0.18	TY15	220～240	0.18	460～520	0.13	
			4	23～30	0.40	90～100	115～125	0.50	TY14	145～160	0.40	290～350	0.25	
			8	20～26	0.50	70～78	90～100	0.75	TY5	115～125	0.50	200～260	0.40	
	高碳	175～275	1	30～37	0.18	115～130	140～155	0.18	TY15	215～230	0.18	460～520	0.13	
			4	24～27	0.40	88～95	105～120	0.50	TY14	145～150	0.40	275～335	0.25	
			8	18～21	0.50	69～76	84～95	0.75	TY5	115～120	0.50	185～245	0.40	

续表

<table>
<tr><th rowspan="3" colspan="2">加工材料</th><th rowspan="3">硬度HBS</th><th rowspan="3">背吃刀量 a_p/mm</th><th colspan="2">高速钢刀具</th><th colspan="6">硬质合金刀具</th><th colspan="3">陶瓷(超硬材料)刀具</th></tr>
<tr><th rowspan="2">v/(m/min)</th><th rowspan="2">f/(mm/r)</th><th colspan="3">未涂层</th><th colspan="3">涂层</th><th rowspan="2">v/(m/min)</th><th rowspan="2">f(mm/r)</th><th rowspan="2">说明</th></tr>
<tr><th>v/(m/min) 焊接式</th><th>v/(m/min) 可转位</th><th>f(mm/r)</th><th>材料</th><th>v/(m/min)</th><th>f/(mm/r)</th></tr>
<tr><td rowspan="9">合金钢</td><td rowspan="3">低碳</td><td rowspan="3">125～225</td><td>1</td><td>41～46</td><td>0.18</td><td>135～150</td><td>170～185</td><td>0.18</td><td>TY15</td><td>220～235</td><td>0.18</td><td>520～580</td><td>0.13</td><td rowspan="9"></td></tr>
<tr><td>4</td><td>32～37</td><td>0.40</td><td>105～120</td><td>135～145</td><td>0.50</td><td>TY14</td><td>175～190</td><td>0.40</td><td>365～395</td><td>0.25</td></tr>
<tr><td>8</td><td>24～27</td><td>0.50</td><td>84～95</td><td>105～115</td><td>0.75</td><td>TY5</td><td>135～145</td><td>0.50</td><td>275～335</td><td>0.40</td></tr>
<tr><td rowspan="3">中碳</td><td rowspan="3">175～275</td><td>1</td><td>34～41</td><td>0.18</td><td>105～115</td><td>130～150</td><td>0.18</td><td>TY15</td><td>175～200</td><td>0.18</td><td>460～520</td><td>0.13</td></tr>
<tr><td>4</td><td>26～32</td><td>0.40</td><td>85～90</td><td>105～120</td><td>0.40～0.50</td><td>TY14</td><td>135～160</td><td>0.40</td><td>280～360</td><td>0.25</td></tr>
<tr><td>8</td><td>20～24</td><td>0.50</td><td>67～73</td><td>82～95</td><td>0.50～0.75</td><td>TY5</td><td>105～120</td><td>0.50</td><td>220～265</td><td>0.40</td></tr>
<tr><td rowspan="3">高碳</td><td rowspan="3">175～275</td><td>1</td><td>30～37</td><td>0.18</td><td>105～115</td><td>135～145</td><td>0.18</td><td>TY15</td><td>175～190</td><td>0.18</td><td>460～520</td><td>0.13</td></tr>
<tr><td>4</td><td>24～27</td><td>0.40</td><td>84～90</td><td>105～115</td><td>0.50</td><td>TY14</td><td>135～150</td><td>0.40</td><td>275～335</td><td>0.25</td></tr>
<tr><td>8</td><td>18～21</td><td>0.50</td><td>66～72</td><td>82～90</td><td>0.75</td><td>TY5</td><td>105～120</td><td>0.50</td><td>215～245</td><td>0.40</td></tr>
<tr><td rowspan="3" colspan="2">高强度钢</td><td rowspan="3">225～350</td><td>1</td><td>20～26</td><td>0.18</td><td>90～105</td><td>115～135</td><td>0.18</td><td>TY15</td><td>150～185</td><td>0.18</td><td>380～440</td><td>0.13</td><td rowspan="3">>300HBS 时宜用 W12Cr4V5Co5 及 W2MoCr4VCo8</td></tr>
<tr><td>4</td><td>15～20</td><td>0.40</td><td>69～84</td><td>90～105</td><td>0.40</td><td>TY14</td><td>120～135</td><td>0.40</td><td>205～265</td><td>0.25</td></tr>
<tr><td>8</td><td>12～15</td><td>0.50</td><td>53～66</td><td>69～84</td><td>0.50</td><td>TY5</td><td>90～105</td><td>0.50</td><td>145～205</td><td>0.40</td></tr>
</table>

(4) 主轴转速的确定。主要包括以下两个方面。

① 光车外圆时主轴转速。光车外圆时主轴转速应根据零件上被加工部位的直径,并按零件和刀具材料以及加工性质等条件所允许的切削速度来确定。切削速度除了计算和查表选取外,还可以根据实践经验确定。需要注意的是,交流变频调速的数控车床低速输出力矩小,因而切削速度不能太低。切削速度确定后,用公式 $n=1000v_c/\pi d$ 计算主轴转速 n(r/min)。表 1-28 为硬质合金外圆车刀切削速度的参考值。

表 1-28 硬质合金外圆车刀切削速度的参考值

工件材料	热处理状态	a_p/mm		
		(0.3,2]	(2,6]	(6,10]
		f/(mm/r)		
		(0.08,0.3]	(0.3,0.6]	(0.6,1)
		v_c/(m/min)		
低碳钢、易切钢	热轧	140~180	100~120	70~90
中碳钢	热轧	130~160	90~110	60~80
	调质	100~130	70~90	50~70
合金结构钢	热轧	100~130	70~90	50~70
	调质	80~110	50~70	40~60
工具钢	退火	90~120	60~80	50~70
灰铸铁	<190HBS	90~120	60~80	50~70
	=190~225HBS	80~110	50~70	40~60
高锰钢			10~20	
铜及铜合金		200~250	120~180	90~120
铝及铝合金		300~600	200~400	150~200
铸铝合金(ω_{si}13%)		100~180	80~150	60~100

注:切削钢及灰铸铁时刀具耐用度约为 60min。

② 车削螺纹时主轴的转速。在车削螺纹时,车床的主轴转速将受到螺纹的螺距 P(或导程)大小、驱动电动机的升降频特性,以及螺纹插补运算速度等多种因素的影响,故对于不同的数控系统,推荐不同的主轴转速选择范围。大多数经济型数控车床推荐车削螺纹时的主轴转速 n(r/min)为

$$n \leqslant (1200/P)-k$$

式中:P——被加工螺纹螺距,单位为 mm;

k——保险系数,一般取为 80。

此外,在安排粗、精车削用量时,应注意机床说明书给定的允许切削用量范围,对于主轴采用交流变频调速的数控车床,由于主轴在低转速时扭矩降低,尤其应注意此时的切削用量选择。

1.4.3 参考案例

案例零件切削用量的选择

图 1-45 所示为案例零件切削用量的选择。

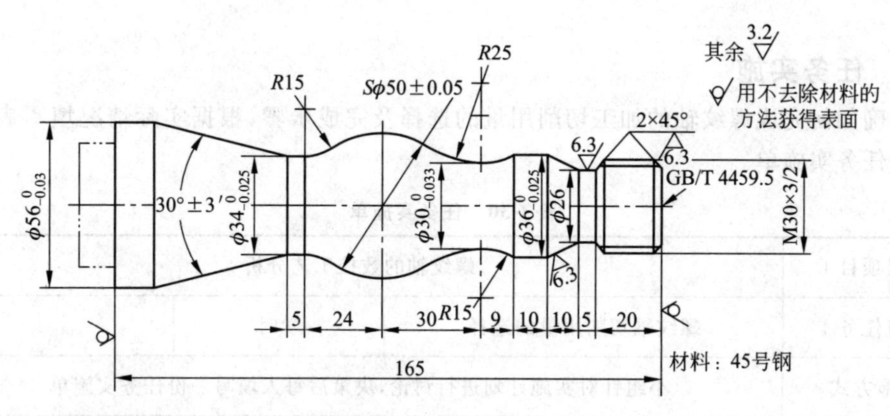

图 1-45　案例零件图

1）背吃刀量的选择

轮廓粗车循环时选 $a_p = 3$mm，精车时 $a_p = 0.25$mm；螺纹粗车时选 $a_p = 0.4$mm，逐刀减少，精车时 $a_p = 0.1$mm。

2）主轴转速的选择

车直线和圆弧时，查表 1-26，选粗车切削速度 $v_c = 90$m/min、精车切削速度 $v_c = 120$m/min，然后利用公式 $v_c = \pi dn/1000$ 计算主轴转速 n（粗车直径 $d = 60$mm，精车工件直径取平均值）：粗车为 500r/min、精车为 1200r/min。车螺纹时，计算主轴转速 $n = 320$r/min。

3）进给速度的选择

查表 1-23、表 1-24 选择粗车、精车每转进给量，再根据加工的实际情况确定粗车每转进给量为 0.4mm/r，精车每转进给量为 0.15mm/r，最后根据公式 $v_f = nf$ 计算粗车、精车进给速度分别为 200m/min 和 180m/min。

1.4.4　制订计划

明确如何完成螺纹轴的加工切削用量的选择及完成步骤，根据实际情况制订表 1-29 计划单。

表 1-29　任务计划单

学习项目 1	螺纹轴的数控工艺分析				
学习任务 4	螺纹轴切削用量的选择			学时	
计划方式	制订计划和工艺				
序号	实　施　步　骤				使用工具
计划评价	班级		第　组	组长签字	
	教师签字			日期	
	评语				

1.4.5 任务实施

明确如何完成螺纹轴的加工切削用量的选择及完成步骤，根据实际情况填写表1-30所示的任务实施单。

表1-30 任务实施单

学习项目1	螺纹轴的数控工艺分析		
学习任务4	螺纹轴切削用量的选择	学时	
实施方式	小组针对实施计划进行讨论，决策后每人填写一份任务实施单		

实施内容：
1. 该零件背吃刀量的选择。
2. 该零件主轴转速的选择。
3. 该零件进给速度的选择。

班级		第　组	组长签字	
教师签字		日期		

1.4.6 任务评价

根据学生任务的完成情况及课堂表现，教师填写表1-31所示的任务评价单。

表1-31 任务评价单

评价等级 （在对应等级前打√）	等级分类	评　价　标　准		
	优秀	能高质量、高效率地完成零件切削用量的选择		
	良好	能在无教师的指导下完成零件切削用量的选择		
	中等	能在教师的偶尔指导下完成零件切削用量的选择		
	合格	能在教师的全程指导下完成零件切削用量的选择		
班级		第　组	姓名	
教师签字		日期		

任务1.5 螺纹轴工艺文件的制订

1.5.1 任务单

制订螺纹轴的工艺文件项目任务单，如表1-32所示。

表 1-32　项目任务单

学习项目 1	螺纹轴的数控工艺分析		
学习任务 5	螺纹轴工艺文件的制订	学时	4
布　置　任　务			
学习目标	1. 掌握绘制机械加工工艺过程卡、机械加工工序卡、数控加工工艺卡、数控刀具卡、数控加工走刀路线图、数控加工工件的安装和原点设定卡的方法。 2. 掌握机械加工工序卡、数控加工工艺卡的填写方法。 3. 掌握螺纹轴综合车削零件的数控加工工艺分析方法。		
任务描述	1. 学会正确划分机械加工工序内容。 2. 学会计算生产纲领，正确确定生产类型。 3. 掌握机械加工工艺规程包括的内容和作用。 4. 正确绘制数控加工工艺文件。		
对学生的要求	1. 小组讨论螺纹轴的工艺路线方案。 2. 小组讨论并填写螺纹轴的工艺规程制定。 3. 小组讨论并填写实施单。 4. 参与工艺研讨，汇报螺纹轴加工工艺，接受教师与同学的点评，同时参与评价小组自评与互评。		
学时安排	4		

1.5.2　任务相关知识

1. 机械加工工艺规程

1）生产过程与工艺过程

工艺就是制造产品的方法。采用机械加工的方法，直接改变毛坯的形状、尺寸和表面质量等，使其成为零件的过程称为机械加工工艺过程（以下简称工艺过程）。

（1）生产过程。工业产品的生产过程是指由原材料到成品之间的各个相互联系的劳动过程的总和。这些过程包括以下四部分。

① 生产技术准备过程，包括产品投产前的市场调查分析、产品研制、技术鉴定等。

② 生产工艺过程，包括毛坯制造，零件加工，部件和产品装配、调试、油漆与包装等。

③ 辅助生产过程，为使基本生产过程能正常进行所必经的辅助过程，包括工艺装备的设计制造、能源供应、设备维修等。

④ 生产服务过程，包括原材料采购运输、保管、供应及产品包装、销售等。

由上述过程可以看出，机械产品的生产过程是相当复杂的。为了便于组织生产，现代机械工业的发展趋势是组织专业化生产，即一种产品的生产分散在若干个专业化工厂进行，最后集中由一个工厂制成完整的机械产品。例如，制造机床时，机床上的轴承、电动机、电器、液压元件甚至其他许多零部件都是由专业制造厂生产的，最后由机床厂完成关键零部件和配套件的生产，并装配成完整的机床。专业化生产有利于零部件的标准化、通用化和产品的系列化，从而能在保证质量的前提下，提高劳动生产率和降低成本。

上述生产过程的内容十分广泛，从产品开发、生产和技术准备到毛坯制造、机械加工和装配，影响的因素和涉及的问题多而复杂。为了使工厂具有较强的应变能力和竞争能力，现代工厂逐步用系统的观点看待生产过程的各个环节及它们之间的关系，即将生产过程看成一个具有输入和输出的生产系统。用系统工程学的原理和方法组织生产和指导生产，能使工厂的生产和管理科学化；能使工厂按照市场动态及时地改进和调节生产，不断地更新产品以满足社会的需要；能使生产的产品质量更好、周期更短、成本更低。

由于市场全球化、需求多样化以及新产品开发周期越来越短，随着信息技术的发展，企业间采用动态联盟，实现异地协同设计与制造的生产模式是目前制造业发展的重要趋势。

(2) 生产系统。任何事物都是由数个相互作用和相互依赖的部分组成并具有特定功能的有机整体，这个整体就是系统。

① 机械加工工艺系统。机械加工工艺系统由金属切削机床、刀具、夹具和工件四个要素组成，它们彼此关联、互相影响。该系统的整体目的是在特定的生产条件下，在保证机械加工工序质量的前提下，采用合理的工艺过程，降低该工序的加工成本。

② 机械制造系统。在工艺系统基础上以整个机械加工车间为整体的更高一级的系统。该系统的整体目的是使该车间能最有效地全面完成全部零件的机械加工任务。

③ 生产系统。以整个机械制造厂为整体，为了最有效地经营，获得最高经济效益，一方面把原材料供应、毛坯制造、机械加工、热处理、装配、检验与试车、油漆、包装、运输、保管等因素作为基本物质因素来考虑；另一方面把技术情报、经营管理、劳动力调配、资源和能源利用、环境保护、市场动态、经营政策、社会问题和国际因素等信息作为影响系统效果更重要的要素来考虑。可见，生产系统是包括制造系统的更高一级的系统。

(3) 工艺过程。在生产过程中，那些与原材料转变为产品直接相关的过程称为工艺过程。它包括毛坯制造、零件加工、热处理、质量检验和机器装配等。而为保证工艺过程正常进行所需要的刀具、夹具制造、机床调整维修等则属于辅助过程。在工艺过程中，以机械加工方法按一定顺序逐步地改变毛坯形状、尺寸、相对位置和性能等，直至成为合格零件的过程称为机械加工工艺过程。

技术人员根据产品数量、设备条件和工人素质等情况，确定工艺过程，并将有关内容写成工艺文件，这种文件称为工艺规程。

为了便于工艺规程的编制、执行和生产组织管理，需要把工艺过程划分为不同层次的单元。它们分别是工序、安装、工位、工步和走刀，其中工序是工艺过程中的基本单元。零件的机械加工工艺过程由若干个工序组成。在一个工序中可能包含一个或几个安装，每一个安装可能包含一个或几个工位，每一个工位可能包含一个或几个工步，每一个工步可能包括一个或几个走刀。

① 工序。一个或一组工人，在一个工作地或一台机床上对一个或同时对几个工件连续完成的那一部分工艺过程称为工序。划分工序的依据是工作地点是否变化和工作过程是否连续。例如，在车床上加工一批轴，既可以对每一根轴连续地进行粗加工和精加工，也可以先对整批轴进行粗加工，然后再依次对它们进行精加工。在第一种情形下，加工只包括一个工序；在第二种情形下，由于加工过程的连续性中断，虽然加工是在同一台机床上进行的，但却成为两个工序。工序是组成工艺过程的基本单元，也是生产计划的基本单元。

② 安装。在机械加工工序中，使工件在机床上或在夹具中占据某一正确位置并被夹紧的过程，称为装夹。有时，工件在机床上需经过多次装夹才能完成一个工序的工作内容。

安装是指工件经过一次装夹后所完成的那部分工序内容。例如，在车床上加工轴，先从一端加工出部分表面，然后调头再加工另一端，这时的工序内容就包括两个安装。

③ 工位。采用转位(或移位)夹具、回转工作台或在多轴机床上加工时，工件在机床上一次装夹后，要经过若干个位置依次进行加工，工件在机床上所占据的每一个位置上所完成的那一部分工序就称为工位。简单来说，工件相对于机床或刀具每占据一个加工位置所完成的那部分工序内容，称为工位。为了减少因多次装夹而带来的装夹误差和时间损失，常采用各种回转工作台、回转夹具或移动夹具，使工件在一次装夹中，先后处于几个不同的位置进行加工。图1-46是在一台三工位回转工作台机床上加工轴承盖螺钉孔的示意图。操作者在上、下料工位Ⅰ处装上工件，当该工件依次通过钻孔工位Ⅱ、扩孔工位Ⅲ后，即可在一次装夹后把四个阶梯孔在两个位置加工完毕。这样，既减少了装夹次数，又因各工位的加工与装卸是同时进行的，从而节约安装时间，使生产率得以提高。

④ 工步。在加工表面和加工工具不变的条件下，连续完成的那一部分工序内容称为工步。生产中也常称为进给。整个工艺过程由若干个工序组成。每一个工序可包括一个工步或几个工步。每一个工步通常包括一个工作行程，也可包括几个工作行程。为了提高生产率，用几把刀具同时加工几个加工表面的工步，称为复合工步，也可以看作一个工步，例如，用组合钻床加工多孔箱体孔。

⑤ 走刀。加工刀具在加工表面上加工一次所完成的工步称为走刀。例如轴类零件如果要切去的金属层很厚，则需分几次切削，这时每切削一次就称为一次走刀，因此，在切削速度和进给量不变的前提下刀具完成一次进给运动称为一次走刀。

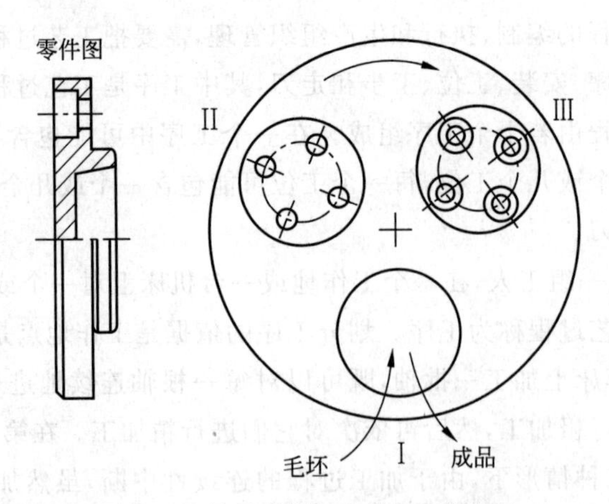

图 1-46 轴承盖螺钉孔的三工位加工

图 1-47 是一个带半封闭键槽阶梯轴两种生产类型的工艺过程实例，从图中可以看出各自的工序、安装、工位、工步、走刀之间的关系。

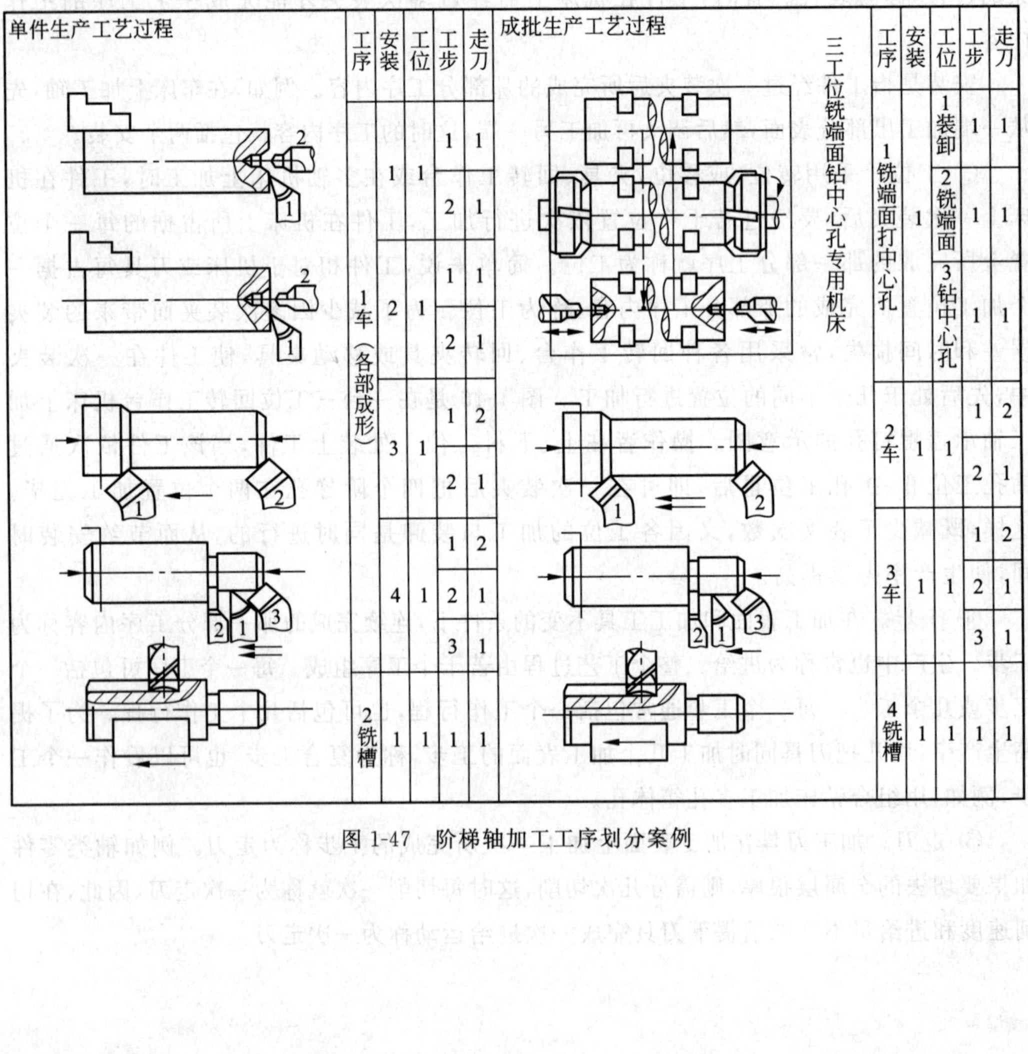

单件生产工艺过程	工序	安装	工位	工步	走刀
	1车（各部成形）	1	1	1	1
				2	1
		2	1	1	1
				2	1
		3	1	1	2
				2	1
		4	1	1	2
				2	1
				3	1
	2铣槽	1	1	1	1

成批生产工艺过程	工序	安装	工位	工步	走刀
三工位铣端面钻中心孔专用机床	1铣端面打中心孔	1	1装卸	1	1
			2铣端面	1	1
			3钻中心孔	1	1
	2车	1	1	1	2
				2	1
	3车	1	1	1	2
				2	1
				3	1
	4铣槽	1	1	1	1

图 1-47 阶梯轴加工工序划分案例

2）机械加工工艺规程

(1) 机械加工工艺规程的概念。机械加工工艺规程是将产品或零部件的制造工艺过程和操作方法按一定格式固定下来的技术文件。它是在具体生产条件下，本着最合理、最经济的原则编制而成的，经审批后用来指导生产的法规性文件。

机械加工工艺规程包括零件加工工艺流程、加工工序内容、切削用量、采用设备及工艺装备、工时定额等。

(2) 机械加工工艺规程的作用主要有以下4点。

① 工艺规程是生产准备工作的依据。在新产品投入生产以前，必须根据工艺规程进行有关的技术准备和生产准备工作。例如，原材料及毛坯的供给、工艺装备（刀具、夹具、量具）的设计、制造及采购、机床负荷的调整、作业计划的编排、劳动力的配备等。

② 工艺规程是组织生产的指导性文件。生产的计划和调度、工人的操作、质量检查等都是以工艺规程作为依据。按照工艺规程进行生产，有利于稳定生产秩序，保证产品质量，从而得到较高的生产率和较好的经济性。

③ 工艺规程是新建工厂和扩建工厂（或车间）时的原始资料。根据生产纲领和工艺期可以确定生产所需的机床和其他设备的种类、规格和数量，车间面积，生产工人的工种、等级和数量，投资预算及辅助部门的安排等。

④ 便于积累、交流和推广行之有效的生产经验。已有的工艺规程可供以后制订类似工件的工艺规程时做参考，以减少制订工艺规程的时间和工作量，也有利于提高工艺技术水平。

(3) 制订工艺规程的原则和依据。制订工艺规程时，必须遵循以下原则。

① 必须充分利用本企业现有的生产条件。

② 必须可靠地加工出符合图纸要求的零件，保证产品质量。

③ 保证良好的劳动条件，提高劳动生产率。

④ 在保证产品质量的前提下，尽可能降低消耗、降低成本。

⑤ 应尽可能采用国内外先进工艺技术。

由于工艺规程是直接指导生产和操作的技术文件，因此工艺规程还应做到清晰、正确、完整和统一，所用术语、符号、编码、计量单位等都必须符合相关标准。

制订工艺规程时，必须依据如下原始资料。

① 产品的装配图和零件的工作图。

② 产品的生产纲领。

③ 本企业现有的生产条件，包括毛坯的生产条件或协作关系、工艺装备和专用设备制造能力、工人的技术水平以及各种工艺资料和标准等。

④ 产品验收的质量标准。

⑤ 国内外同类产品的新技术、新工艺及其发展前景等的相关信息。

(4) 制订工艺规程的步骤如下。

① 计算年生产纲领，确定生产类型。

② 零件的工艺分析。

③ 确定毛坯，包括选择毛坯类型及其制造方法。

④ 选择定位基准。

⑤ 拟订工艺路线。

⑥ 确定各工序的加工余量和工序尺寸。

⑦ 确定切削用量和工时定额。

⑧ 确定各工序的设备、刀具、夹具、量具和辅助工具。

⑨ 确定各主要工序的技术要求及检验方法。

⑩ 填写工艺文件。

2. 加工工艺文件格式

1) 机械加工工艺文件

将工艺规程的内容填入一定格式的卡片中，即成为生产准备和施工所依据的工艺文件。常见的工艺文件有下列几种。

(1) 机械加工工艺过程卡片。这种卡片主要列出了整个零件加工所经过的工艺路线(包括毛坯、机械加工和热处理等)，它是制订其他工艺文件的基础，也是生产技术准备、编制作业计划和组织生产的依据。由于它对各个工序的说明不够具体，故适用于生产管理。工艺过程卡片相当于工艺规程的总纲，其格式见表 1-33。

(2) 机械加工工艺卡片。这种卡片是用于普通机床加工，它是以工序为单位详细说明整个工艺过程的工艺文件。它的作用是用来指导工人进行生产，帮助车间管理人员和技术人员掌握整个零件的加工过程。广泛用于成批生产的零件和小批生产的重要零件。工艺卡片的内容包括零件的材料、质量、毛坯性质、各道工序的具体内容及加工要求等，其格式见表 1-34。

(3) 机械加工工序卡片。这种卡片是用来具体指导工人在普通机床上加工时进行操作的一种工艺文件。它是根据工艺卡片的每道工序制订的，多用于大批大量生产的零件和成批生产的装夹方式、刀具、夹具、量具、切削用量和时间定额等，其格式见表 1-35。

2) 数控加工工艺文件

数控加工工艺文件不仅是进行数控加工和产品验收的依据，也是操作者遵守和执行的规程，同时还为产品零件重复生产积累了必要的工艺资料，完成了技术储备。这些技术文件是对数控加工的具体说明，目的是让操作者更明确加工程序的内容、装夹方式、各个加工部位所选用的刀具及其他技术问题。该文件包括了编程任务书、数控加工工序卡、数控刀具卡片、数控加工程序单等。以下提供了常用文件格式，文件格式可根据企业的实际情况自行设计。

(1) 数控加工编程任务书。编程任务书阐明了工艺人员对数控加工工序的技术要求、工序说明和数控加工前应保证的加工余量，是编程员与工艺人员协调工作和编制数控程序的重要依据之一，见表 1-36。

表 1-33　机械加工工艺过程卡片

公司名称	机械加工工艺过程卡片			产品名称		零(部)件名称		共　页	第　页
	材料牌号		毛坯种类		每毛坯可制件数		每台件数	备注	
	工序号	工序名称	工序内容	车间	工段	设备	工艺装备	工时	
								准终	单件
描图									
描校									
底图号									
装订号						设计（日期）	审核（日期）	标准化（日期）	会签（日期）
标记	处数	更改文件号	签字	日期	标记	处数	更改文件号	签字	日期

表 1-34 机械加工工艺卡片

<table>
<tr><td rowspan="4">公司名称</td><td colspan="5">机械加工工艺卡片</td><td>产品名称</td><td></td><td>零(部)件名称</td><td></td><td colspan="4">共 页</td><td colspan="3">第 页</td></tr>
<tr><td colspan="3">材料牌号</td><td></td><td>毛坯种类</td><td></td><td>毛坯外形尺寸</td><td></td><td>每毛坯可制件数</td><td></td><td>每台件数</td><td colspan="2"></td><td>备注</td><td colspan="2"></td></tr>
<tr><td rowspan="2"></td><td rowspan="2"></td><td rowspan="2"></td><td rowspan="2">工序内容</td><td rowspan="2">同时加1零件数</td><td colspan="4">切削用量</td><td rowspan="2">设备名称及编号</td><td colspan="3">工艺装备名称及编号</td><td></td><td colspan="2">工时</td></tr>
<tr><td>背吃刀量/mm</td><td>切削速度/(m·min⁻¹)</td><td>每分钟转数或往复次数</td><td>进给量/(mm·r⁻¹)</td><td>夹具</td><td>刀具</td><td>量具</td><td>技术等级</td><td>准终</td><td>单件</td></tr>
<tr><td rowspan="2">描图</td><td></td><td></td><td></td><td></td><td></td><td></td><td></td><td></td><td></td><td></td><td></td><td></td><td></td><td></td><td></td><td></td></tr>
<tr><td></td><td></td><td></td><td></td><td></td><td></td><td></td><td></td><td></td><td></td><td></td><td></td><td></td><td></td><td></td><td></td></tr>
<tr><td rowspan="2">描校</td><td></td><td></td><td></td><td></td><td></td><td></td><td></td><td></td><td></td><td></td><td></td><td></td><td></td><td></td><td></td><td></td></tr>
<tr><td></td><td></td><td></td><td></td><td></td><td></td><td></td><td></td><td></td><td></td><td></td><td></td><td></td><td></td><td></td><td></td></tr>
<tr><td rowspan="2">底图号</td><td></td><td></td><td></td><td></td><td></td><td></td><td></td><td></td><td></td><td></td><td></td><td></td><td></td><td></td><td></td><td></td></tr>
<tr><td></td><td></td><td></td><td></td><td></td><td></td><td></td><td></td><td></td><td></td><td></td><td></td><td></td><td></td><td></td><td></td></tr>
<tr><td rowspan="2">装订号</td><td></td><td></td><td></td><td></td><td></td><td></td><td></td><td></td><td></td><td></td><td colspan="2" rowspan="2">设计(日期)</td><td rowspan="2">审核(日期)</td><td rowspan="2">标准化(日期)</td><td colspan="2" rowspan="2">会签(日期)</td></tr>
<tr><td>标记</td><td>处数</td><td>更改文件号</td><td>签字</td><td>日期</td><td>标记</td><td>处数</td><td>更改文件号</td><td>签字</td><td>日期</td></tr>
</table>

表 1-35　机械加工工序卡片

	机械加工工序卡片			产品名称		零(部)件名称		共　页	第　页	
公司名称	(工序图)			车间		工序号	工序名称		材料牌号	
				毛坯种类		毛坯外形尺寸	每毛坯可制件数		每台件数	
				设备名称		设备型号	设备编号		同时加工件数	
				夹具编号		夹具名称			切削液	
									工序工时	
				工位器具编号		工位器具名称			准终	单件
	工步号	工步内容	工艺装备	主轴转速/(r·min^{-1})	切削速度/(m·min^{-1})	进给量/(mm·r^{-1})	背吃刀量/mm	进给次数	工步工时	
									机动	辅助
描图										
描校										
底图号										
装订号									设计(日期)	审核(日期)
									标准化(日期)	会签(日期)
	标记	处数	更改文件号	签字	日期	标记	处数	更改文件号	签字	日期

表 1-36 数控加工编程任务书

工艺处	数控加工编程任务书	产品零件图号		任务书编号	
		零件名称			
		使用数控设备		共 页	第 页
主要工序说明及技术要求：					
（零件简图）		编程收到日期	月 日	经手人	

编制		审核		编程		审核		批准		

（2）数控加工工序卡。数控加工工序卡与普通加工工序卡很相似，所不同的是工序简图中应注明编程原点与对刀点，要有编程说明及切削参数的选择等，它是操作人员进行数控加工的主要指导性工艺资料。工序卡应按已确定的工步顺序填写，见表 1-37。如果工序加工内容比较简单，也可采用表 1-38 数控加工工艺卡片的形式。

表 1-37 数控加工工序卡片

单位	数控加工工序卡片	产品名称或代号	零件名称	零件图号
工序简图		车间	使用设备	
		工艺序号	程序编号	
		夹具名称	夹具编号	

工步号	工步作业内容	加工面	刀具号	刀补量	主轴转速	进给速度	背吃刀量	备注
编制		审核		批准		年 月 日	共 页	第 页

表 1-38　数控加工工艺卡片

单位名称		产品名称或代号		零件名称		零件图号	
工序号	程序编号	夹具名称		使用设备		车间	
工步号	工步内容	刀具号	刀具规格	主轴转速	进给速度	背吃刀量	备注
编制		审核	批准		年　月　日	共　页	第　页

(3) 数控刀具卡片。数控加工刀具卡主要反映刀具名称、编号、规格、长度等内容。它是组装刀具、调整刀具的依据，详见表 1-39。

表 1-39　数控加工刀具卡片

产品名称或代号			零件名称		零件图号	
序号	刀具号	刀具规格名称	数量	加工表面		备注
编制		审核		批准	共　页	第　页

(4) 数控加工程序单。数控加工程序单是编程员根据工艺分析情况，按照机床特点的指令代码编制的。它是记录数控加工工艺过程、工艺参数的清单，有助于操作员正确理解加工程序内容。格式见表 1-40。

表 1-40　数控加工程序单

零件号			零件名称			编制		审核	
程序号						日期		日期	
N	G	X(U)	Z(W)	F	S	T	M	CR	备注

(5) 数控加工走刀路线图。在数控加工中，常常要注意防止刀具在运动过程中与夹具或工件发生意外碰撞，为此必须设法告诉操作者关于编程中的刀具运动路线(如从哪里下刀、抬刀、斜下刀等)。为简化走刀路线图，一般可以采用统一约定的符号来表示。不同

的机床可以采用不同的图例与格式，表 1-41 为一种常用格式。

表 1-41 数控加工走刀路线图

数控加工走刀路线图	零件图号		工序号		工步号		程序号	
机床型号		程序段号		加工内容			共 页	第 页
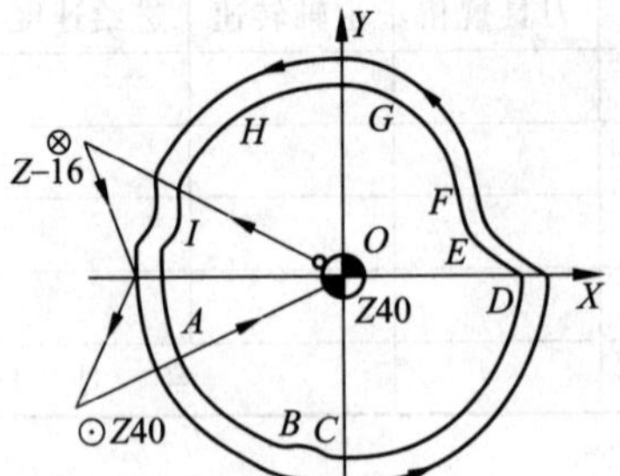								
							编程	
							校对	
							审批	

符号	⊙	⊗	◐	o—→	——→	←┼—	o⌒o	⌒o⌒	⇄
含义	抬刀	下刀	编程原点	起刀点	走刀方向	走刀线相交	爬斜坡	铰孔	行切

（6）数控加工工件安装和原点设定卡（简称装夹图和零件设定卡）。数控加工工件安装和原点设定卡应表示出数控加工原点定位方法和夹紧方法，并应注明加工原点设置位置和坐标方向、使用的夹具名称和编号等，详见表 1-42。

表 1-42 工件安装和原点设定卡

零件名称		数控加工工件安装和原点设定卡	工序号	
零件图号			装夹次数	

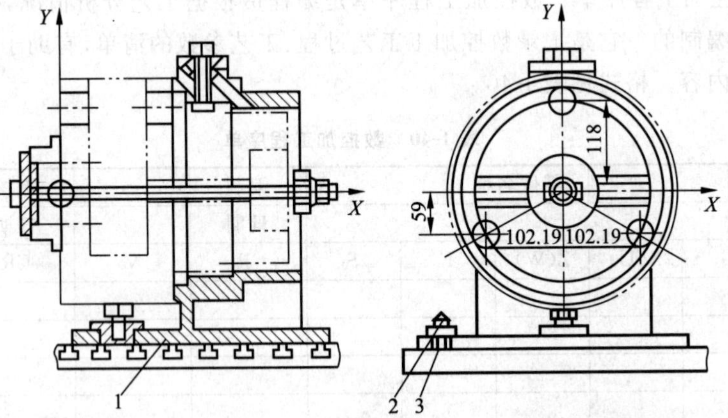

				3	梯形槽螺栓	
				2	压板	
				1	镗铣夹具板	
编制	审核	批准	第 页			
			共 页	序号	夹具名称	夹具图号

1.5.3　参考案例

针对 1-48 案例零件图,综合分析其工艺内容,并将其填入表 1-43 所示的数控加工工艺卡片。此表是编制加工程序的主要依据,是操作人员配合数控程序进行数控加工的指导性文件。主要内容包括工步顺序、工步内容、各工步所用的刀具及切削用量等。

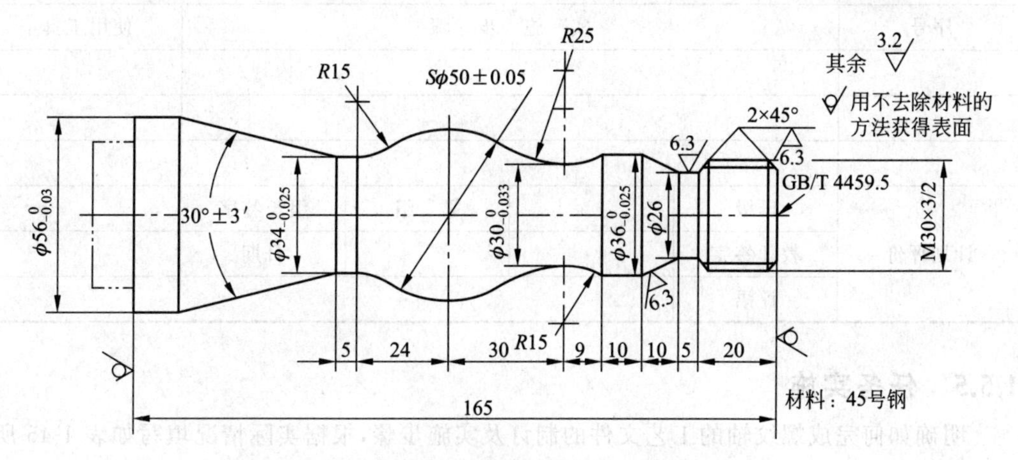

图 1-48　案例零件图

表 1-43　典型轴类零件数控加工工艺卡片

<table>
<tr><td rowspan="2">单位名称</td><td rowspan="2"></td><td colspan="2">产品名称或代号</td><td colspan="2">零件名称</td><td colspan="2">零件图号</td></tr>
<tr><td colspan="2"></td><td colspan="2">典型轴</td><td colspan="2"></td></tr>
<tr><td>工序号</td><td>程序编号</td><td colspan="2">夹具名称</td><td colspan="2">使用设备</td><td colspan="2">车间</td></tr>
<tr><td>001</td><td></td><td colspan="2">三爪自定心卡盘
和活动顶尖</td><td colspan="2">CKA6140 数控车床</td><td colspan="2">数控中心</td></tr>
<tr><td>工步号</td><td>工步内容</td><td>刀具号</td><td>刀具规格/
mm</td><td>主轴转速/
(r/min)</td><td>进给速度/
(mm/min)</td><td>背吃刀量/
mm</td><td>备注</td></tr>
<tr><td>1</td><td>平端面</td><td>T02</td><td>25×25</td><td>500</td><td></td><td></td><td>手动</td></tr>
<tr><td>2</td><td>钻中心孔</td><td>T01</td><td>φ5</td><td>950</td><td></td><td></td><td>手动</td></tr>
<tr><td>3</td><td>粗车轮廓</td><td>T02</td><td>25×25</td><td>500</td><td>200</td><td>3</td><td>自动</td></tr>
<tr><td>4</td><td>精车轮廓</td><td>T03</td><td>25×25</td><td>1200</td><td>180</td><td>0.25</td><td>自动</td></tr>
<tr><td>5</td><td>粗车螺纹</td><td>T04</td><td>25×25</td><td>320</td><td>960</td><td>0.4</td><td>自动</td></tr>
<tr><td>6</td><td>精车螺纹</td><td>T04</td><td>25×25</td><td>320</td><td>960</td><td>0.1</td><td>自动</td></tr>
<tr><td>编制</td><td>审核</td><td></td><td>批准</td><td></td><td>年　月　日</td><td>共　页</td><td>第　页</td></tr>
</table>

1.5.4　制订计划

明确如何完成螺纹轴的工艺文件的制订及完成步骤,根据实际情况制订表 1-44 计划单。

表 1-44 任务计划单

学习项目1	螺纹轴的数控工艺分析				
学习任务5	螺纹轴工艺文件的制订			学时	
计划方式	制订计划和工艺				
序号	实 施 步 骤				使用工具
计划评价	班级		第 组	组长签字	
	教师签字			日期	
	评语				

1.5.5 任务实施

明确如何完成螺纹轴的工艺文件的制订及实施步骤，根据实际情况填写如表 1-45 所示的任务实施单。

表 1-45 任务实施单

学习项目 1	螺纹轴的数控工艺分析		
学习任务 5	螺纹轴工艺文件的制订	学时	
实施方式	小组进行工艺研讨实施计划，决策后每人填写一份实施单		

实施内容：

填写螺纹轴的加工工艺卡片。

单位名称		产品名称或代号		零件名称		零件图号	
				典型轴			
工序号	程序编号	夹具名称		使用设备		车间	
001		三爪自定心卡盘和活动顶尖				数控中心	
工步号	工步内容	刀具号	刀具规格/mm	主轴转速/(r/min)	进给速度/(mm/min)	背吃刀量/mm	备注
编制		审核		批准		共 页	第 页
班级				第 组	组长签字		
教师签字				日期			

1.5.6　任务评价

根据学生课堂表现及学生完成任务情况，教师填写表 1-46 所示的任务评价单。

表 1-46　任务评价单

评价等级 （在对应等级前打√）	等级分类	评　价　标　准
	优秀	能高质量、高效率地完成数控加工工艺卡片的填写及本项目的 PPT 汇报
	良好	能在无教师的指导下完成数控加工工艺卡片的填写及本项目的 PPT 汇报
	中等	能在教师的偶尔指导下完成数控加工工艺卡片的填写及本项目的 PPT 汇报
	合格	能在教师的全程指导下完成数控加工工艺卡片的填写及本项目的 PPT 汇报

班级		第　组	姓名	
教师签字		日期		

项目 2

夹具底座的数控工艺分析

【项目介绍】

夹具是机械加工中不可缺少的一种工艺装备，应用十分广泛。它的作用是：保证稳定可靠地达到各项加工精度要求；缩短加工工时，提高劳动生产率；降低生产成本；减轻操作者的劳动强度；可由较低技术等级的操作者进行加工；能扩大机床工艺范围。

在本项目选取典型夹具体底座，常用于生产实际，如图 2-1 所示，零件材料为 45 号钢，无热处理和硬度要求，试对其进行数控加工工艺分析。

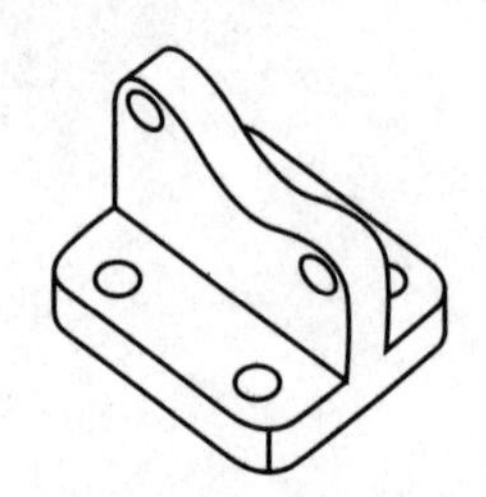

图 2-1　夹具底座的实体图

【学习目标】

(1) 学会识读夹具底座零件图，对零件图进行工艺分析。

(2) 学会为夹具底座的加工选用合理的加工刀具，确定合理的走刀路线，选用合理的切削参数，安排合理的加工顺序。

(3) 能够制订夹具底座的零件机械加工工艺过程卡和数控加工工序卡。

(4) 能读懂夹具底座的加工工艺规程。

任务 2.1　夹具底座的图纸分析及毛坯的选择

2.1.1　任务单

夹具底座的图纸分析及毛坯选择任务单见表 2-1 所示。

表 2-1　项目任务单

学习项目 2	夹具底座的数控工艺分析		
学习任务 1	夹具底座的图纸分析及毛坯选择	学时	4
布　置　任　务			
学习目标	1. 学会对零件图的尺寸分析和对零件的结构分析。 2. 学会对零件图的技术要求合理性分析。 3. 能够读懂零件图的技术要求。 4. 能够根据毛坯选择原则完成零件毛坯的选择。		
任务描述	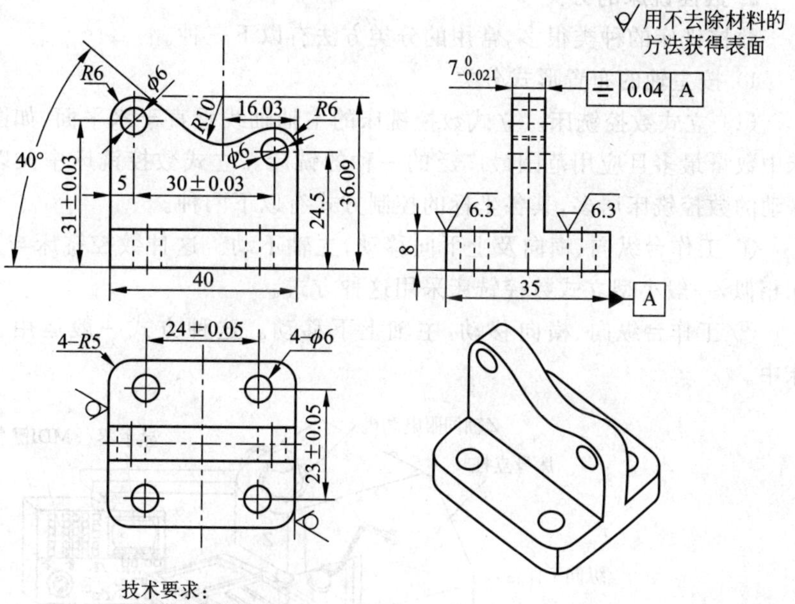 用不去除材料的方法获得表面 技术要求： 1.去除毛刺飞边。 2.钻孔的表面粗糙度为Ra12.5μm。 3.其余未注表面粗糙度为Ra3.2μm。 夹具底座零件图 1. 分析零件，标注零件的尺寸、公差及表面粗糙度的合理性。 2. 分析零件要素的工艺性。 3. 分析零件整体结构的工艺性。 4. 分析零件的技术要求的合理性。 5. 分析零件图确定毛坯的尺寸和形状。		
对学生的要求	1. 小组讨论零件图，分析零件图的尺寸及公差的合理性。 2. 小组讨论填写计划单。 3. 小组讨论填写实施单。		
学时安排	4		

2.1.2 工作任务关联知识

数控铣削加工工艺设计步骤包括机床选择、零件图纸工艺分析、加工工艺路线设计装夹方案、夹具选择、刀具选择、切削用量选择、填写数控加工工序卡和刀具卡等资料。

1. 数控铣削机床选择

数控铣削机床主要采用铣削方式加工工件。典型的数控铣削机床有数控铣床和加工中心两种，由于加工中心增加了刀库和自动换刀装置，主要用于复杂零件的多工序镗铣综合加工，所以数控铣削机床一般是指数控铣床。数控铣床除了能够进行外形轮廓铣削、平面型腔铣削及三维复杂型面的铣削（如凸轮、模具、叶片螺旋桨等复杂零件的铣削加工）外，还具有孔加工功能。它通过人工手动换刀，也可以进系列孔的加工，如钻孔、扩孔、铰孔、镗孔和攻螺纹等。

2. 数控铣床的分类

数控铣床的种类很多，常用的分类方法有以下三种。

1）按主轴的布置形式分类

(1) 立式数控铣床。立式数控铣床的主轴轴线垂直于水平面，如图 2-2 所示，它是铣床中数量最多且应用范围最广泛的一种的铣床。立式数控铣床中又以三坐标（X、Y、Z）联动的数控铣床居多，其各坐标的控制方式有以下两种。

① 工作台纵向、横向及上下向移动，主轴不动。这种数控铣床与普通立式升降台铣床相似，一般小型立式数控铣床采用这种方式。

② 工作台纵向、横向移动，主轴上下移动。这种方式一般运用在中型立式数控铣床中。

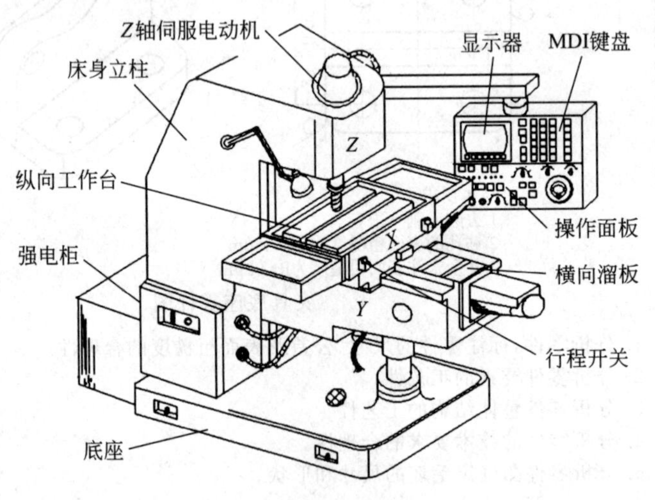

图 2-2 立式数控铣床

(2) 卧式数控铣床。卧式数控铣床的主轴轴线平行于水平面，如图 2-3 所示。为了扩大其功能和加工范围，通常采用增加数控转盘或万能数控转盘来实现四轴或五轴加工。一次装夹后可完成除安装面以外的其余四个面的各种工序加工，尤其是万能数控转盘可以把工件上各种不同角度的加工面摆成水平面来加工，可以省去许多专用夹具或专用角度成型铣刀。

(3) 立卧两用数控铣床。它也称万能式数控铣床,如图 2-4 所示,主轴可以旋转 90°,或工作台带着工件旋转 90°,一次装夹后可以完成对工件五个表面的加工,即除了工件与转盘贴面的定位面外,其他表面都可以在一次安装中进行加工。其使用范围更广、功能更全,选择加工对象的余地更大。给用户带来了很多方便,特别是当生产批量小,品种较多,又需要立、卧两种方式加工时,用户只需要一台这样的机床即可。

图 2-3　卧式数控铣床

图 2-4　立卧两用数控铣床

(4) 龙门式数控铣床。对于大型的数控铣床,一般采用对称的双立柱结构,保证机床的整体刚性和强度,即数控龙门铣床,它有工作台移动和龙门架移动两种形式,如图 2-5 所示。龙门式数控铣床适用于加工飞机整体结构件零件、大型箱体零件和大型模具等。

图 2-5　龙门式数控铣床

2) 按数控系统控制的坐标轴数量分类

(1) 两轴半坐标联动数控铣床。数控机床只能进行 X、Y、Z 三个坐标中的任意两个坐标联动加工。

(2) 三坐标联动数控铣床。数控机床能进行 X、Y、Z 三个坐标轴联动加工。

(3) 四坐标联动数控铣床。数控机床能进行 X、Y、Z 三个坐标轴和绕其中一个轴作数控摆角联动加工。

(4) 五坐标联动数控铣床。数控机床能进行 X、Y、Z 三个坐标轴和绕其中两个轴作数控摆角联动加工。

3）按数控系统的功能分类

（1）经济型数控铣床。经济型数控铣床一般是在普通立式铣床或卧式铣床的基础上改造出来的。它采用经济型数控系统，成本低，机床功能较少，主轴转速和进给速度不高，主要用于精度要求不高的简单平面或曲面零件加工。

（2）全功能数控铣床。全功能数控铣床一般采用半闭环或闭环控制，控制系统功能较强，数控系统功能丰富，一般可以实现四坐标及以上的联动，其加工适应性强，应用比较广泛。

（3）高速铣削数控铣床。一般把主轴转速在8000～40000r/min的数控铣床称为高速铣削数控铣床，其进给速度可达10～30m/min。这种数控铣床采用全新的机床结构和功能强大的数控系统，并配以加工性能优越的刀具系统，可对大面积的曲面进行高效率、高质量的加工。高速铣削是数控加工的一个发展方向，目前，其技术正日趋成熟，并逐渐得到广泛应用，但机床价格昂贵，使用成本较高。

3. 数控铣削的加工对象

数控铣床的加工内容与加工中心的加工内容有许多相似之处，都可以对工件进行铣削、钻削、扩削、铰削、锪削、镗削以及攻螺纹等加工，但从实际应用效果看，数控铣床更多地用于复杂曲面的加工，而加工中心更多地用于有多工序内容零件的加工。适合数控铣床加工的零件主要有以下几种。

1）平面曲线轮廓类零件

平面曲线轮廓类零件是指有内、外复杂曲线轮廓的零件，特别是由数学表达式等给出其轮廓为非圆曲线或列表曲线的零件。平面曲线轮廓零件的加工面平行或垂直于水平面，或加工面与水平面的夹角为一定值，各个加工面是平面，或可以展开为平面，如图2-6所示。

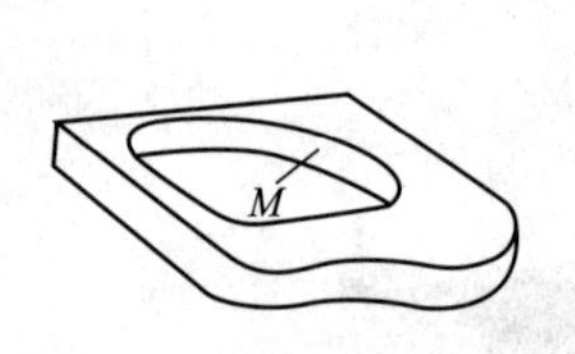

(a) 带平面轮廓的平面零件

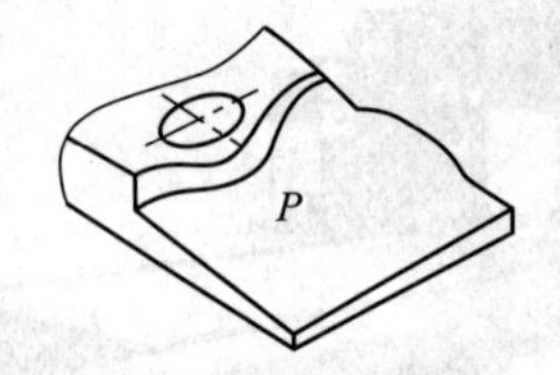

(b) 带斜平面的平面零件

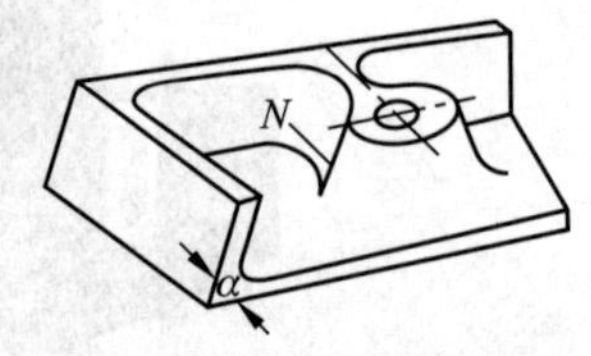

(c) 带正圆台和斜肋的平面零件

图2-6 平面类零件

平面类零件是数控铣削加工中最简单的一类零件，一般只需用三坐标数控铣床的两坐标联动（两轴半坐标联动）就可以把它们加工出来。

2）曲面类（立体类）零件

曲面类零件一般指具有三维空间曲面的零件，曲面通常由数学模型设计出，因此往往需要借助于计算机来编程，其加工面不能展开为平面。加工时，铣刀与加工面始终为点接触，一般用球头铣刀采用两轴半或三轴联动的三坐标数控铣床加工。当曲面较复杂、通道较狭窄，会伤及毗邻表面或需刀具摆动时，要采用四坐标或五坐标数控铣床加工，如模具类零件、叶片类零件、螺旋桨类零件等。

3）变斜角类零件

加工面与水平面的夹角呈连续变化的零件称为变斜角类零件。这类零件的特点是加工面不能展开为平面，但在加工中，铣刀圆周与加工面接触的瞬间为一条直线。图2-7所示是飞机上的一种变斜角梁椽条，该零件在第2肋至第5肋的斜角从3°10′均匀变化为2°32′，从第5肋至第9肋再均匀变化为1°20′，从第9肋至第12肋又均匀变化至0°。变斜角类零件一般采用四轴或五轴联动的数控铣床加工，也可以在三轴数控铣床上通过两轴联动用鼓形铣刀分层近似加工，但精度稍差。

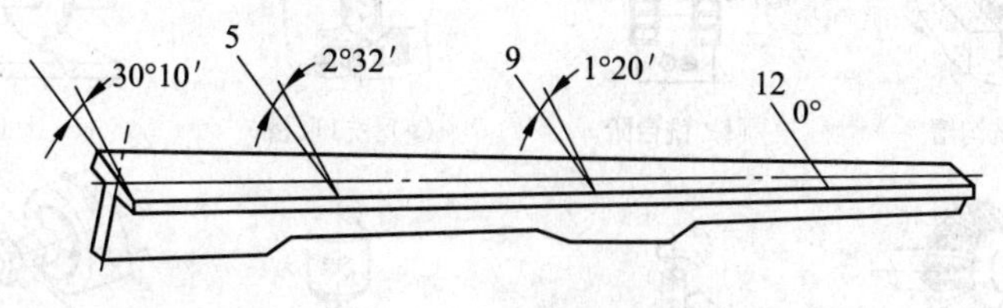

图2-7　变斜角类零件

4）其他在普通铣床上难加工的零件

（1）形状复杂，尺寸繁多，划线与检测均较困难，在普通铣床上加工难以观察和控制的零件。

（2）高精度零件。尺寸精度、形位精度和表面粗糙度等要求较高的零件。如发动机缸体上的多组尺寸精度要求高，且有较高相对尺寸、位置要求的孔或型面。

（3）一致性要求好的零件。在批量生产中，由于数控铣床本身的定位精度和重复定位精度都较高，能够避免在普通铣床加工中因人为因素而造成的多种误差。故数控铣床容易保证成批零件的一致性，使其加工精度得到提高，质量更加稳定。同时，因数控铣床加工的自动化程度高，还可大大减轻操作者的体力劳动强度，显著提高生产率。

虽然数控铣床加工范围广泛，但是因受数控铣床自身特点的制约，某些零件仍不适合在数控铣床上加工。如简单的粗加工面，加工余量不太充分或很不均匀的毛坯零件，以及生产批量特别大而精度要求又不高的零件等。

4. 数控铣削加工的主要内容

数控铣削是一种应用非常广泛的数控切削加工方法，除平面轮廓和立体轮廓的零件，如凸轮、模具、叶片、螺旋桨等都可采用数控铣削加工，也可进行钻、扩、铰孔、攻螺纹、镗孔等加工。其铣削加工的基本内容如图2-8所示。

5. 零件的结构工艺性分析

零件的结构工艺性是指所设计的零件在满足使用要求的前提下制造的可行性和经济性。良好的结构工艺性，可以使零件更易加工，节省工时和材料。而较差的零件结构工艺性，会使加工困难，浪费工时和材料，有时甚至无法加工。因此，零件各加工部位的结构工艺性应符合数控加工的特点。

1）零件图纸上的尺寸标注应方便编程

在分析零件图时，除了考虑尺寸数据有否遗漏或重复、尺寸标注是否模糊不清和尺寸是否封闭等因素外，还应该分析零件图的尺寸标注方法是否便于编程。无论是用绝对、增

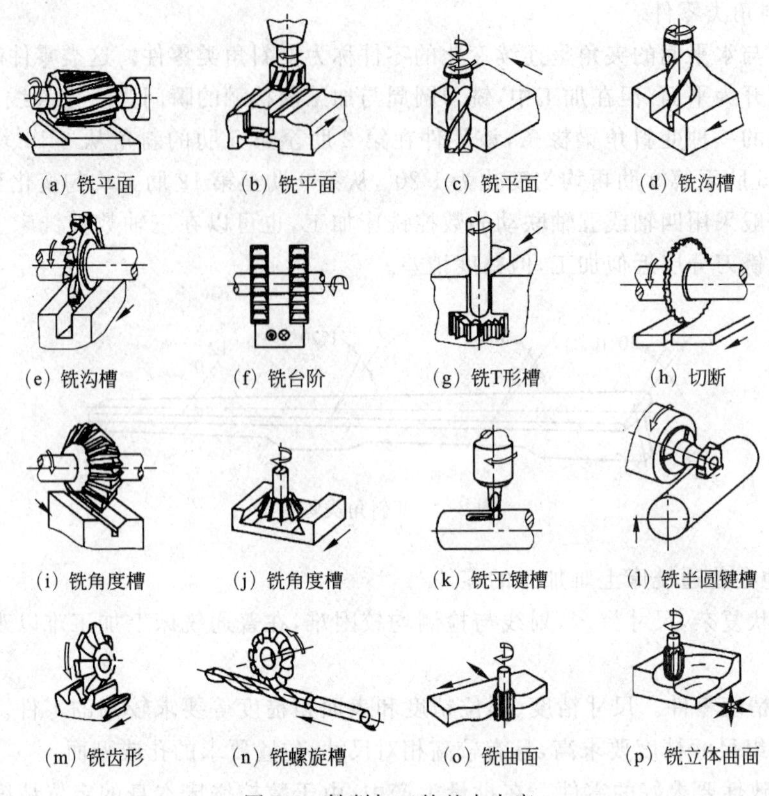

图 2-8 铣削加工的基本内容

量还是混合方式编程,都希望零件结构的形位尺寸从同一基准出发标注尺寸或直接给出坐标尺寸。这种标注方法不仅便于编程,而且便于尺寸之间的相互协调,也便于保持设计、制造及检测基准与编程原点设置的一致性。不从同一基准出发标注的分散类尺寸,可以考虑通过编程时的坐标系变换的方法,或通过工艺尺寸链解算的方法变换为统一基准的工艺尺寸。此外,还有一些封闭尺寸,如图 2-9 所示,为了同时保证这三个孔间距的公差,直接按工艺尺寸编程是不行的,在编程时必须通过尺寸链的计算,对原孔位尺寸进行适当地调整,保证加工后的孔距尺寸符合公差要求。实际生产中有许多与此相类似的情况,编程时一定要注意。

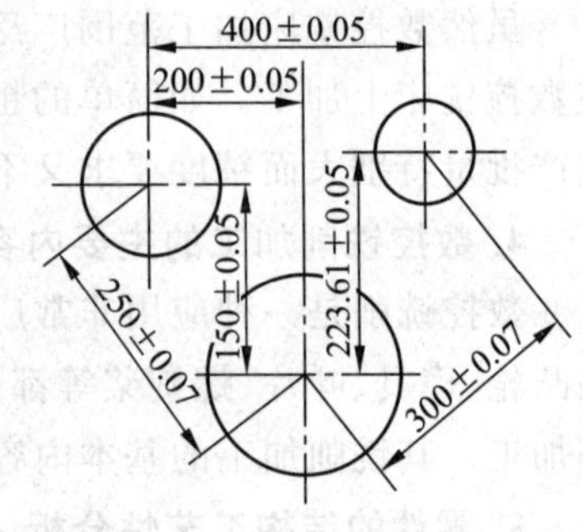

图 2-9 封闭尺寸零件加工要求

2) 分析零件的变形情况,保证获得要求的加工精度

检查零件加工结构的质量要求,如尺寸加工精度、形位公差及表面粗糙度在现有的加工条件下是否可以得到保证,是否还有更经济的加工方法或方案。虽然数控铣床的加工精度高,但对一些过薄的腹板和缘板零件应认真分析其结构特点。这类零件在实际加工中因较大切削力的作用容易使薄板产生弹性变形,从而影响到薄板的加工精度,同时也影响到薄板的表面粗糙度。当薄板的面积较大而厚度又小于 3mm 时,就应充分重视这一

问题，需采取相应措施来保证其加工的精度。如在工艺上，减小每次进刀的切削深度或切削速度，从而减小切削力等方法来控制零件在加工过程中的变形，并利用 CNC 机床的循环编程功能减少编程工作量。在用同一把铣刀、同一个刀具补偿值编程加工时，因为零件轮廓各处尺寸公差带不同，如图 2-10 所示，很难同时保证各处尺寸在尺寸公差范围内，所以一般采取的方法是兼顾各处尺寸公差。在编程计算时，改变轮廓尺寸并移动公差带，改为对称公差，且采用同一把铣刀和同一个刀具半径补偿值加工。如图 2-10 所示，括号内的尺寸是其公差带均修改为对称公差，计算与编程时需选用括号内的尺寸使用。

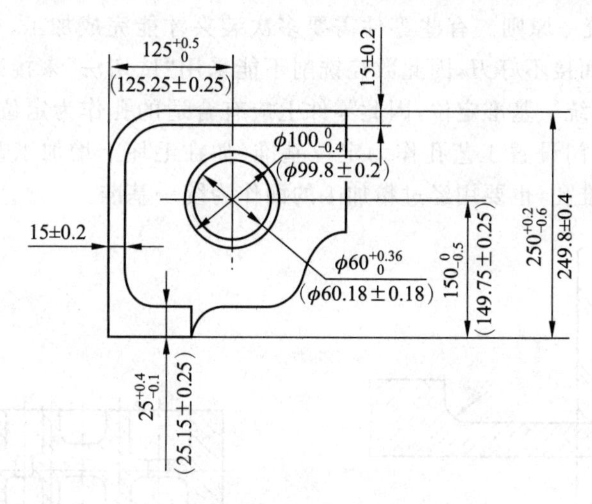

图 2-10　轮廓尺寸公差带的调整

3）尽量统一零件轮廓内圆弧的有关尺寸

（1）零件的槽底圆角半径。内槽圆角的大小决定着刀具直径的大小，所以内槽圆角半径不应太小。如图 2-11 所示的零件，其结构工艺性的好坏与被加工轮廓的高低、转角圆弧半径的大小等因素有关。图 2-11(b)与图 2-11(a)相比，转角圆弧半径大，可以采用较大直径的立铣刀来加工；加工平面时，进给次数也相应减少，表面加工质量也会好一些，因而工艺性较好。通常 $R<0.2H$ 时，零件该部位的工艺性不好。

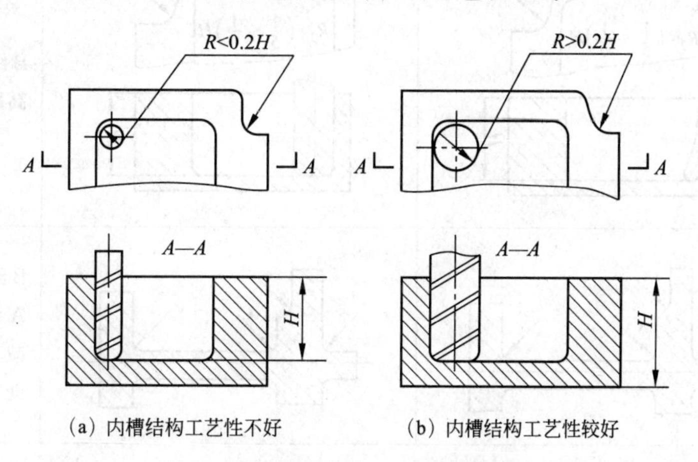

(a) 内槽结构工艺性不好　　(b) 内槽结构工艺性较好

图 2-11　内槽结构工艺性对比图

(2) 转接圆弧半径值大小的影响。转接圆弧半径大，可以采用较大铣刀加工，效率高，且加工表面质量较好，因此工艺性较好。

铣槽底平面时，槽底圆角半径 r 不要过大。如图 2-12 所示，铣刀端面刃与铣削平面的最大接触直径 $d=D-2r$（D 为铣刀直径），当 D 一定时，r 越大，铣刀端面刃铣削平面的面积越小，加工平面的能力越差，效率越低，工艺性也越差。当 r 大到一定程度时，应该尽量避免使用球头铣刀进行加工。当铣削的底面面积较大，底部圆弧 r 也较大时，只能用两把 r 不同的铣刀分两次进行切削。

(3) 保证基准统一原则。有些零件需要多次装夹才能完成加工，如图 2-13 所示，由于零件的重新安装而接不好刀，因此数控铣削不能采用“试切法”来接刀。为避免两次装夹的误差，最好采用统一基准定位，因此零件上应有合适的孔作为定位基准孔，如果零件上没有基准孔，可专门设置工艺孔作为定位基准（如在毛坯上增加工艺凸耳设基准孔）。如实在无法制出基准孔，也要用经过精加工的面作为统一基准。

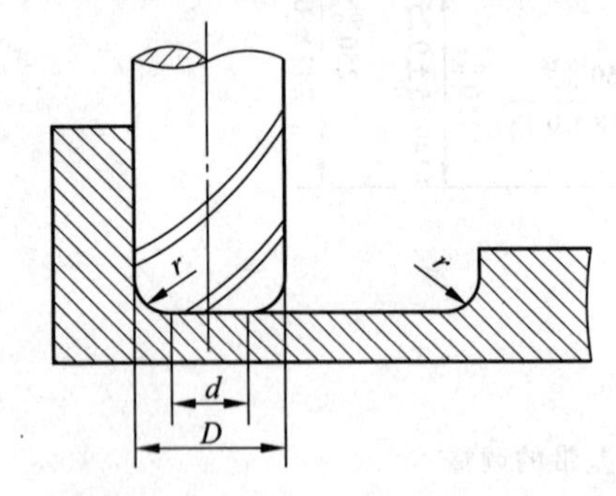

图 2-12 槽底平面圆弧对铣削工艺的影响

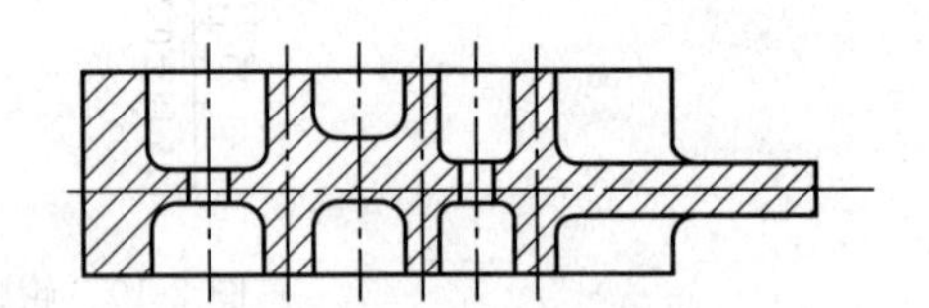

图 2-13 必须两次安装加工的零件

有关数控铣削零件的结构工艺性实例如表 2-2 所示。

表 2-2 数控铣削零件加工部位结构工艺性分析对比

序号	工艺性差的结构	工艺性好的结构	注 释
1	R_1；$R_2<\left(\frac{1}{5}\sim\frac{1}{6}\right)H$；$H$	R_1；$R_2>\left(\frac{1}{5}\sim\frac{1}{6}\right)H$；$H$	B 结构可以选用较高刚性的刀具
2	r_1；r_2；r_3；r_4	r；r；r；r	B 结构需要刀具比 A 结构需要的少，减少了换刀的辅助时间

续表

序号	工艺性差的结构	工艺性好的结构	注　释
3			B结构 R 大，r 小，铣刀端刃铣削面积大，生产效率高
4			B结构 $\alpha>2R$，便于半径为 R 的铣刀进入，需要的刀具少，加工效率高
5			B结构刚性好，可以使用大直径铣刀加工，加工效率高

6. 零件毛坯的工艺性分析

在分析数控铣削零件的结构工艺性时，还需要分析零件的毛坯工艺性。因为零件在进行数控铣削加工时，由于加工过程的自动化，使得余量的大小、如何装夹等问题在设计毛坯时就应考虑好。

1）分析毛坯余量

毛坯主要指锻件、铸件。锻件在锻造时欠压量与允许的错模量会造成余量不均匀；铸件在铸造时因砂型误差、收缩量及金属液体的流动性差而不能充满型腔等造成余量不均匀。此外，毛坯的挠曲和扭曲变形量的不同也会造成加工余量不充分、不稳定。经验表明，数控铣削中最难保证的是加工面与非加工面之间的尺寸。因此，在对毛坯设计时就应加以充分考虑，即在零件图纸注明的非加工面处增加适当的余量。

2）分析毛坯装夹适应性

主要考虑毛坯在加工时定位和夹紧的可靠性与方便性，以便在一次安装中加工出较多表面。对不便装夹的毛坯，可考虑在毛坯上另外增加装夹余量或工艺凸台、工艺凸耳等辅助基准。如图 2-14 所示，该工件缺少合适的定位基准，在毛坯上铸出两个工艺凸耳，在

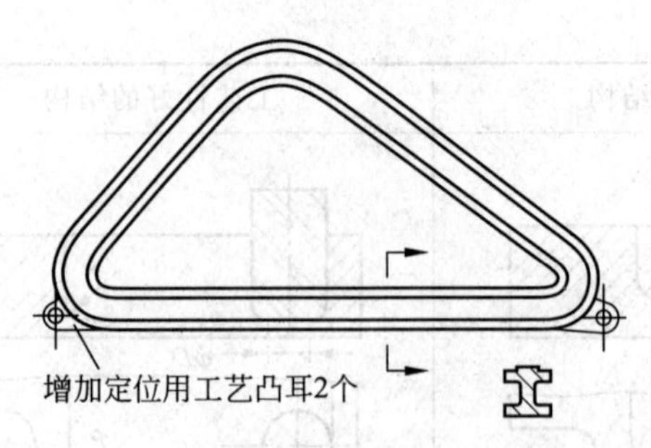

图 2-14　增加毛坯辅助基准

凸耳上制出定位基准孔。

3）分析毛坯的变形、余量大小及均匀性

分析毛坯加工中与加工后的变形程度，考虑是否应采取预防性措施和补救措施。对毛坯余量大小及均匀性进行分析，主要考虑在加工中要不要分层铣削以及分几层铣削。

2.1.3　参考案例

根据图 2-15 所示“法兰盘”零件图纸，对该零件完成相应的分析工作。

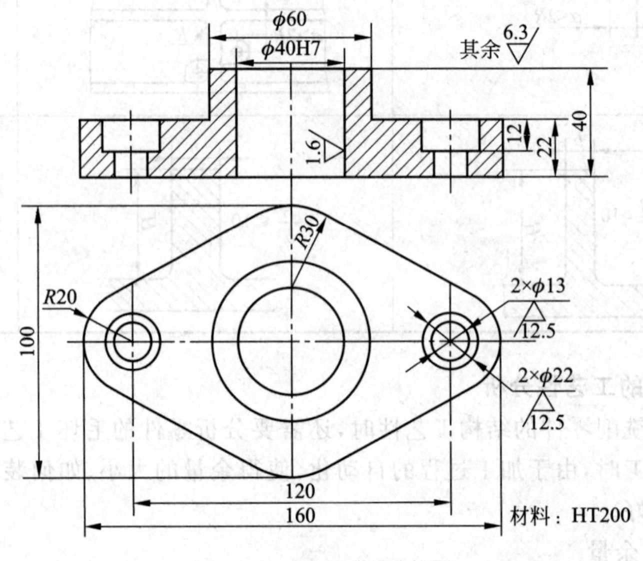

图 2-15　“法兰盘”零件图

零件图的工艺分析如下。

(1) 加工内容。该零件主要由平面、孔系及外轮廓组成，因为毛坯是长方块件，尺寸为 170mm × 110mm × 50mm，加工内容包括 ϕ40H7mm 的内孔、阶梯孔 ϕ13mm 和 ϕ22mm、三个平面（ϕ60mm 上表面、160mm 上阶梯表面和下底面）、ϕ60mm 外圆轮廓；安装底板的菱形并用圆角过渡的外轮廓。

(2) 加工要求。零件的主要加工要求为：ϕ40H7mm 的内孔的尺寸公差为 H7，表面粗糙度要求较高，为 $Ra1.6\mu m$。其他的一般加工要求为：阶梯孔 ϕ13mm 和 ϕ22mm 只标注了基本尺寸，可按自由尺寸公差等级 IT11～IT12 处理，表面粗糙度要求不高，为 $Ra12.5\mu m$；平面与外轮廓表面粗糙度要求 $Ra6.3\mu m$。

(3) 各结构的加工方法如下。

① 由于 ϕ40H7mm 的内孔的加工要求较高，拟订钻中心孔→钻孔→粗镗（或扩孔）→半精镗→精镗的方案。

② 阶梯孔 ϕ13mm 和 ϕ22mm 可选择钻孔→锪孔方案。ϕ60mm 上表面和 160mm 下底面可用面铣刀，采用粗铣→精铣的方案。

③ 160mm 上阶梯表面和 ϕ60mm 外圆轮廓可用立铣刀，采用粗铣→精铣方案同时加工。

④ 菱形并圆角过渡的外轮廓也可用立铣刀，采用粗铣→精铣方案加工。

2.1.4 制订计划

明确如何完成夹具的图纸分析和毛坯选择及完成步骤，根据实际情况制订如表 2-3 所示计划单。

表 2-3　任务计划单

学习项目 2	夹具底座的数控工艺分析				
学习任务 1	夹具底座的图纸分析及毛坯选择			学时	
计划方式	制订计划和工艺				
序号	实施步骤				使用工具
计划评价	班级		第　组	组长签字	
	教师签字			日期	
	评语				

2.1.5 任务实施

根据所学内容具体实施夹具底座的图纸分析及毛坯选择任务，填写如表 2-4 所示的任务实施单。

表 2-4 任务实施单

学习项目 2	夹具底座的数控工艺分析		
学习任务 1	夹具底座的图纸分析及毛坯选择	学时	
实施方式	小组对实施计划进行讨论，决策后每人均填写一份任务实施单		
实施内容： 回答下列问题。 1. 根据零件图纸分析，该零件属于什么类型的零件？ 2. 根据零件图纸分析，该零件由什么材料组成？ 3. 根据零件图纸分析，该零件的加工表面主要有哪几部分？ 4. 根据零件图纸分析，该零件不同部分的精度要求是什么？ 5. 根据零件图纸分析，该零件不同部分的粗糙度要求是什么？ 6. 该零件有无热处理要求？ 7. 根据毛坯选择原则，该零件加工毛坯尺寸为多少？ 8. 根据该零件的图纸分析特点，该零件加工时应采取什么措施才能更好地完成加工任务？			

班级		第　组	组长签字	
教师签字		日期		

2.1.6 任务评价

根据学生任务的完成情况及课堂表现，教师填写表 2-5 所示的任务评价单。

表 2-5 任务评价单

评价等级 （在对应等级前打√）	等级分类	评　价　标　准		
	优秀	能高质量、高效率地完成零件图的分析和毛坯的选择		
	良好	能在无教师的指导下完成零件图的分析和毛坯的选择		
	中等	能在教师的偶尔指导下完成零件图的分析和毛坯的选择		
	合格	能在教师的全程指导下完成零件图的分析和毛坯的选择		
班级		第　组	姓名	
教师签字		日期		

任务 2.2 夹具底座的定位与装夹

2.2.1 任务单

夹具底座的定位与装夹的任务单见表 2-6。

表 2-6　项目任务单

学习项目 2	夹具底座的数控工艺分析		
学习任务 2	夹具底座的定位与装夹	学时	6
布　置　任　务			
学习目标	1. 掌握铣削零件定位基准选择的基本要求。 2. 掌握选定定位基准应遵循的原则。 3. 明确基准不重合时工序尺寸的公差确定方法。 4. 掌握夹具的选择原则。 5. 掌握工件六点定位原理及其应用方法。 6. 熟悉常见的定位方式,学会典型零件的定位方式和定位元件的选择方法。 7. 了解夹紧装置的组成和基本要求。 8. 了解典型的夹紧机构的类型及其应用。		
任务描述	1. 确定夹具底座零件的设计基准、定位基准和工序基准。 2. 确定夹具底座零件的粗基准和精基准。 3. 明确数控铣床的夹具类型,并能够选择适合于该零件的夹具。 4. 填写计划单和实施单。		
对学生的要求	1. 小组讨论夹具底座零件的六点定位。 2. 小组讨论夹具底座零件夹具的选择方法。 3. 小组讨论夹具底座类零件定位元件的选择方法。 4. 小组讨论夹具底座类零件如何实现夹紧。 5. 小组讨论如何填写实施单。		
学时安排	6		

2.2.2　工作任务相关知识

1. 工件的定位原理

1) 六点定位原理

一个尚未定位的工件,其空间位置是不确定的,均有六个自由度,如图 2-16 所示,即沿空间坐标轴 X、Y、Z 三个方向的移动和绕这三个坐标轴的转动(分别以 $\vec{X}$、$\vec{Y}$、$\vec{Z}$ 和 $\widehat{X}$、$\widehat{Y}$、$\widehat{Z}$ 表示)。

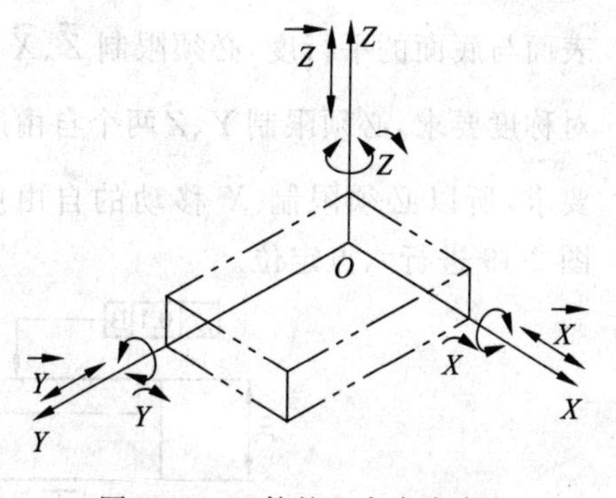

图 2-16　工件的六个自由度

定位,就是限制自由度。图 2-17 所示的长方体工件,欲使其完全定位,可以设置六个固定点,工件的三个面分别与这些点保持接触,在其底面设置三个不共线的点 1、2、3(构成一个面),限制工件的三个自由度:$\vec{Z}$、$\widehat{X}$、$\widehat{Y}$;侧面设置两个点 4、5(成一条线),限制了 $\vec{Y}$、$\widehat{Z}$ 两个自由度;端面设置一个点 6,限制 $\vec{X}$ 自由度。于是工件的六个自由度便都被限制了。这些用来限制工件自由度的固定点,称为定位支承点,简称支承点。用合理分布的六个支承点限制工件六个自由度的法则,称为六点定位原理。

在应用六点定位原理分析工件的定位时,应注意以下几点。

(1) 定位支承点限制工件自由度的作用,应理解为定位支承点与工件定位基准面始终保持紧密接触。若二者脱离,则意味着失去定位作用。

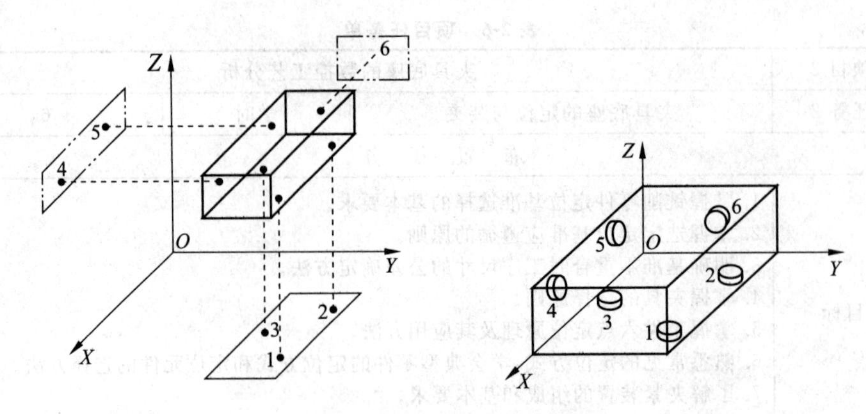

图 2-17 长方体形工件的定位

(2) 一个定位支承点仅限制一个自由度,一个工件仅有六个自由度,所设置的定位支承点数目,原则上不应超过六个。

(3) 分析定位支承点的定位作用时,不考虑力的影响。工件的某一自由度被限制,并非指工件在受到使其脱离定位支承点的外力时不能运动。欲使其在外力作用下不能运动是夹紧的任务;反之,工件在外力作用下不能运动,即被夹紧,也并非是工件的所有自由度都被限制了。所以,定位和夹紧是两个概念,绝不能混淆。

2) 工件定位中的几种情况

(1) 完全定位。工件的六个自由度全部被限制的定位,称为完全定位。当工件在 X、Y、Z 三个坐标方向上均有尺寸要求或位置精度要求时,一般采用这种定位方式。

如图 2-18 所示的工件,要求铣削工件上表面和铣削槽宽为 40mm 的槽。为了保证上表面与底面的平行度,必须限制 $\vec{Z}$、$\widehat{X}$、$\widehat{Y}$ 三个自由度;为了保证槽侧面相对前后对称面的对称度要求,必须限制 $\vec{Y}$、$\widehat{Z}$ 两个自由度;由于所铣的槽不是通槽,在 X 方向上,槽有位置要求,所以必须限制 $\vec{X}$ 移动的自由度。为此,应对工件采用完全定位的方式,可参考图 2-19 进行六点定位。

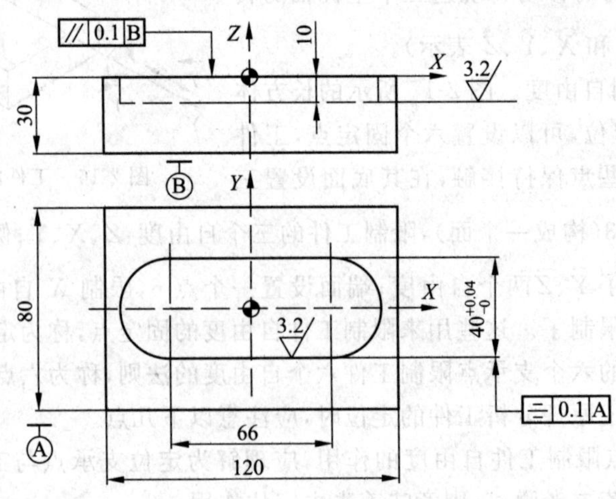

图 2-18 完全定位示例分析

(2) 不完全定位。根据工件的加工要求,并不需要限制工件的全部自由度,这样的定位称为不完全定位。如图 2-19 所示,图 2-19(a)为在车床上加工通孔,根据加工要求,不需要限制 $\vec{X}$ 和$\widehat{X}$两个自由度,故用三爪自定心卡盘夹持限制其余四个自由度,就能实现四点定位。图 2-19(b)为平板工件磨平面,工件只有厚度和平行度要求,故只需限制 $\vec{Z}$、$\widehat{X}$、$\widehat{Y}$三个自由度,在磨床上采用电磁工作台即可实现三点定位。

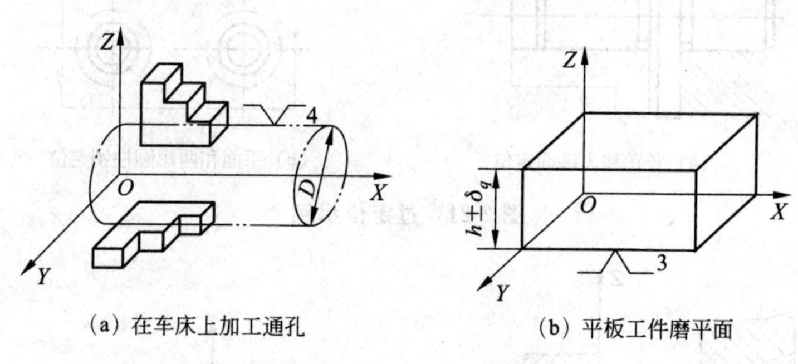

(a) 在车床上加工通孔　　(b) 平板工件磨平面

图 2-19　不完全定位示例

(3) 欠定位。根据工件的加工要求,应该限制的自由度没有完全被限制的定位,称为欠定位。欠定位无法保证加工要求,所以是绝不允许的。如图 2-20 所示,工件在支承 1 和两个圆柱销 2 上定位,按此定位方式,$\vec{X}$ 自由度没有被限制,属欠定位。工件在 X 方向上的位置不确定,如图中的双点画线位置和虚线位置,因此钻出孔的位置也不确定,无法保证尺寸 A 的精度。只有在 X 方向设置一个止推销后,工件在 X 方向才能取得确定的位置。

(4) 过定位。夹具上的两个或两个以上的定位元件,重复限制工件的同一个或几个自由度的现象,称为过定位。如图 2-21 所示为两种过定位的例子。图 2-21(a)为孔与端面联合定位情况,由于大端面限制 $\vec{Y}$、$\widehat{X}$、$\widehat{Z}$三个自由度,长销限制 $\vec{X}$、$\vec{Z}$ 和$\widehat{X}$、$\widehat{Z}$四个自由度,可见$\widehat{X}$、$\widehat{Z}$被两个定位元件重复限制,出现过定位。图 2-21(b)为平面与两个短圆柱销联合定位情况,平面限制 $\vec{Z}$、$\widehat{X}$、$\widehat{Y}$三个自由度,两个短圆柱销分别限制 $\vec{X}$、$\vec{Y}$ 和 $\vec{Y}$、$\vec{Z}$共 4 个自由度,则 $\vec{Y}$ 自由度被重复限制,出现过定位。过定位可能导致工件无法安装或定位元件变形。

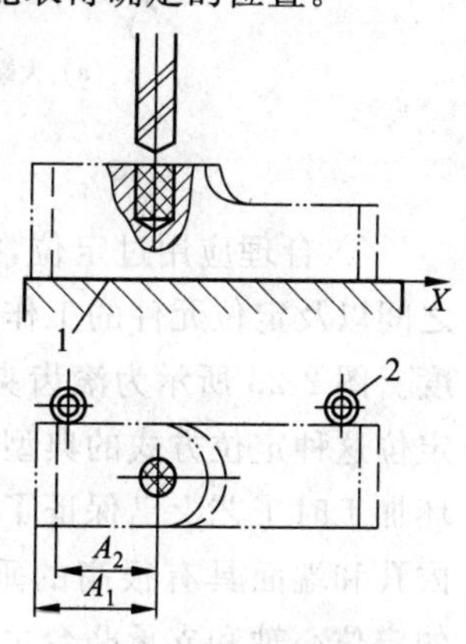

图 2-20　欠定位示例

1—支承板;2—圆柱销

由于过定位往往会带来不良后果,一般确定定位方案时应尽量避免。消除或减小过定位所引起的干涉,一般有两种方法。

① 改变定位元件的结构,使定位元件重复限制自由度的部分不起定位作用。例如将图 2-21(b)右边的圆柱销改为削边销;对图 2-21(a)的改进措施见图 2-22,其中图 2-22(a)是在工件与大端面之间加球面垫圈,图 2-22(b)将大端面改为小端面,从而避免过定位。

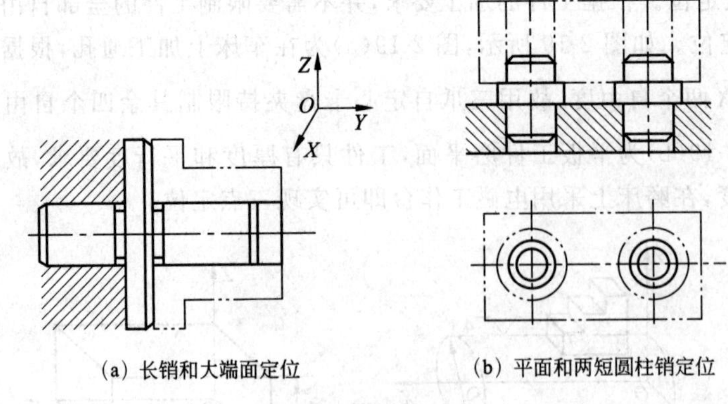

(a) 长销和大端面定位 (b) 平面和两短圆柱销定位

图 2-21 过定位示例

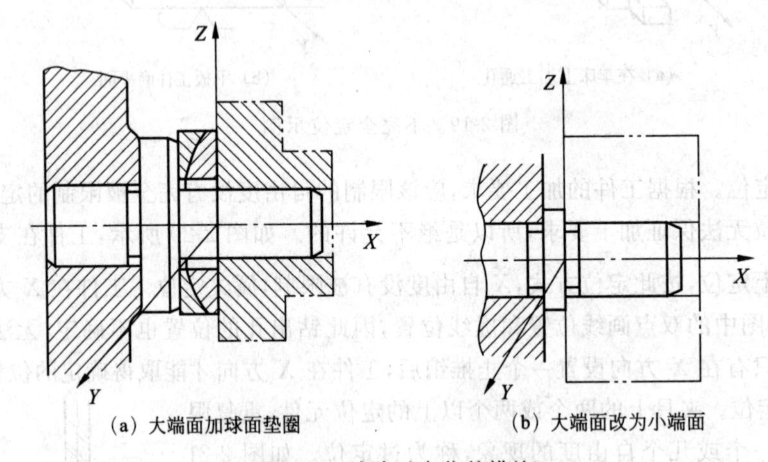

(a) 大端面加球面垫圈 (b) 大端面改为小端面

图 2-22 消除过定位的措施

② 合理应用过定位，提高工件定位基准之间以及定位元件的工作表面之间的位置精度。图 2-23 所示为滚齿夹具，是可以使用过定位这种定位方式的典型实例。其前提是齿坯加工时工艺上已保证了作为定位基准用的内孔和端面具有很高的垂直度，而且夹具上的定位心轴和支承凸台之间也保证了很高的垂直度。此时，不必刻意消除被重复限制的 $\widehat{X}$、$\widehat{Y}$ 自由度，利用过定位装夹工件，还可以提高齿坯在加工中的刚性和稳定性，有利于保证加工精度，获得良好的效果。

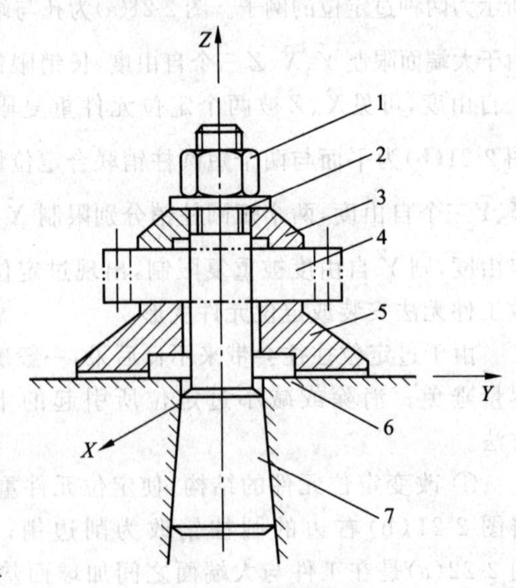

图 2-23 滚齿夹具

1—压紧螺母；2—垫圈；3—压板；4—工件；5—支承凸台；6—工作台；7—心轴

2. 常见的定位方法及定位元件

工件上的定位基准面与相应的定位元件合称为定位副。定位副的选择及制造精度直接影响工件的定位精度、夹具的工作效率以及使用性能等。下面按不同的定位基准面分别介绍其所用定位元件的结构形式。

1）工件以平面定位

（1）支承钉。如图 2-24 所示，当工件以粗糙不平的毛坯面定位时，采用球头支承钉（B 型），使其与毛坯良好接触。齿纹头支承钉（C 型）用在工件的侧面，能增大摩擦系数，防止工件滑动。当工件以加工过的平面定位时，可采用平头支承钉（A 型）。

在支承钉的高度需要调整时，应采用可调支承。可调支承主要用于工件以粗基准面定位，或定位基面的复杂形状，以及各批毛坯的尺寸、形状变化较大时。如图 2-25 所示为在规格化的销轴端部铣槽，用可调支承 3 轴向定位，达到了使用同一夹具加工不同尺寸的相似件的目的。

在工件定位过程中，能随着工件定位基准位置的变化而自动调节的支承，称为浮动支承。常用的浮动支承有三点式（图 2-26（a））和二点式（图 2-26（b））。浮动支承相当于一个固定支承，只限制了一个自由度，其主要目的是提高工件的刚性和稳定性。浮动支承用于毛坯面定位或刚性不足的情况。

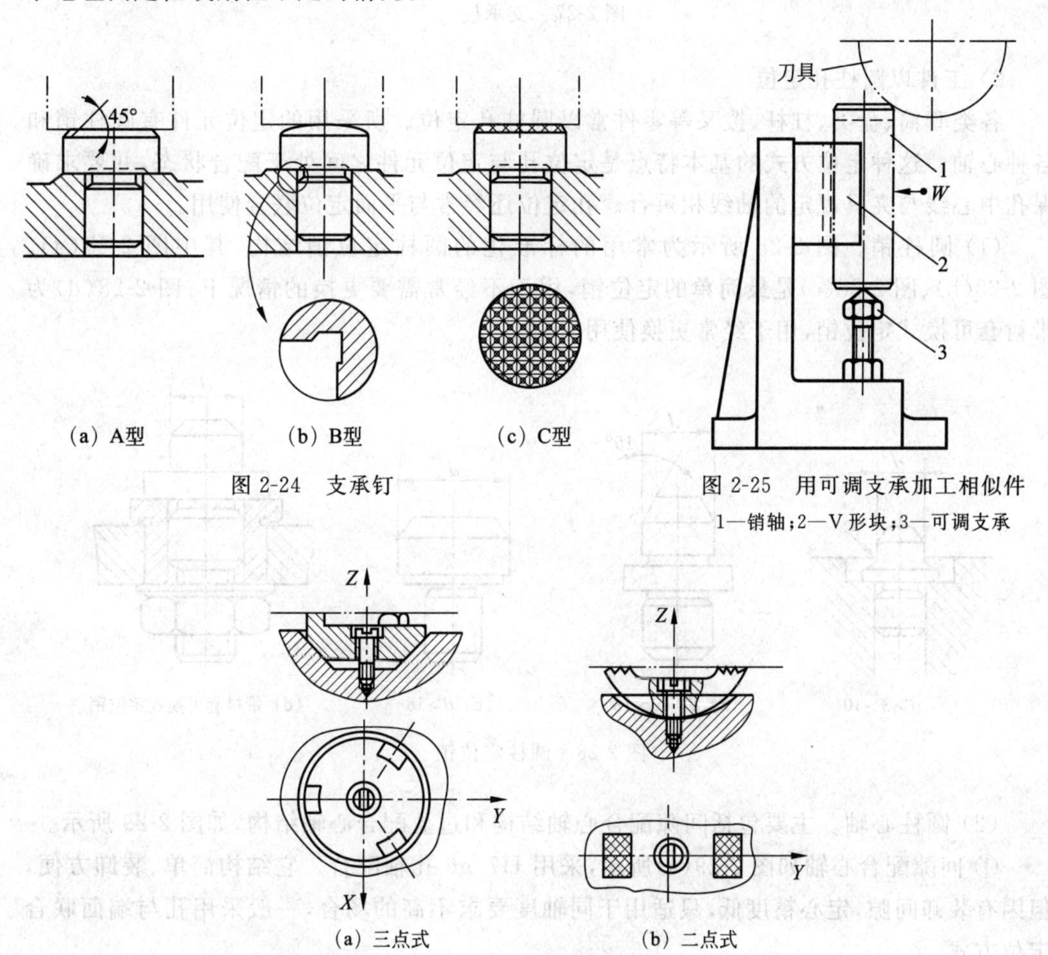

图 2-24　支承钉

图 2-25　用可调支承加工相似件

1—销轴；2—V 形块；3—可调支承

图 2-26　浮动支承

工件因尺寸形状或局部刚度较差而定位不稳或受力变形等原因,需增设辅助支承,用以承受工件重力、夹紧力或切削力。辅助支承的工作特点是待工件定位夹紧后,再调整辅助支承,使其与工件的有关表面接触并锁紧,且辅助支承是每安装一个工件就调整一次。但此支承不限制工件的自由度,也不允许破坏其原有定位。

(2) 支承板。工件以精基准面定位时,除采用上述平头支承钉外,还常用如图 2-27 所示的支承板作为定位元件。A 型支承板结构简单,便于制造,但不利于清除切屑,故适用于顶面和侧面定位;B 型支承板易于工作表面的清洁,故适用于底面定位。夹具装配时,为使几个支承钉或支承板严格共面,装配后,需将其工作表面一次磨平,从而保证各定位表面的等高性。

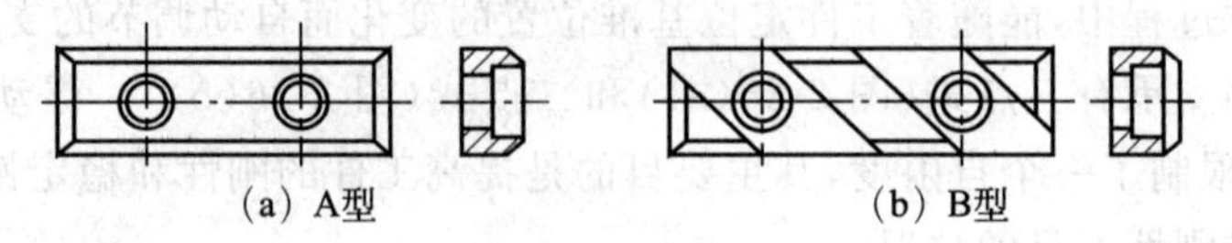

图 2-27 支承板

2) 工件以圆柱孔定位

各类套筒、盘类、杠杆、拨叉等零件常以圆柱孔定位。所采用的定位元件有圆柱销和各种心轴。这种定位方式的基本特点是定位孔与定位元件之间处于配合状态,并要求确保孔中心线与夹具规定的轴线相重合。孔定位还经常与平面定位联合使用。

(1) 圆柱销。图 2-28 所示为常用的标准化的圆柱定位销结构,其中图 2-28(a)、图 2-28(b)、图 2-28(c)是最简单的定位销,用于不经常需要更换的情况下;图 2-28(d)为带衬套可换式定位销,用于经常更换使用。

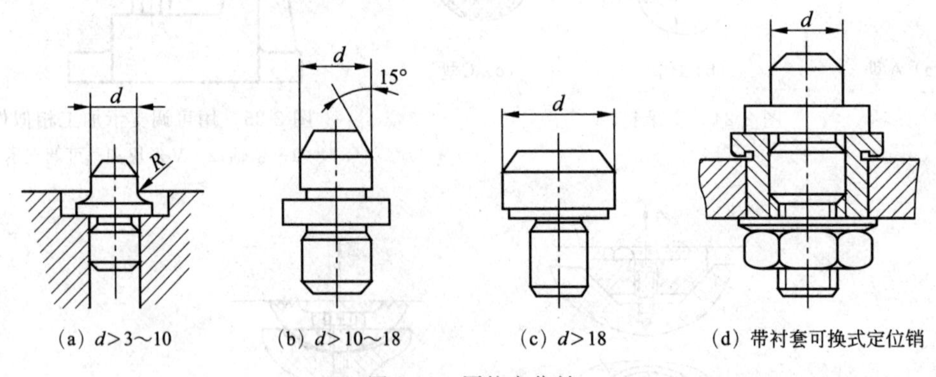

图 2-28 圆柱定位销

(2) 圆柱心轴。主要包括间隙配合心轴结构和过盈配合心轴结构,如图 2-29 所示。

① 间隙配合心轴如图 2-29(a)所示,采用 H7/g6 孔轴配合。它结构简单、装卸方便,但因有装卸间隙,定心精度低,只适用于同轴度要求不高的场合,一般采用孔与端面联合定位方式。

② 过盈配合心轴如图 2-29(b)所示,采用 H7/r6 过盈配合,包括导向部分、定位部分和传动部分,适用于定心精度要求高的场合。

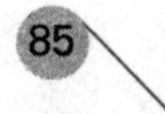

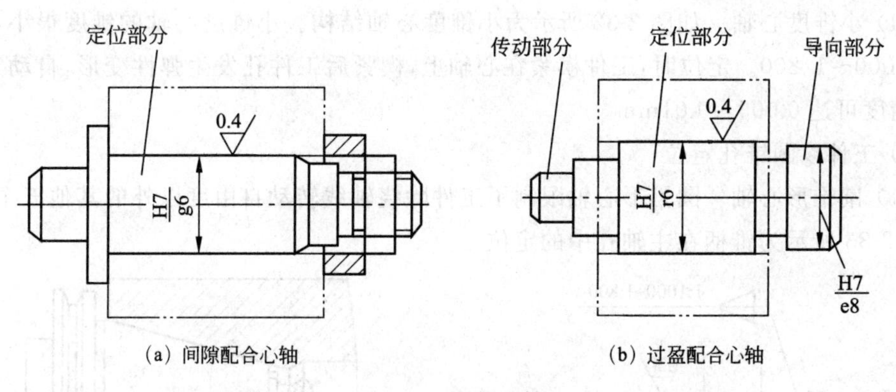

(a) 间隙配合心轴　　(b) 过盈配合心轴

图 2-29　圆柱心轴

(3) 圆锥销。如图 2-30 所示，工件以圆柱孔在圆锥销上定位。孔端与锥销接触，其交线是一个圆，相当于三个止推定位支承，限制了工件的三个自由度（$\vec{X}$、$\vec{Y}$、$\vec{Z}$）。图 2-30(a)用于粗基准定位，图 2-30(b)用于精基准定位。

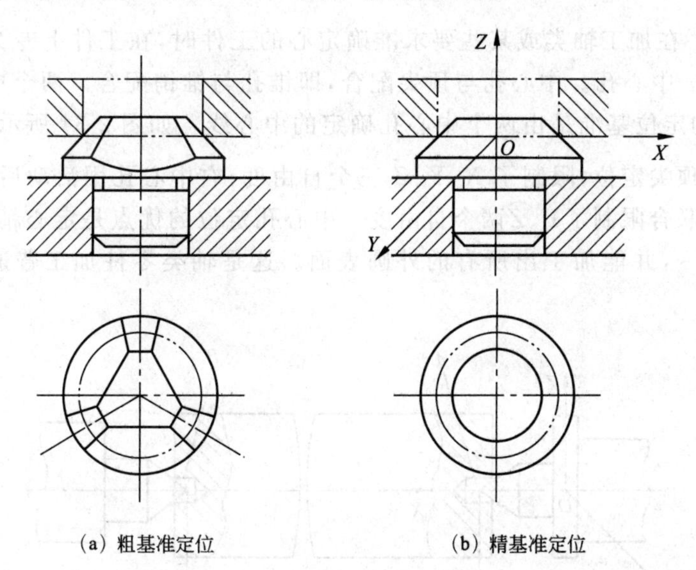

(a) 粗基准定位　　(b) 精基准定位

图 2-30　圆锥销定位

但是工件以单个圆锥销定位时易倾斜，故在定位时可成对使用，或与其他定位元件联合使用。如图 2-31 所示为采用圆锥销组合定位，均限制了工件的五个自由度。

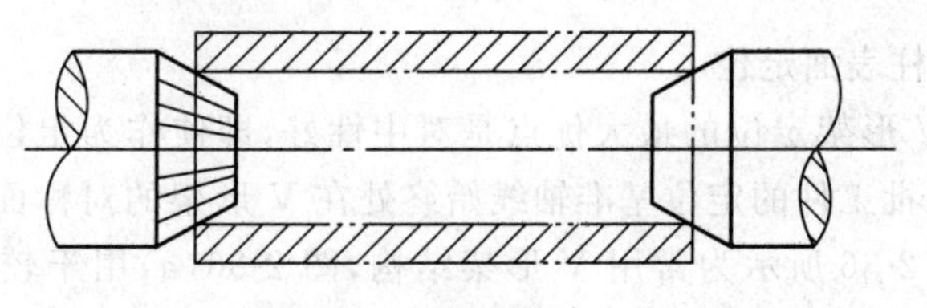

图 2-31　圆锥销组合定位

(4) 小锥度心轴。如图 2-32 所示为小锥度心轴结构。小锥度心轴的锥度很小，一般为 1/1000～1/800。定位时，工件楔紧在心轴上，楔紧后工件孔发生弹性变形，自动定心，定心精度可达 0.005～0.01mm。

3) 工件以圆锥孔定位

(1) 圆锥形心轴。圆锥形心轴限制了工件除绕轴线转动自由度以外的其他五个自由度，图 2-33 所示为锥柄在主轴孔中的定位。

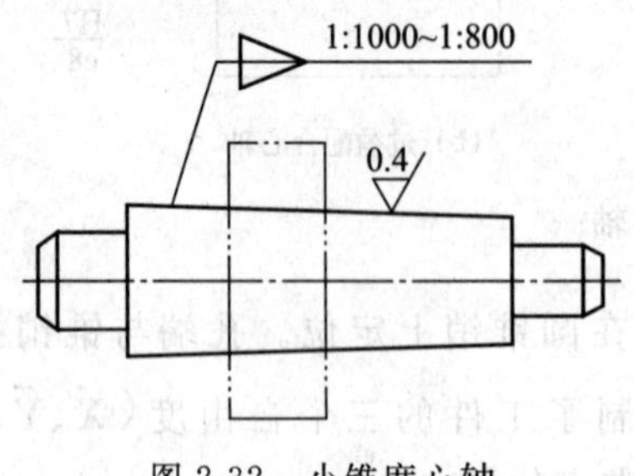

图 2-32 小锥度心轴

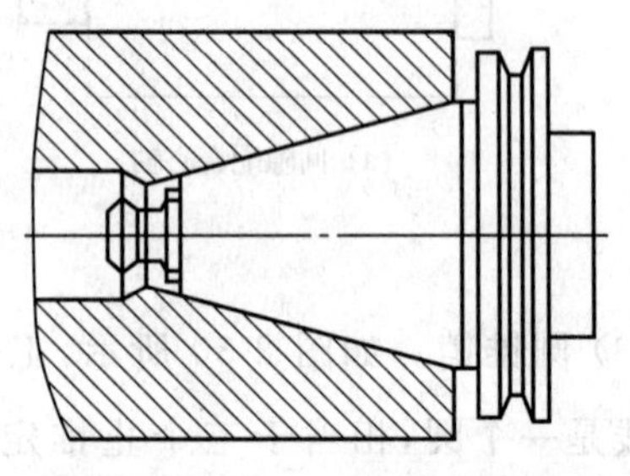

图 2-33 锥柄在主轴孔中的定位

(2) 顶尖。在加工轴类或某些要求准确定心的工件时，在工件上专为定位加工出工艺定位面——中心孔。中心孔与顶尖配合，即锥孔与锥销配合。两个中心孔是定位基面，所体现的定位基准是由两个中心孔确定的中心线。如图 2-34 所示，左中心孔用轴向固定的前顶尖定位，限制了 $\vec{X}$、$\vec{Y}$、$\vec{Z}$ 三个自由度；右中心孔用活动后顶尖定位，与左中心孔一起联合限制了$\widehat{Y}$、$\widehat{Z}$两个自由度。中心孔定位的优点是定心精度高，还可实现定位基准统一，并能加工出所有的外圆表面。这是轴类零件加工普遍采用的定位方式。

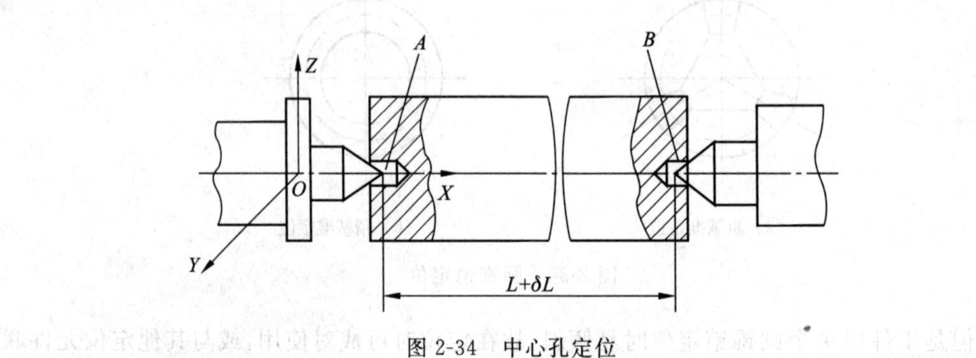

图 2-34 中心孔定位

A—固定顶尖；B—活动顶尖

4) 工件以外圆柱表面定位

(1) V 形架。V 形架定位的最大优点是对中性好，即使作为定位基面的外圆直径存在误差，仍可保证一批工件的定位基准轴线始终处在 V 形架的对称面上，并且安装方便，如图 2-35 所示。图 2-36 所示为常用 V 形架结构，图 2-36(a)用于较短的精基准面的定位；图 2-36(b)和图 2-36(c)用于较长的或阶梯轴的圆柱面，其中图 2-36(b)用于粗基准面，图 2-36(c)用于精基准面；图 2-36(d)用于工件较长且定位基面直径较大的场合，V 形架做成在铸铁底座上镶装淬火钢垫板的结构。

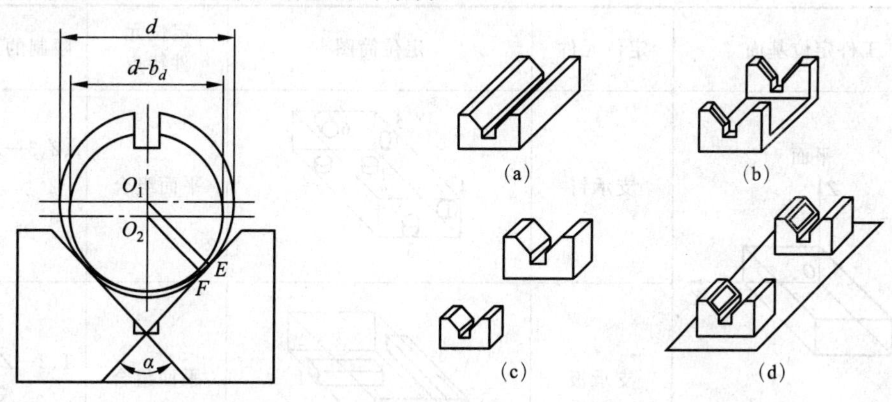

图 2-35　V 形架对中性分析　　　图 2-36　V 形架

V 形架可分为固定式和活动式两种。固定式 V 形架在夹具体上的装配，一般用螺钉和两个定位销连接。活动 V 形架除限制工件的一个自由度外，还兼有夹紧作用，其应用如图 2-37 所示。

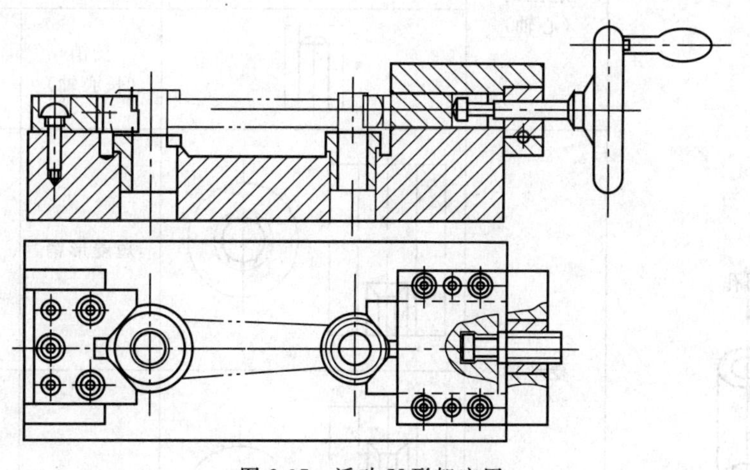

图 2-37　活动 V 形架应用

(2) 定位套。工件以外圆柱面在圆孔中定位，这种定位方法一般适用于精基准定位，常与端面联合定位。所用定位件结构简单，通常做成钢套装于夹具中，有时也可在夹具体上直接做出定位孔。工件以外圆柱面定位，有时也可用半圆套或锥套作定位元件。常见定位元件及其组合所能限制的工件自由度见表 2-7。

5) 工件以一面二孔定位

以上所述定位方法，多为以单一表面定位。实际上，工件往往是以两个或两个以上的表面同时定位的，即采取组合定位方式。

组合定位的方式很多，生产中最常用的就是“一面两孔”定位，如加工箱体、杠杆、盖板等。这种定位方式简单、可靠、夹紧方便，易于做到工艺过程中的基准统一，保证工件的相互位置精度。

表 2-7 常见定位元件及其组合所能限制的工件自由度

工件定位基面	定位元件	定位简图	定位元件特点	限制的自由度
平面 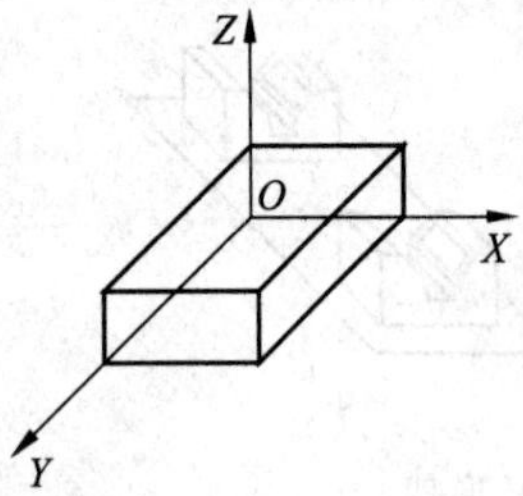	支承钉	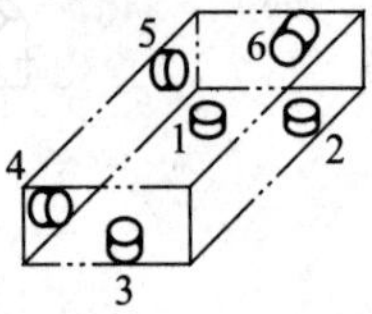	平面组合	1、2、3—$\vec{Z}$、$\overset{\frown}{X}$、$\overset{\frown}{Y}$ 4、5—$\vec{X}$、$\overset{\frown}{Z}$ 6—$\vec{Y}$
	支承板	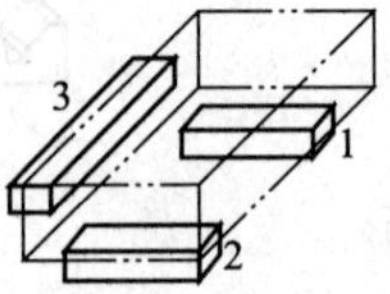	平面组合	1、2—$\vec{Z}$、$\overset{\frown}{X}$、$\overset{\frown}{Y}$ 3—$\vec{X}$、$\overset{\frown}{Z}$
圆孔 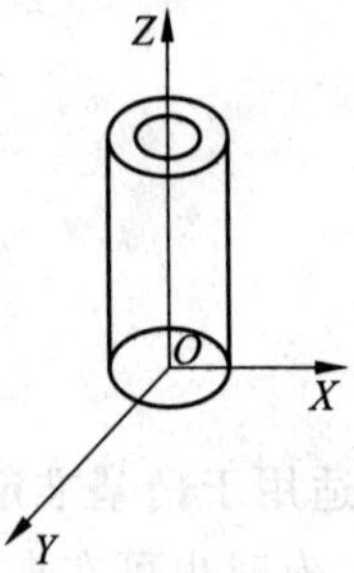	定位销（心轴）	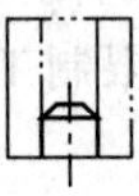	短销（短心轴）	$\vec{X}$、$\vec{Y}$
		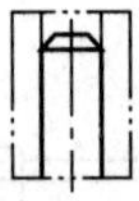	长销（长心轴）	$\vec{X}$、$\vec{Y}$ $\overset{\frown}{X}$、$\overset{\frown}{Y}$
	菱形销	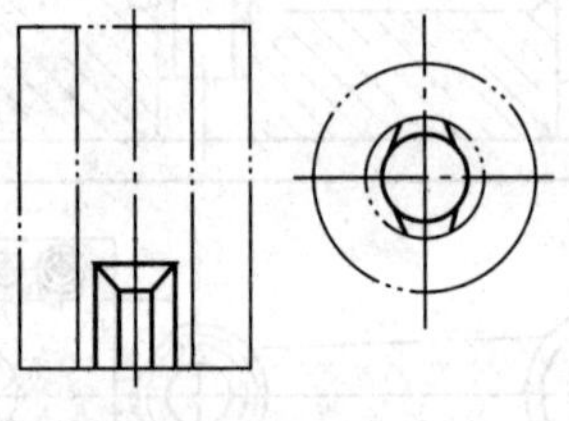	短菱形销	$\vec{Y}$
		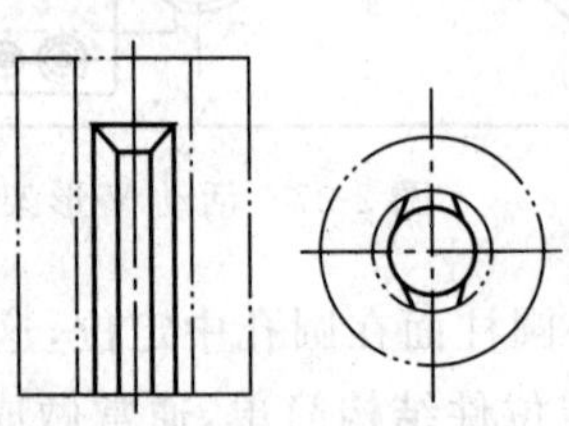	长菱形销	$\vec{Y}$、$\overset{\frown}{X}$
	锥销	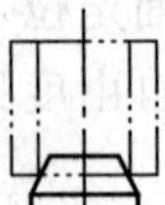	单锥销	$\vec{X}$、$\vec{Y}$、$\vec{Z}$
		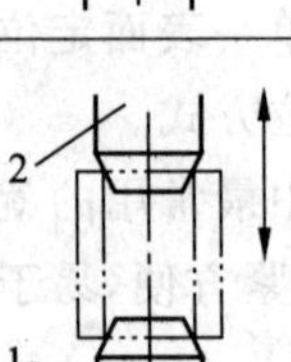	1—固定锥销； 2—活动锥销	$\vec{X}$、$\vec{Y}$、$\vec{Z}$ $\overset{\frown}{X}$、$\overset{\frown}{Y}$

续表

工件定位基面	定位元件	定位简图	定位元件特点	限制的自由度
外圆柱面	支承板或支承钉		短支承板或支承钉	$\vec{Z}$
			长支承板或两个支承钉	$\vec{Z}$、$\overset{\frown}{X}$
	V 形架		窄 V 形架	$\vec{X}$、$\vec{Z}$
			宽 V 形架	$\vec{X}$、$\vec{Z}$ $\overset{\frown}{X}$、$\overset{\frown}{Z}$
	定位套		短套	$\vec{X}$、$\vec{Z}$
			长套	$\vec{X}$、$\vec{Z}$ $\overset{\frown}{X}$、$\overset{\frown}{Z}$
	半圆套		短半圆套	$\vec{X}$、$\vec{Z}$
			长半圆套	$\vec{X}$、$\vec{Z}$ $\overset{\frown}{X}$、$\overset{\frown}{Z}$
	锥套		单锥套	$\vec{X}$、$\vec{Y}$、$\vec{Z}$
			1—固定锥套； 2—活动锥套	$\vec{X}$、$\vec{Y}$、$\vec{Z}$ $\overset{\frown}{X}$、$\overset{\frown}{Z}$

工件采用一面两孔定位时，定位平面一般是加工过的精基面，两孔可以是工件结构上原有的，也可以是为定位需要专门设置的工艺孔。相应的定位元件是支承板和两个定位销。图 2-38 所示为某箱体镗孔时以一面两孔定位的示意图。支承板限制工件 $\vec{Z}$、$\overset{\frown}{X}$、$\overset{\frown}{Y}$ 三个自由度；短圆柱销 1 限制工件的 $\vec{X}$、$\vec{Y}$ 两个自由度；短圆柱销 2 限制工件的 $\vec{X}$、$\overset{\frown}{Z}$ 两个自由度。可见 $\vec{X}$ 被两个圆柱销重复限制，产生过定位现象，严重时将不能安装工件。

一批工件定位可能出现干涉的最坏情况为孔心距最大，销心距最小，或者反之。为使工件在两种极端情况下都能装到定位销上，可把定位销 2 上与工件孔壁相碰的那部分削去，即做成削边销。图 2-39 所示为削边销的形成过程。

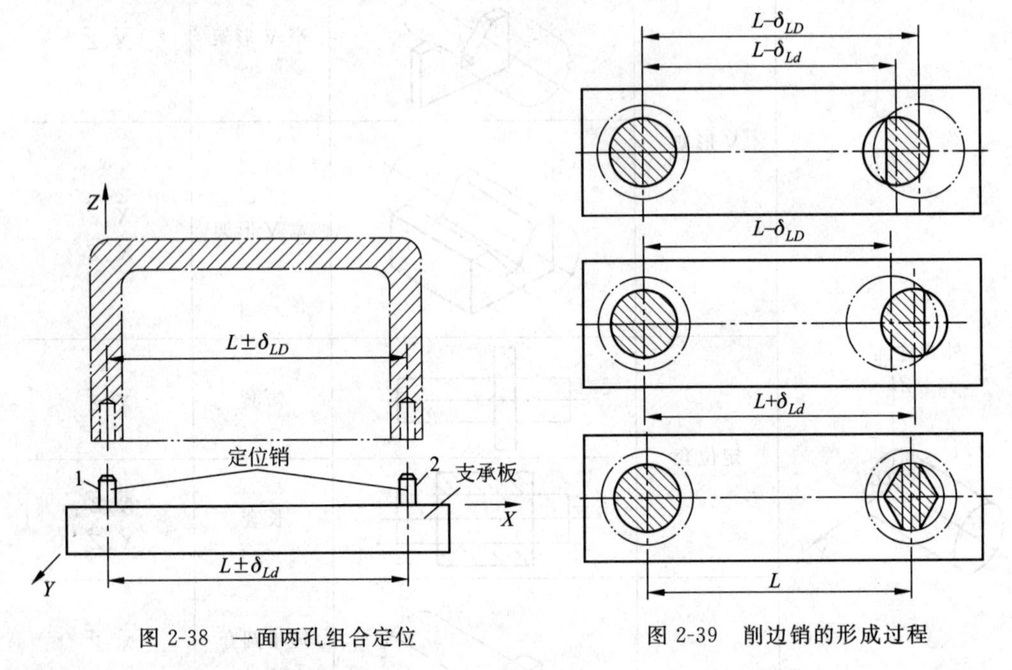

图 2-38 一面两孔组合定位　　图 2-39 削边销的形成过程

为保证削边销的强度，一般多采用菱形结构，故又称为菱形销。图 2-40 所示为常用削边销的结构。安装削边销时，削边方向应垂直于两销的连心线。

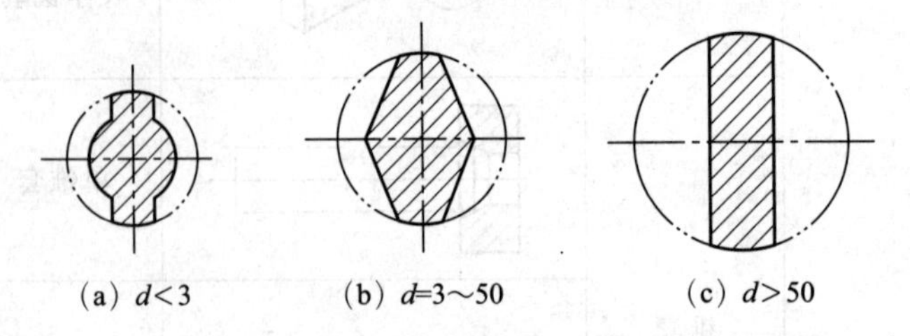

(a) $d<3$　　(b) $d=3\sim50$　　(c) $d>50$

图 2-40 常用削边销的结构

其他组合定位方式还有以一孔及其端面定位(齿轮加工中常用)，有时还会采用 V 形导轨、燕尾导轨等组合成形表面作为定位基面。

3. 工件的夹紧装置

机械加工过程中，工件会受到切削力、离心力、重力、惯性力等的作用，在这些外力作用下，为了使工件仍能在夹具中保持已由定位元件所确定的加工位置，而不致发生振动或位移，保证加工质量和生产安全，一般夹具结构中都必须设置夹紧装置将工件可靠夹牢。

1) 夹紧装置的组成和基本要求

(1) 夹紧装置的组成。图2-41所示为夹紧装置的组成示意图，它主要由以下三部分组成。

① 力源装置，产生夹紧作用力的装置。所产生的力称为原始力，如气动、液动、电动等，图2-41中的力源装置是气缸1。对于手动夹紧来说，力源来自人力。

② 中间传力机构，介于力源和夹紧元件之间传递力的机构，如图2-41所示的连杆2。在传递力的过程中，它能够改变作用力的方向和大小，起增力作用；还能使夹紧实现自锁，保证力源提供的原始力消失后，仍能可靠地夹紧工件，这对手动夹紧来说尤为重要。

③ 夹紧元件，夹紧装置的最终执行件，与工件直接接触完成夹紧作用，如图2-41中的压板3。

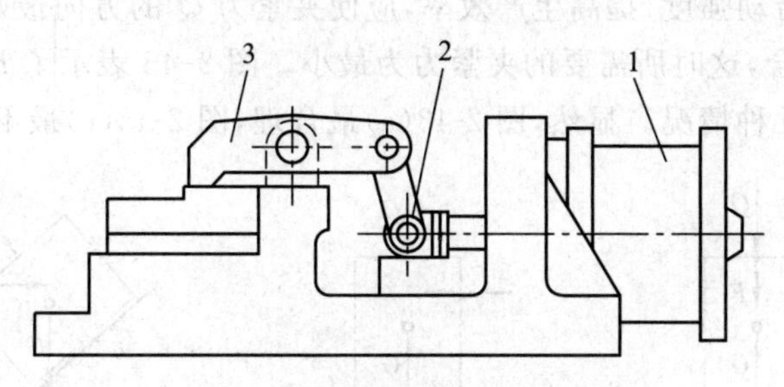

图2-41 夹紧装置的组成示意图

1—气缸；2—连杆；3—压板

(2) 对夹具装置的要求。必须指出，夹紧装置的具体组成并非一成不变，需要根据工件的加工要求、安装方法和生产规模等条件来确定。但无论其组成如何，都必须满足以下基本要求。

① 夹紧时应保持工件定位后所占据的正确位置。

② 夹紧力大小要适当。夹紧机构既要保证工件在加工过程中不产生松动或振动，同时又不得产生过大的夹紧变形和表面损伤。

③ 夹紧机构的自动化程度和复杂程度应和工件的生产规模相适应，并有良好的结构工艺性，尽可能采用标准化元件。

④ 夹紧动作要迅速、可靠，且操作要方便、省力、安全。

2) 夹紧力方向和作用点的选择

设计夹紧机构必须首先合理确定夹紧力的三要素：方向、作用点和大小。

(1) 夹紧力方向的确定。确定夹紧力的作用方向时，应与工件定位基准的配置及所受外力的作用方向等结合起来考虑。其确定原则如下。

① 夹紧力的作用方向应垂直于主要定位基准面。如图2-42所示的直角支座以A、B面定位镗孔，要求保证孔中心线垂直于A面。为此应选择A面为主要定位基准，夹紧力Q的方向垂直于A面。这样，无论A面与B面有多大的垂直度误差，都能保证孔中心线与A面垂直。否则，如图2-42(b)所示的夹紧力方向垂直于B面，则因A、B面间有垂直度误差($\alpha>90°$或$\alpha<90°$)，使镗出的孔不垂直于A面而可能报废。

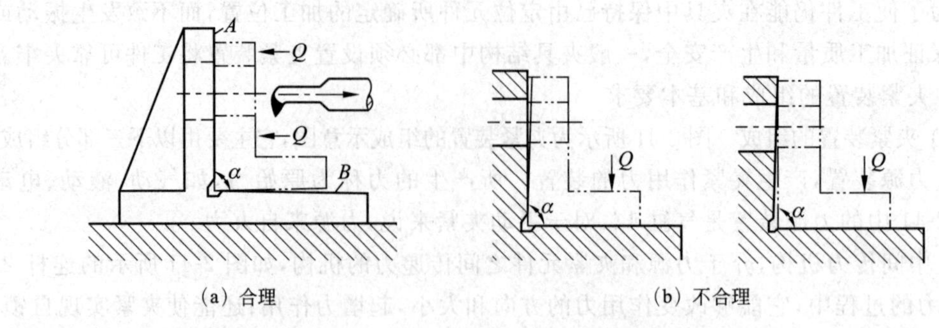

(a) 合理　　(b) 不合理

图 2-42　夹紧力方向对镗孔垂直度的影响

② 夹紧力作用方向应使所需夹紧力最小。为了使机构轻便、紧凑,工件变形小,对手动夹紧可减轻工人劳动强度,提高生产效率,应使夹紧力 Q 的方向最好与切削力 F、工件的重力 G 的方向重合,这时所需要的夹紧力为最小。图 2-43 表示了 F、G、Q 三个力的不同方向之间关系的几种情况。显然,图 2-43(a)最合理,图 2-43(e)最不合理。

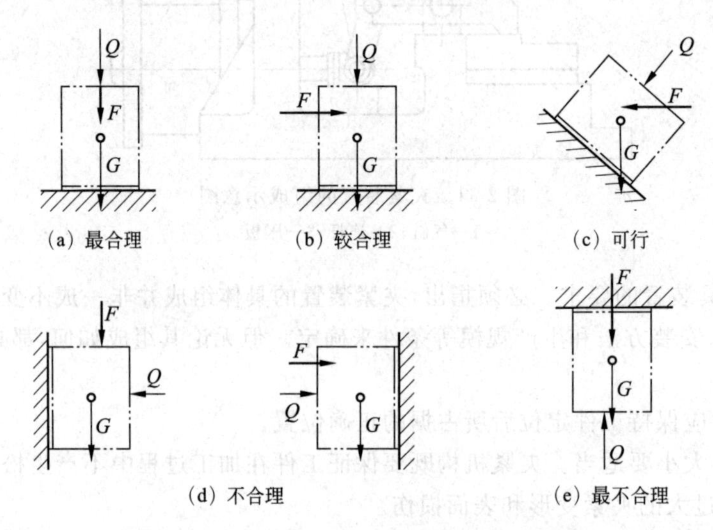

(a) 最合理　(b) 较合理　(c) 可行　(d) 不合理　(e) 最不合理

图 2-43　夹紧方向与夹紧力大小的关系

③ 夹紧力作用方向应使工件变形最小。由于工件不同方向上的刚度是不一致的,不同的受力表面也因其接触面积不同而变形各异,尤其在夹紧薄壁工件时更需注意。如图 2-44 所示的套筒,用三爪自定心卡盘夹紧外圆,显然要比用特制螺母从轴向夹紧工件的变形大得多。

(2) 夹紧力作用点的确定。选择作用点是指在夹紧方向已定的情况下,确定夹紧力作用点的位置和数目。应依据以下原则。

① 夹紧力作用点应落在支承元件上或几个支承元件所形成的支承面内。如图 2-45(a)所示,夹紧力作用在支承面范围之外,会使工件倾斜或移动,而图 2-45(b)则是合理的。

② 夹紧力作用点应落在工件刚性好的部位上。如图 2-46 所示,将作用在壳体中部的单点改成在工件外缘处的两点夹紧,工件的变形大为改善,且夹紧也更可靠。该原则对刚度差的工件尤其重要。

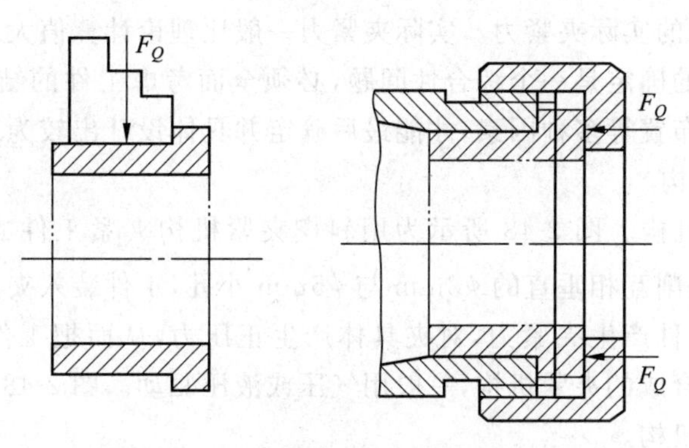

图 2-44　夹紧力方向与工件刚性的关系

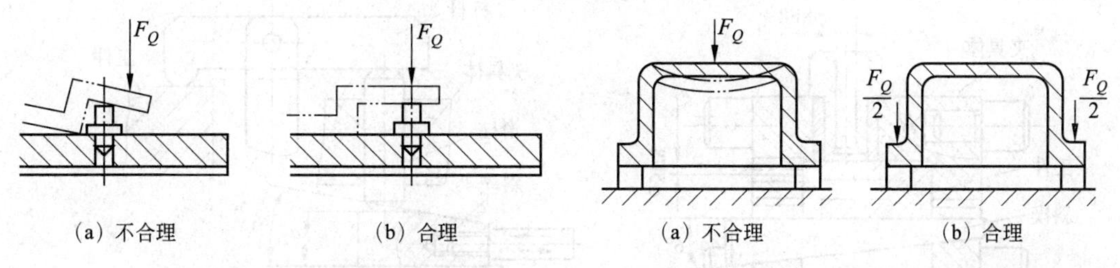

(a) 不合理　(b) 合理

图 2-45　夹紧力作用点应在支承面内

(a) 不合理　(b) 合理

图 2-46　夹紧力作用点应在刚性较好部位

③ 夹紧力的作用点靠近加工表面,可以减小切削力对夹紧点的力矩,防止或减小工件的加工振动或弯曲变形。如图 2-47 所示,增加辅助支承,同时给予夹紧力 F_2。这样翻转力矩小又增加了工件的刚度,既保证了定位夹紧的可靠性,又减小了振动和变形。

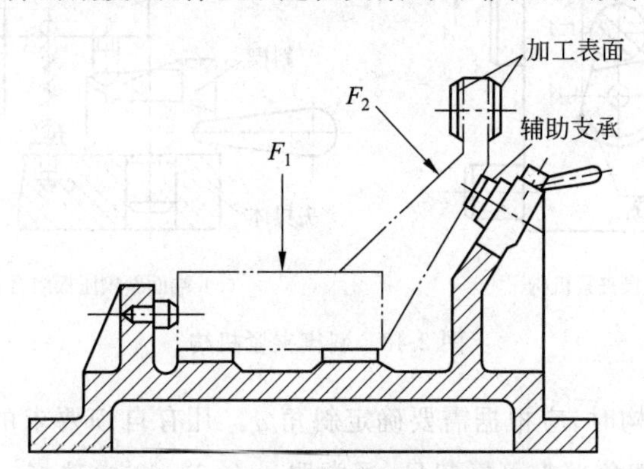

图 2-47　夹紧力的作用点应靠近加工表面

(3) 夹紧力大小的确定。夹紧力大小要适当,过大会使工件变形,过小则在加工时工件会松动,从而造成报废甚至发生事故。采用手动夹紧时,可凭人力来控制夹紧力的大小,一般不需要算出所需夹紧力的确切数值,只是必要时进行概略的估算。

当设计机动(如气动、液压、电动等)夹紧装置时,则需要计算夹紧力的大小。以便决定动力部件(如气缸、液压缸直径等)的尺寸。进行夹紧力计算时,通常将夹具和工件看作一个刚性系统,以简化计算。根据工件在切削力、夹紧力(重型工件要考虑重力,高速时要考虑惯性力)的作用下处于静力平衡,列出静力平衡方程式,即可算出理论夹紧力,再乘以安全系数,作为所需的实际夹紧力。实际夹紧力一般比理论计算值大2～3倍。

夹紧力三要素的确定是一个综合性问题,必须全面考虑工件的结构特点、工艺方法、定位元件的结构和布置等多种因素,才能最后确定并具体设计出较为理想的夹紧机构。

3）典型夹紧机构

(1) 斜楔夹紧机构。图2-48所示为用斜楔夹紧机构夹紧工件的实例。图2-48(a)中,需要在工件上钻削互相垂直的ϕ8mm与ϕ5mm小孔,工件装入夹具后,用锤子击打楔块大头,则楔块对工件产生夹紧力,对夹具体产生正压力,从而把工件楔紧。图2-48(b)是将斜楔与滑柱组合成的夹紧机构,一般用气压或液压驱动。图2-48(c)是由端面斜楔与压板组合成的夹紧机构。

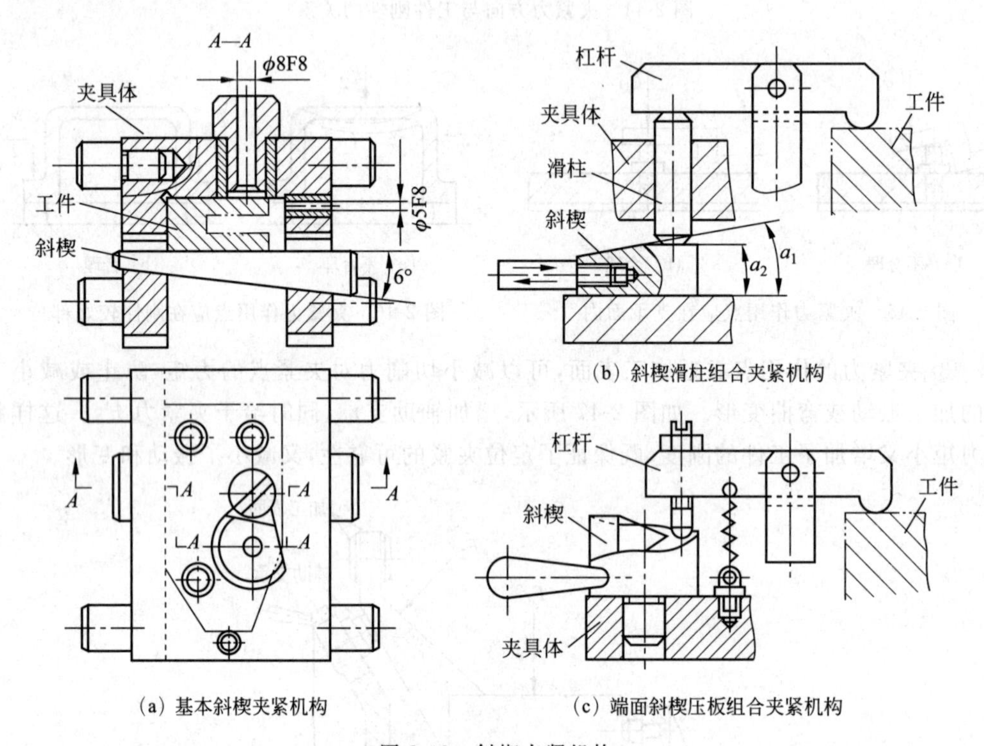

(a) 基本斜楔夹紧机构　(b) 斜楔滑柱组合夹紧机构　(c) 端面斜楔压板组合夹紧机构

图2-48　斜楔夹紧机构

选用斜楔夹紧机构时,应根据需要确定斜角α。凡有自锁要求的楔块夹紧,其斜角α必须小于2ϕ(ϕ为摩擦角),为可靠起见,通常取α在6°～8°内选择。在现代夹具中,斜楔夹紧机构常与气压、液压传动装置联合使用,由于气压和液压可保持一定压力,楔块斜角α不受此限制,可取更大些,一般在15°～30°内选择。斜楔夹紧机构结构简单,操作方便,但传力系数小,夹紧行程短,自锁能力差。

(2) 螺旋夹紧机构。由螺钉、螺母、垫圈、压板等元件组成,采用螺旋直接夹紧或与其他元件组合实现夹紧工件的机构,统称为螺旋夹紧机构。螺旋夹紧机构不仅结构简单、容易制造,而且自锁性能好、夹紧可靠,夹紧力和夹紧行程都较大,是夹具中用得最多的一种夹紧机构。

① 简单螺旋夹紧机构。图2-49(a)所示的机构螺杆与工件直接接触,容易使工件受损害或移动,一般只用于毛坯和粗加工零件的夹紧。图2-49(b)所示为常用的螺旋夹紧

机构，其螺钉头部常装有摆动压块，可防止螺杆夹紧时带动工件转动和损伤工件表面，螺杆上部装有手柄，夹紧时不需要扳手，操作方便、迅速。

② 螺旋压板夹紧机构。在夹紧机构中，结构形式变化最多的是螺旋压板夹紧机构，常用的螺旋压板夹紧机构如图 2-50 所示。选用时，可根据夹紧力大小的要求、工作高度尺寸的变化范围、夹具上夹紧机构允许占有的部位和面积进行选择。例如，当夹具中只允许夹紧机构占很小面积，而夹紧力又要求不是很大时，可选用如图 2-50(a)所示的螺旋钩形压板夹紧机构；若是工件夹紧高度变化较大的小批、单件生产时，可选用如图 2-50(e)所示的通用压板夹紧机构。

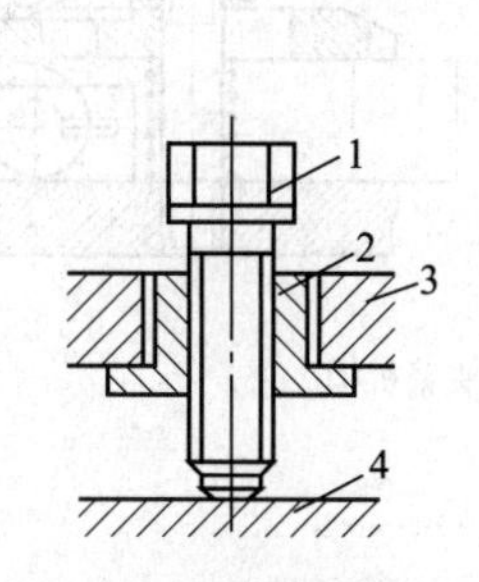

(a) 螺杆与工件直接接触

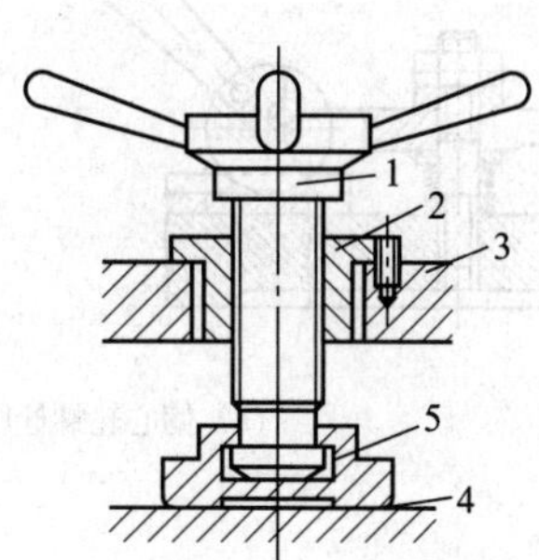

(b) 螺杆不与工件直接接触

图 2-49　简单螺旋夹紧机构

1—螺钉(螺杆)；2—螺母套；3—夹具体；4—工件；5—摆动压块

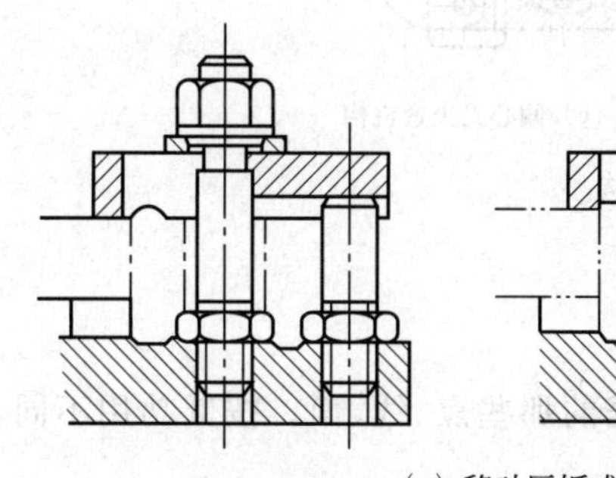

(a) 移动压板式

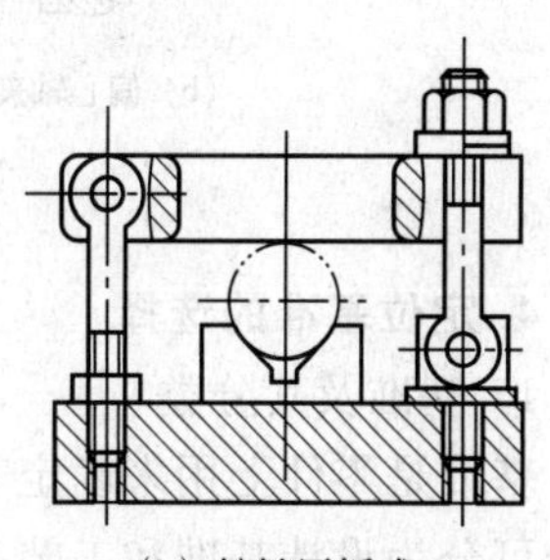

(b) 铰链压板式

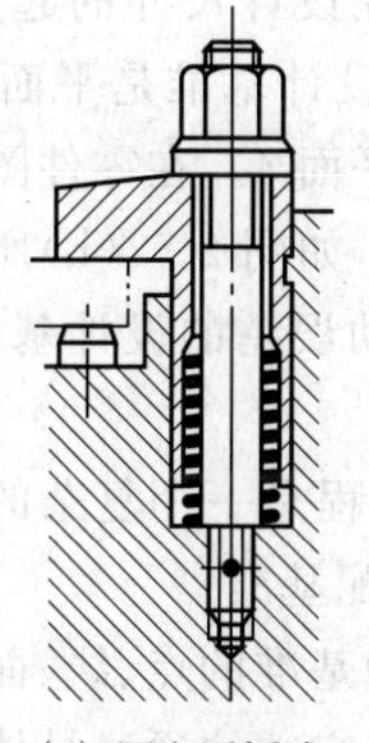

(c) 固定压板式

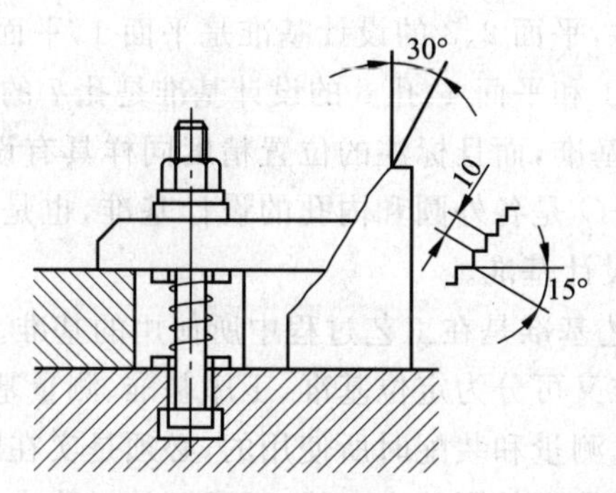

(d) 通用压板式

图 2-50　螺旋压板夹紧机构

③ 偏心夹紧机构。如图 2-51 所示为常见的各种偏心夹紧机构，其中图 2-51(a)是偏心轮和螺栓压板的组合夹紧机构，图 2-51(b)是利用偏心轴夹紧工件的，图 2-51(c)是利用偏心叉将铰链压板锁紧在夹具体上，通过摆动压块将工件夹紧。

偏心夹紧机构结构简单、制造方便，与螺旋夹紧机构相比，还具有夹紧迅速、操作方便等优点。其缺点是夹紧力和夹紧行程均不大，自锁能力差，结构不抗震，故一般适用于夹紧行程及切削负荷较小且平稳的场合。

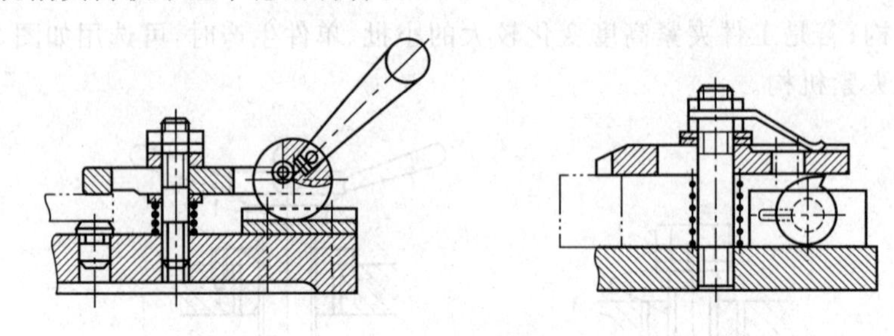

(a) 偏心轮螺栓压板组合夹紧机构

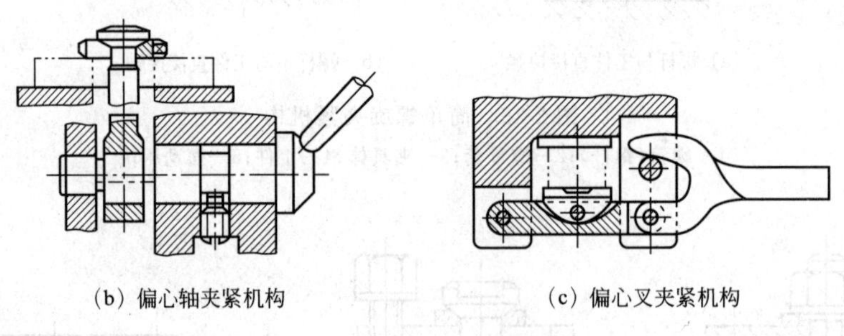

(b) 偏心轴夹紧机构　　(c) 偏心叉夹紧机构

图 2-51　偏心夹紧机构

4. 定位基准的选择

1) 基准及其分类

基准是零件上用来确定其他点、线、面位置所依据的那些点、线、面。按其功用不同，基准可分为设计基准和工艺基准两大类。

(1) 设计基准。设计基准是在零件图上所采用的基准。它是标注设计尺寸的起点。如图 2-52(a)所示的零件，平面 2、3 的设计基准是平面 1，平面 5、6 的设计基准是平面 4，孔 7 的设计基准是平面 1 和平面 4，孔 8 的设计基准是孔 7 的中心和平面 4。在零件图上不仅标注的尺寸有设计基准，而且标注的位置精度同样具有设计基准，如图 2-52(b)所示的钻套零件，轴心线 O—O 是各外圆和内孔的设计基准，也是两项跳动误差的设计基准，端面 A 是端面 B、C 的设计基准。

(2) 工艺基准。工艺基准是在工艺过程中所使用的基准。工艺过程是一个复杂的过程，按用途不同工艺基准又可分为定位基准、工序基准、测量基准和装配基准。

工艺基准是在加工、测量和装配时所使用的，必须是实在的。作为基准的点、线、面有时并不一定具体存在(如孔和外圆的中心线、两平面的对称中心面等)，它往往通过具体的表面来体现，用来体现基准的表面称为基面。例如，图 2-52(b)所示钻套的中心线是通过内孔表面来体现的，内孔表面就是基面。

① 定位基准。在加工中用作定位的基准称为定位基准。它是工件上与夹具定位元件直接接触的点、线或面。如图2-52(a)所示的零件，加工平面3和6时是通过平面1和4放在夹具上定位的，所以，平面1和4是加工平面3和6的定位基准；如图2-52(b)所示的钻套，用内孔装在心轴上磨削ϕ40H6外圆表面时，内孔表面是定位基面，孔的中心线就是定位基准。

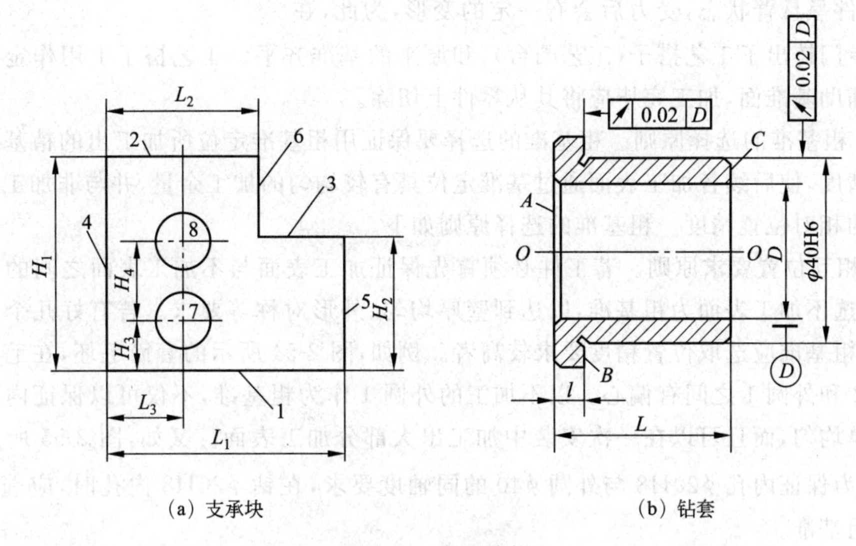

(a) 支承块　　(b) 钻套

图2-52　基准分析

定位基准又分为粗基准和精基准。用作定位的表面，如果是没有经过加工的毛坯表面，称为粗基准；如果是已加工过的毛坯表面，称为精基准。

② 工序基准。在工序图上，用来标定本工序被加工面尺寸和位置所采用的基准，称为工序基准。它是某一工序所要达到加工尺寸(即工序尺寸)的起点。如图2-52(a)所示的零件，加工平面3时按尺寸H_2进行加工，则平面1即为工序基准，加工尺寸H_2叫作工序尺寸。

工序基准应当尽量与设计基准相重合，当考虑定位或试切测量方便时也可以与定位基准或测量基准相重合。

③ 测量基准。零件测量时所采用的基准称为测量基准。如图2-52(b)所示，钻套以内孔套在心轴上测量外圆的径向圆跳动，则内孔表面是测量基面，孔的中心线就是外圆的测量基准；用卡尺测量尺寸l和L，表面A是表面B、C的测量基准。

④ 装配基准。装配时用以确定零件在机器中位置的基准称为装配基准。如图2-52(b)所示的钻套，ϕ40H6外圆及端面B即为装配基准。

2) 定位基准的选择

(1) 定位基准的类型。

① 粗基准和精基准。未经加工的表面作为定位基准称为粗基准；利用工件上已加工过的表面作为定位基准面称为精基准。

② 辅助基准。零件设计图中不要求加工的表面，有时为了工件装夹的需要，而专门将其加工；或者为了定位的需要，加工时有意提高零件设计精度的表面，这种只是由于工艺需要而加工的基准，称为辅助基准或工艺基准。图 2-53 所示为车床小刀架的形状及加工底面时采用辅助基准定位的情况。加工底面时用上表面定位，但上表面太小，工件呈悬臂状态，受力后会有一定的变形，为此，在毛坯上专门铸出了工艺搭子（工艺凸台），和原来的基准齐平。工艺搭子上用作定位的表面即是辅助基准面，加工完毕应将其从零件上切除。

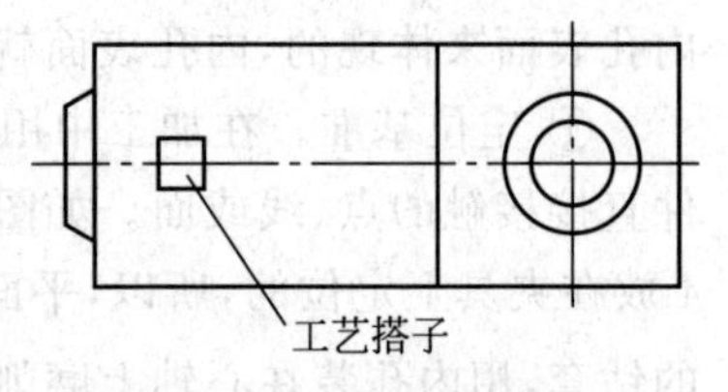

图 2-53 辅助基准典型实例

(2) 粗基准的选择原则。粗基准的选择要保证用粗基准定位所加工出的精基准具有较高的精度，使后续各加工表面通过基准定位具有较均匀的加工余量，并与非加工表面保持应有的相对位置精度。粗基准的选择原则如下。

① 相互位置要求原则。若工件必须首先保证加工表面与不加工表面之间的位置要求，则应选不加工表面为粗基准，以达到壁厚均匀、外形对称等要求。若有好几个不加工表面，则粗基准应选取位置精度要求较高者。例如，图 2-54 所示的套筒毛坯，在毛坯铸造时内孔 2 和外圆 1 之间有偏心。以不加工的外圆 1 作为粗基准，不仅可以保证内孔 2 加工后壁厚均匀，而且可以在一次安装中加工出大部分加工表面。又如，图 2-55 所示的拨杆零件，为保证内孔 ϕ20H8 与外圆 ϕ40 的同轴度要求，在钻 ϕ20H8 内孔时，应选择 ϕ40 外圆为粗基准。

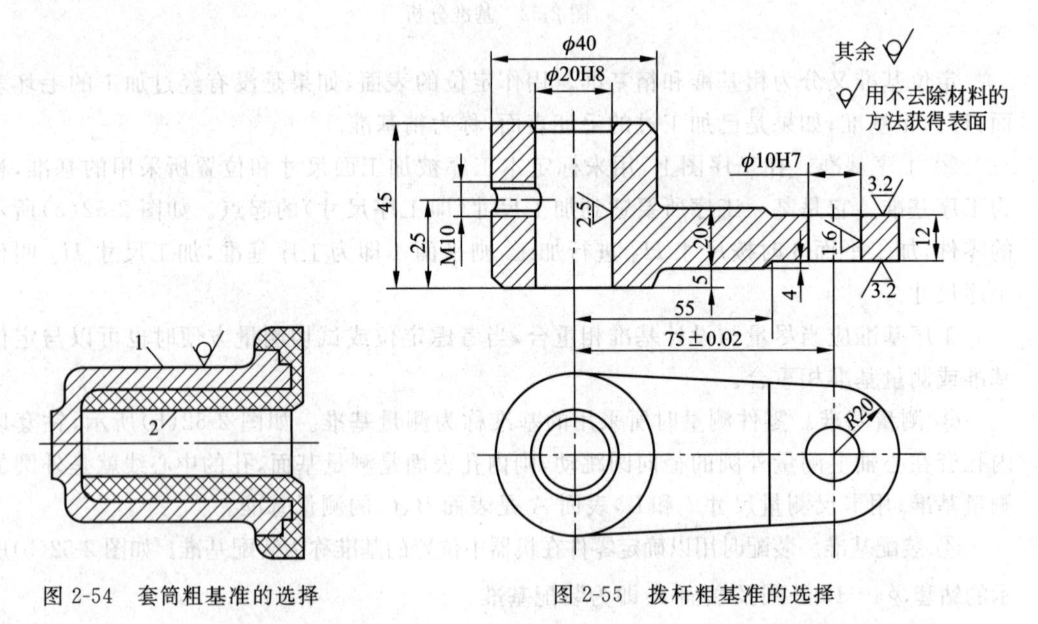

图 2-54 套筒粗基准的选择　　图 2-55 拨杆粗基准的选择

② 加工余量合理分配原则。若工件上每个表面都要加工，则应以加工余量最小的表面作为粗基准，以保证各加工表面有足够的加工余量。如图 2-56 所示的阶梯轴毛坯大小端外圆有 3mm 的偏心，应以余量较小的 ϕ55mm 外圆表面作为粗基准。如果选 ϕ108mm

外圆作为粗基准加工 ϕ55mm 外圆，则无法加工 ϕ55mm 外圆。

③ 重要表面原则。为保证重要表面的加工余量均匀，应选择重要加工面为粗基准。如图 2-57 所示的床身导轨面的加工，铸造导轨毛坯时，导轨面向下放置，使其表面金相组织细致均匀，没有气孔、夹砂等缺陷。因此，希望在加工时只切去一层薄而均匀的余量，保留组织细密耐磨的表层，且达到较高的加工精度，故应先选择导轨面为粗基准加工床身底平面，然后再以床身底平面为精基准加工导轨面。

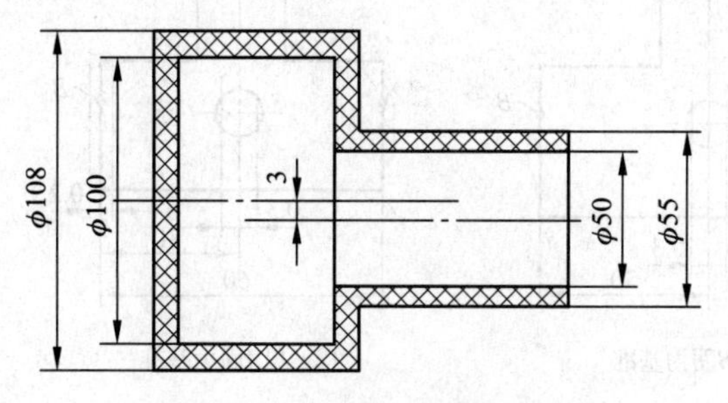

图 2-56　阶梯轴的粗基准选择

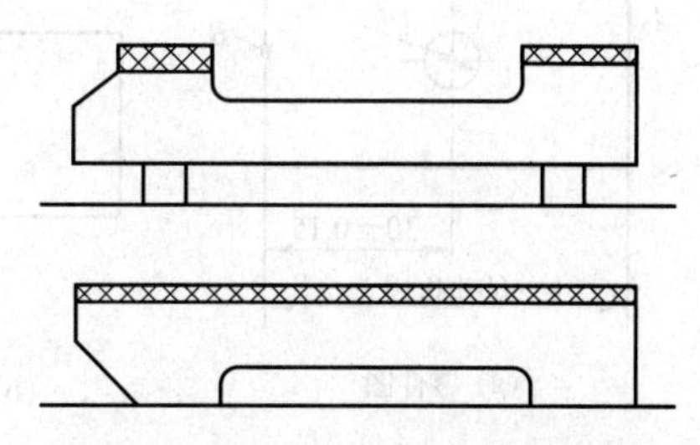

图 2-57　床身导轨面的粗基准的选择

④ 不重复使用原则。应避免重复使用粗基准，在同一尺寸方向上粗基准只准使用一次。因为粗基准是毛坯表面，定位误差大，两次以同一粗基准装夹下加工出的各表面之间会有较大的位置误差。如图 2-58 所示的零件加工中，如第一次用不加工表面 ϕ30mm 定位，分别车削 ϕ18H7mm 和端面；第二次仍用不加工表面 ϕ30mm 定位，钻 4×ϕ8mm 孔。由于两次定位的基准位置误差大，则会使 ϕ18H7mm 孔的轴线与 4×ϕ8mm 孔的位置（即 ϕ46mm 中心线之间）产生较大的同轴度误差，有时可达 2～3mm。因此，这样的定位方案是错误的。正确的定位方法应以精基准 ϕ18H7mm 孔和端面定位，钻 4×ϕ8mm 孔。

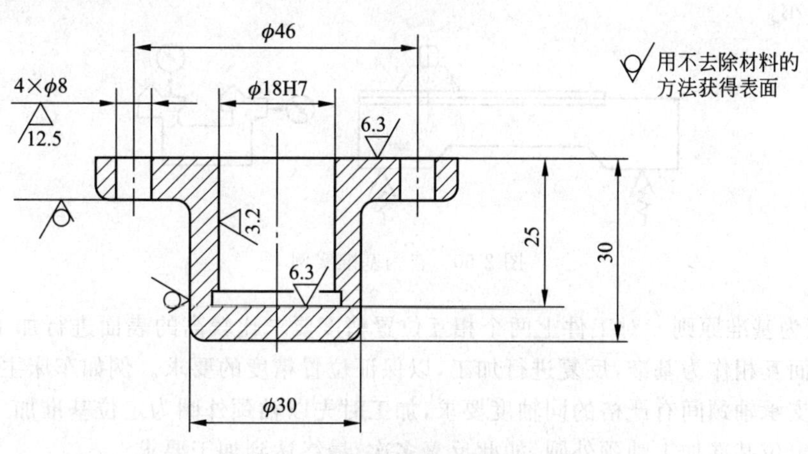

图 2-58　床身导轨面的粗基准的选择

⑤ 便于工件装夹原则。作为粗基准的表面应尽量平整光滑，没有飞边、冒口、浇口或其他缺陷，以便使工件定位准确，夹紧可靠。

(3) 精基准选择原则。选择精基准主要应从保证工件的位置精度和装夹方便这两方面来考虑。精基准的选择原则如下。

① 基准重合原则。应尽可能选择零件设计基准为定位基准，以避免产生基准不重合的误差。如图 2-59(a)所示零件，A 面、B 面均已加工完毕，钻孔时若选择 B 面作为精基准，则定位基准与设计基准重合，尺寸为(30±0.15)mm 可直接保证，加工误差易于控制，如图 2-59(b)所示；若选 A 面作为精基准，则尺寸为(30±0.15)mm 是间接保证的，会产生基准不重合误差，如图 2-59(c)所示。

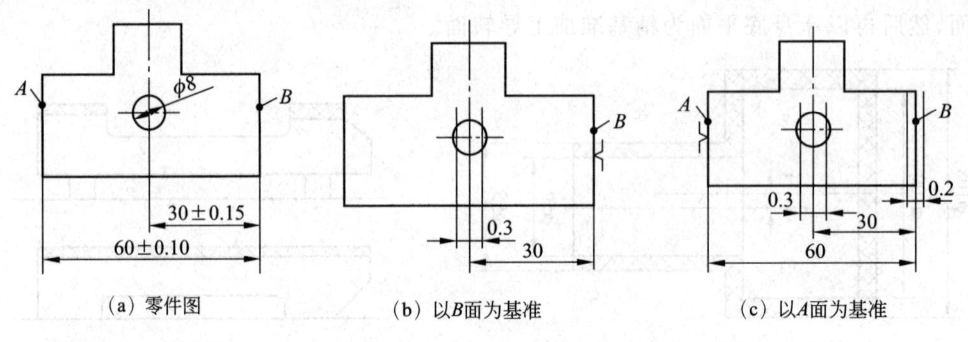

图 2-59　基准重合实例

② 基准统一原则。应采用同一组基准定位加工零件上尽可能多的表面，这就是基准统一原则。采用基准统一原则可以简化工艺规程的制订，减少夹具数量，节约了夹具设计和制造费用；同时由于减少了基准的转换，更有利于保证各表面相互位置间的精度。例如，利用两中心孔加工轴类零件的各外圆表面、箱体零件采用一面两孔定位，齿轮的齿坯和齿形加工多采用齿轮的内孔及一端面为定位基准，均遵循了基准统一原则。

③ 自为基准原则。某些加工表面加工余量小且均匀时，可选择加工表面本身作为基准。如在导轨磨床上磨削床身导轨面时，以导轨面本身为基准，以百分表来找正定位，如图 2-60 所示。

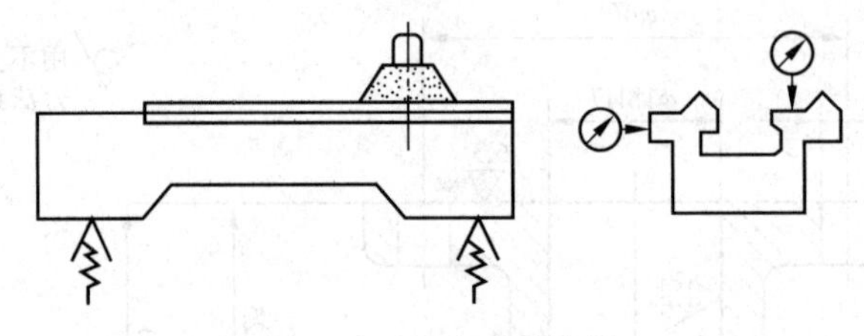

图 2-60　自为基准实例

④ 互为基准原则。对工件上两个相互位置精度要求比较高的表面进行加工时，可以用两个表面互相作为基准，反复进行加工，以保证位置精度的要求。例如车床主轴的前锥孔与主轴支承轴颈间有严格的同轴度要求，加工时先以轴颈外圆为定位基准加工锥孔，再以锥孔为定位基准加工轴颈外圆，如此反复多次，最终达到加工要求。

⑤ 便于装夹原则。所选精基准应保证工件安装可靠，夹具设计简单、操作方便。

在实际生产中，精基准的选择要完全符合上述原则有时很难做到。例如，统一的定位基准与设计基准不重合时，就不可能同时遵循基准重合原则和基准统一原则。此时要统筹兼顾，若采用统一定位基准，能够保证加工表面的尺寸精度，则应遵循基准统一原则；若不能保证加工表面的尺寸精度，则可在粗加工和半精加工时遵循基准统一原则，在精加工时遵循基准重合原则，以免使工序尺寸的实际公差值减小，增加加工难度。所以，必须根据具体的加工对象和加工条件，从保证主要技术要求出发，灵活选用有利的精基准，达到定位精度高、夹紧可靠、夹具结构简单、操作方便的要求。

5. 典型零件在数控机床上的装夹

1）机床夹具的概述

在机械加工过程中，为了固定工件并保证加工精度的工艺装备统称为机床夹具，简称夹具。例如车床上使用的三爪自定心卡盘、铣床上使用的平口钳等都是机床夹具。

(1) 工件的安装内容。工件安装的内容包括工件的定位和夹紧。

① 定位。定位可以使同一工序中的一批工件都能准确地安放在机床的合适位置，使工件相对于刀具和机床占有正确的加工位置。

② 夹紧。工件定位后，还需对工件压紧夹牢，使其在加工过程中不发生位置变化。

(2) 工件的安装方法。当零件较复杂、加工面较多时，需要经过多道工序的加工，其位置精度取决于工件的安装方式和安装精度。工件常用的安装方法如下。

① 直接找正安装。用划针、百分表等工具直接找正工件位置并夹紧的方法称为直接找正安装法。此法生产效率较低，精度取决于工人的技术水平和测量工具的精度，一般只用于单件小批生产。如图 2-61 所示，用四爪单动卡盘安装工件，要保证本工序加工后的 B 面与已加工过的 A 面的同轴度要求，需先用百分表按外圆 A 进行找正夹紧后车削外圆 B，从而保证 B 面与 A 面的同轴度要求。

② 划线找正安装。先用划针划出要加工表面的位置，再按划线找正工件在机床上的位置并夹紧。由于划线既费时又需要技术较高的划线工，所以一般用于批量不大、形状复杂且笨重的工件或低精度毛坯的加工。如图 2-62 所示，划线找正法是以划针根据毛坯或半成品上所划的线为基准找正它在机床上的正确位置的一种装夹方法。

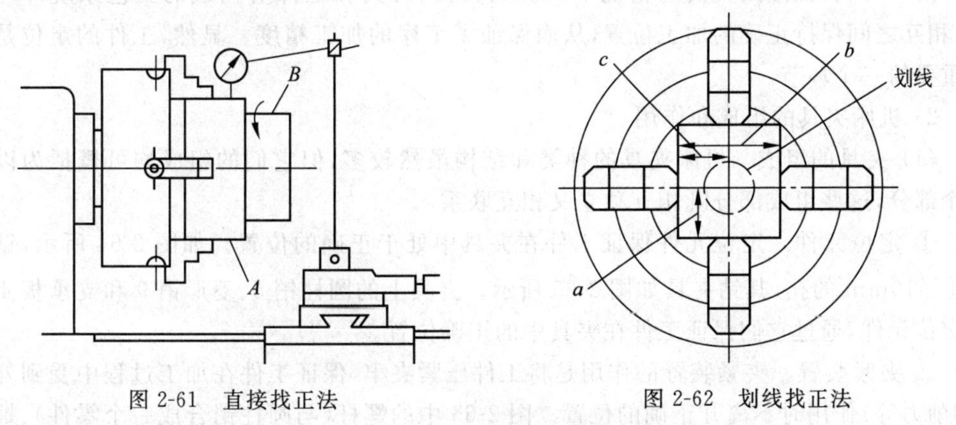

图 2-61　直接找正法　　　图 2-62　划线找正法

③ 用夹具安装。这种方法是将工件直接安装在夹具的定位元件上。该方法安装迅速方便，定位精度较高而且稳定，生产效率较高，广泛用于中批量以上的生产类型。图 2-63所示为铣轴端槽用夹具。本工序要求保证槽宽、槽深和槽两侧面对轴心线的对称度。工件分别以外圆和一端面在 V 形块 1 和定位套 2 上定位，转动手柄 3，偏心轮推动 V 形块夹紧工件。夹具通过夹具体 5 的底面及安装在夹具体上的两个定向键 4 与铣床工作台面、T 形槽配合，并固定于机床工作台上，这样夹具相对于机床占有确定的位置。通

过对刀块 6 及塞尺调整刀具位置，使其对于夹具占有确定的位置。

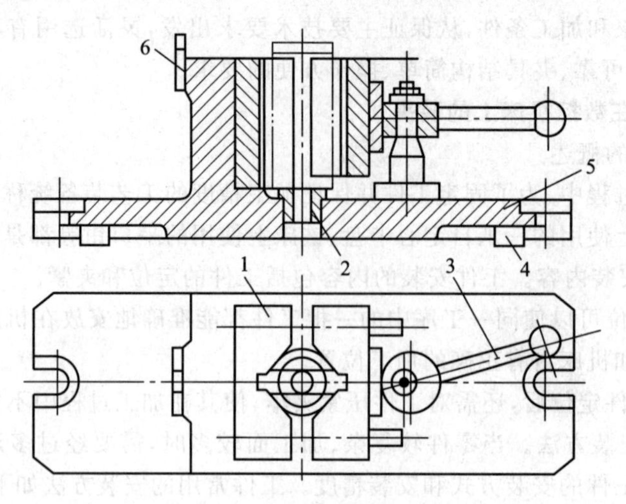

图 2-63　铣轴端槽用夹具

1—V 形块；2—定位套；3—手柄；4—定向键；5—夹具体；6—对刀块

用夹具安装工件的方法有以下几个特点。

a. 工件在夹具中的正确定位，是通过工件上的定位基准面与夹具上的定位元件相接触而实现的，因此，不再需要找正便可将工件夹紧。

b. 由于夹具预先在机床上已调整好位置，因此，工件通过夹具相对于机床已经是正确的位置。

c. 通过夹具上的对刀装置，保证了工件加工表面相对于刀具的正确位置。

由此可见，在使用夹具的情况下，机床、夹具、刀具和工件所构成的工艺系统环环相扣，相互之间保持正确的加工位置，从而保证了工序的加工精度。显然，工件的定位是极为重要的一个环节。

2）机床夹具的组成和作用

（1）夹具的组成。机床夹具的种类和结构虽然较多，但它们的组成均可概括为以下几个部分，这些组成部分既相互独立又相互联系。

① 定位元件。定位元件保证工件在夹具中处于正确的位置。如图 2-64 所示，钻后盖上 $\phi10$mm 的孔，其钻夹具如图 2-65 所示。夹具上的圆柱销 5、菱形销 9 和支承板 4 都是定位元件，通过它们保证工件在夹具中的正确位置。

② 夹紧装置。夹紧装置的作用是将工件压紧夹牢，保证工件在加工过程中受到外力（切削力等）作用时不离开正确的位置。图 2-65 中的螺杆（与圆柱销合成一个零件）、螺母和开口垫圈就起到了上述作用。

③ 对刀或导向装置。对刀或导向装置用于确定刀具相对于定位元件的正确位置。如图 2-65 中钻套和钻模板组成导向装置，确定了钻头轴线相对定位元件的正确位置。铣床夹具上的对刀块和塞尺为对刀装置。

④ 联结元件。联结元件是确定夹具在机床上正确位置的元件。如图 2-65 中夹具体的底面为安装基面，保证了钻套的轴线垂直于钻床工作台以及圆柱销的轴线平行于钻床

工作台。因此，夹具体可兼作联结元件。车床夹具上的过渡盘、铣床夹具上的定位键都是联结元件。

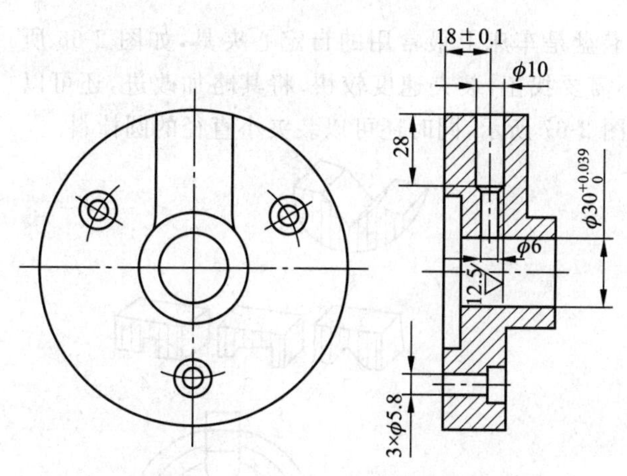

图 2-64　后盖零件钻径向孔的工序图

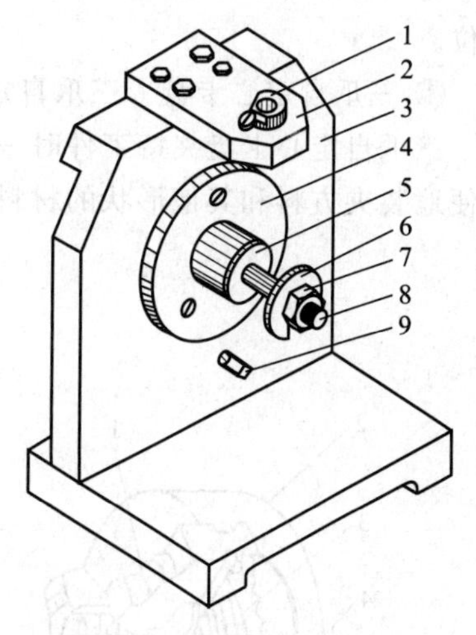

图 2-65　后盖钻夹具

1—钻套；2—钻模板；3—夹具体；4—支承板；5—圆柱销；6—开口垫圈；7—螺母；8—螺杆；9—菱形销

⑤ 夹具体。夹具体是机床夹具的基础件，如图 2-65 中的件 3，通过它将夹具的所有元件联结成一个整体。

⑥ 其他装置或元件。其他装置或元件是指夹具中因特殊需要而设置的装置或元件。如需加工按一定规律分布的多个表面时，常设置的分度装置；为了能方便、准确地定位，常设置的预定位装置；对于大型夹具，常设置的吊装元件等。

(2) 机床夹具在机械加工中的作用。

① 保证加工精度。采用夹具安装可以准确地确定工件与机床、刀具之间的相互位置，工件的位置精度由夹具保证，不受工人技术水平的影响，其加工精度高而且稳定。

② 提高生产效率、降低成本。用夹具装夹工件，无须找正便能使工件迅速定位和夹紧，显著地减少了辅助工时；用夹具装夹工件提高了工件的刚性，可加大切削用量；可以使用多件、多工位夹具装夹工件，并采用高效夹紧机构。另外，采用夹具后，产品质量稳定，废品率下降，技术等级较低的工人也可以完成操作，明显地降低了生产成本。

③ 扩大机床的工艺范围。使用专用夹具可以改变原机床的用途和扩大机床的使用范围，实现一机多能。例如，在车床或摇臂钻床上安装镗模夹具后，可以对箱体孔系进行镗削加工；通过专用夹具还可将车床改为拉床使用，以充分发挥通用机床的作用。

④ 减轻工人的劳动强度。用夹具装夹工件方便、快速，当采用气动、液压等夹紧装置时，可减轻工人的劳动强度。

3) 数控车床常用夹具及工件的装夹

为了充分发挥数控机床高速度、高精度、高效率等特点，在数控加工过程中，还应与相适应的夹具配合使用。数控车床夹具除了通用的三爪自定心卡盘、四爪单动卡盘和在大批量生产中使用的液压、电动及气动夹具外，还有多种实用夹具，主要分为三大类，即用于轴类工件的夹具、用于盘类工件的夹具和专用车削夹具。

(1) 轴类零件的装夹。对于轴类零件，通常以零件自身的外圆柱面作为定位基准来定位。

① 三爪自定心卡盘。三爪自定心卡盘是车床上最常用的自定心夹具，如图 2-66 所示。三爪自定心卡盘夹持工件时一般不需要找正，装夹速度较快，将其略加改进，还可以方便地装夹方料和其他形状的材料，如图 2-67 所示，同时还可以装夹小直径的圆棒料。

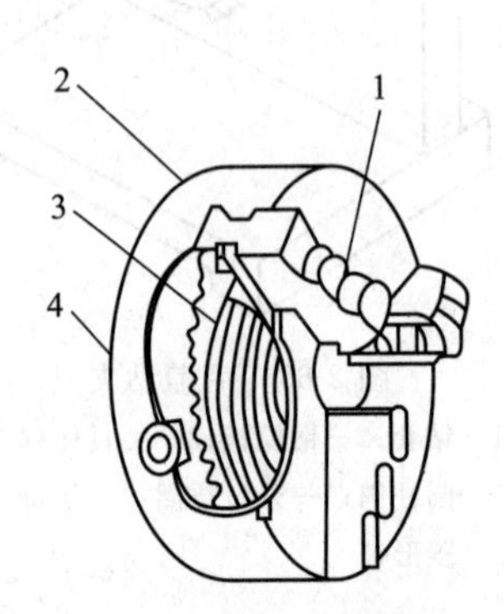

图 2-66 三爪自定心卡盘

1—卡爪；2—卡盘体；3—锥齿端面螺纹圆盘；4—小锥齿轮

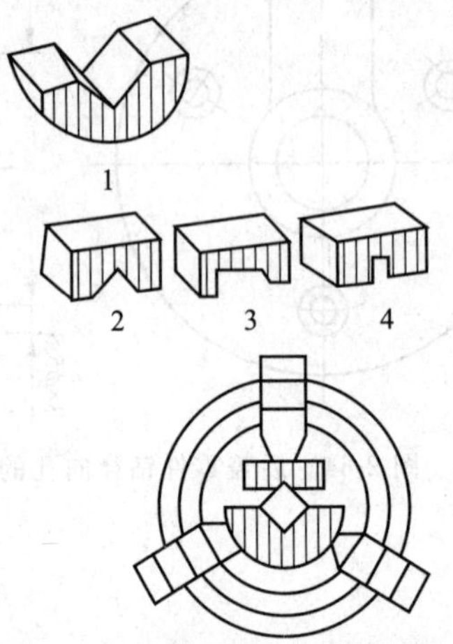

图 2-67 装夹方料和其他形状的材料

1—带 V 形槽的半圆件；2—带 V 形槽的矩形件；3,4—带其他槽形的矩形件

② 四爪单动卡盘。四爪单动卡盘是车床上常用的夹具，如图 2-68 所示，适用于装夹形状不规则或直径较大的工件。其夹紧力较大，装夹精度较高，不受卡爪磨损的影响。但四爪单动卡盘的四个卡爪是各自独立运动的，必须通过找正，使工件的旋转中心与车床主轴的旋转中心重合才能车削。四爪单动卡盘装夹不如三爪自定心卡盘方便。装夹圆棒料时，若在四爪单动卡盘内放上一块 V 形块，如图 2-69 所示，装夹就快捷多了。

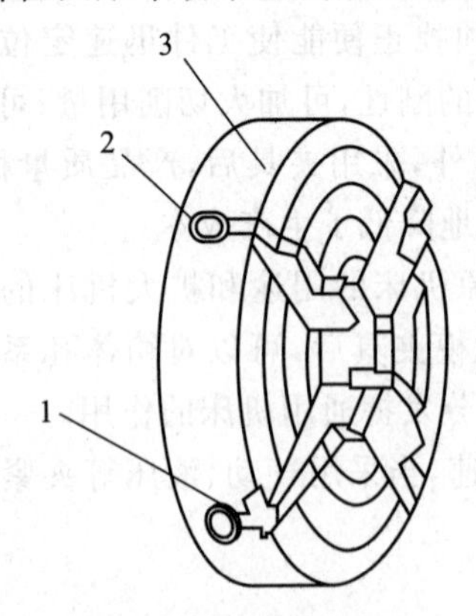

图 2-68 四爪单动卡盘

1—卡爪；2—螺杆；3—卡盘体

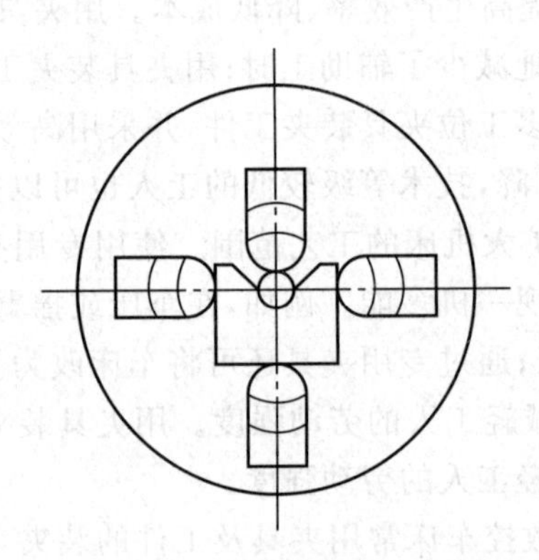

图 2-69 V 形块装夹圆棒料

③ 用两顶尖装夹。对于较长的或必须经过多次装夹加工的轴类零件，或工序较多，

车削后还要铣削和磨削的轴类零件，要采用两顶尖装夹，以保证每次装夹时的装夹精度，如图 2-70 所示。用两顶尖装夹轴类零件，必须先在零件端面钻中心孔，中心孔有 A 型(不带护锥)、B 型(带护锥)、C 型(带螺孔)和 R 型(弧形)4 种。

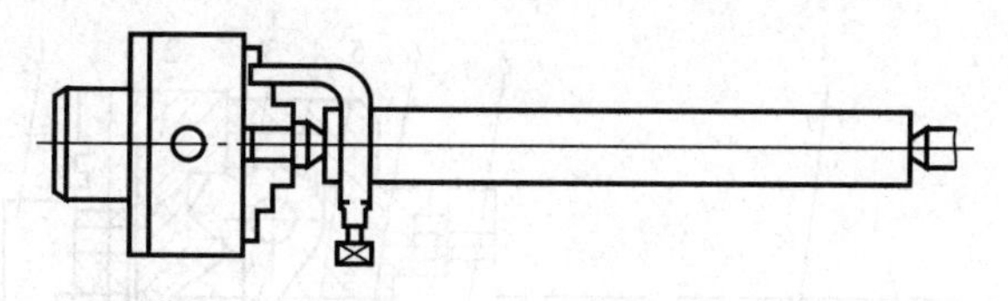

图 2-70　两顶尖装夹

④ 用一夹一顶装夹。由于两顶尖装夹刚性较差，因此在车削一般轴类零件，尤其是较重的工件时，常采用一夹一顶装夹。为了防止工件的轴向位移，须在卡盘内装一限位支承，或利用工件的台阶来限位。由于一夹一顶装夹工件的安装刚性较好，轴向定位准确，且比较安全，能承受较大的轴向切削力，因此应用很广泛，如图 2-71 所示。

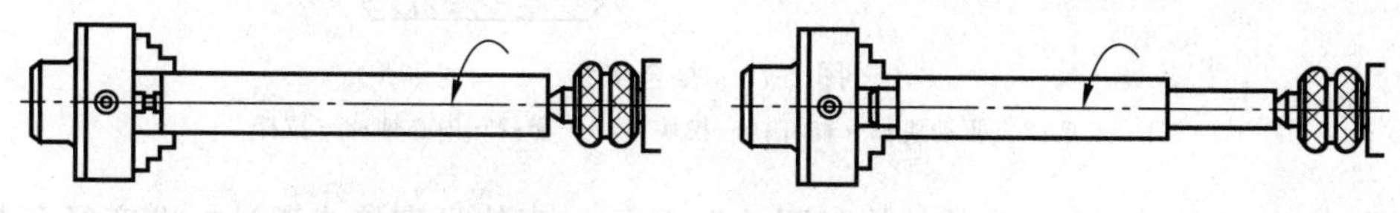

图 2-71　一夹一顶装夹

⑤ 自动夹紧拨动卡盘。自动夹紧拨动卡盘的结构如图 2-72 所示。坯件安装在顶尖和车床的尾座顶尖上。当旋转车床尾座螺杆并向主轴方向顶紧坯件时，顶尖也同时顶压起着自动复位作用的弹簧。顶尖在向左移动的同时，套筒(即杠杆机构的支撑架)也与顶尖同步移动。在套筒的槽中装有杠杆和支承销，当套筒随着顶尖运动时，杠杆的左端触头则沿锥环的斜面绕支承销轴线作逆时针方向摆动，从而使杠杆右端的触头(图中示意为半球面)压紧坯件。在自动夹紧拨动卡盘中，其杠杆机构通常设计为 3～4 组均布，并经调整后使用。

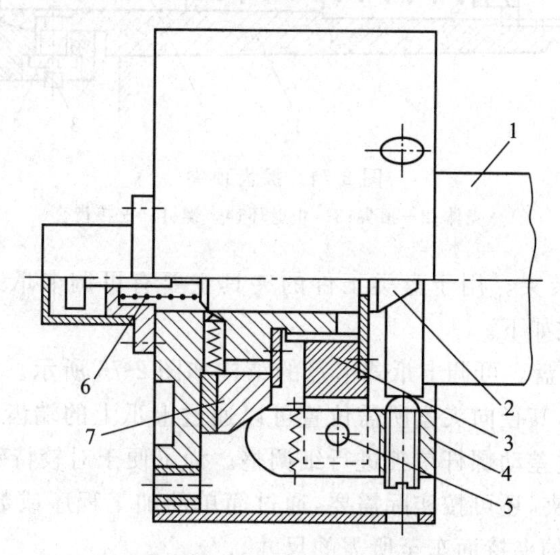

图 2-72　自动夹紧拨动卡盘

1—坯件；2—顶尖；3—套筒；4—杠杆；5—支承销；6—弹簧；7—锥环

⑥ 复合卡盘。如图 2-73 所示的复合卡盘，由传动装置驱动拉杆，驱动力经套和楔块、杠杆传给卡爪而夹紧工件，中心轴为多种插换调整件。若为弹簧顶尖则将卡盘工作改为顶尖，转矩则由自动调位卡爪传给驱动块。

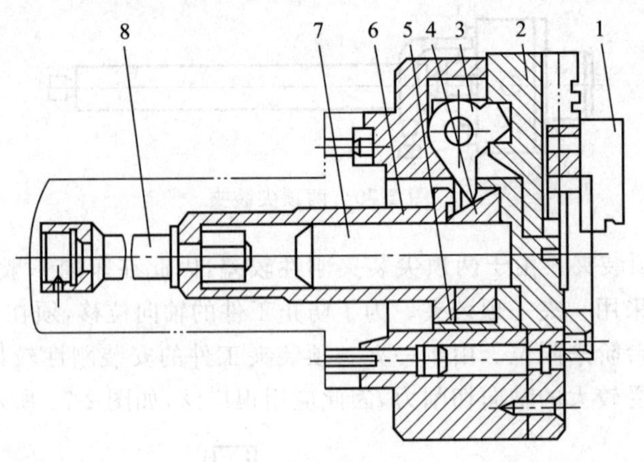

图 2-73 复合卡盘

1—卡爪；2—驱动块；3—杠杆；4—楔块；5，6—套；7—中心轴；8—拉杆

⑦ 拨齿顶尖。拨齿顶尖的结构如图 2-74 所示。壳体可直接或通过标准变径套与车床主轴孔联结，壳体内装有用于坯件定心的顶尖，拨齿套通过螺钉与壳体联结，止退环可防止螺钉的松动。在数控车床上使用这种夹具，可以加工直径为 10～60mm 的轴类工件。

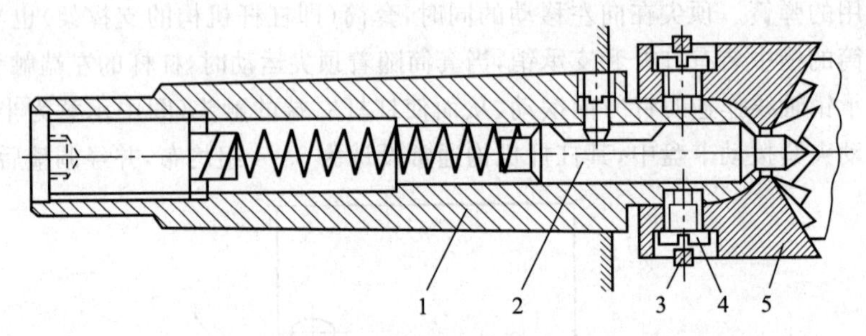

图 2-74 拨齿顶尖

1—壳体；2—顶尖；3—止退环；4—螺钉；5—拨齿套

(2) 盘类零件的装夹。用于盘类工件的夹具主要有可调卡爪式卡盘和快速可调卡盘，其结构和工作方式如下。

① 可调卡爪式卡盘。可调卡爪式卡盘的结构如图 2-75 所示。每个基体卡座上都对应配有不淬火的卡爪，其径向夹紧所需位置可以通过卡爪上的端齿和螺钉单独进行粗调整(错齿移动)，或通过差动螺杆单独进行细调整。为了便于对较特殊的、批量大的盘类零件进行准确定位及装夹，还可按实际需要，通过简单的加工程序或数控系统的手动功能，用车刀将不淬火卡爪的夹持面车至所需的尺寸。

② 快速可调卡盘。快速可调卡盘的结构如图 2-76 所示。使用该卡盘时，用专用扳

手将螺杆旋动 90°，即可将单独调整或更换的卡爪快速移动至所需要的尺寸位置，而不需要对卡爪进行车削。为便于对卡爪进行定位，在卡盘壳体开有圆周槽，当卡爪调整到位后，旋动螺杆，使螺杆上的螺纹与卡爪上的螺纹啮合，同时，被弹簧压住的钢球进入螺杆的小槽中，并固定在需要的位置上。但这种卡盘的快速夹紧过程，需要借助安装在车床主轴尾部的拉杆等机械机构一起实现。

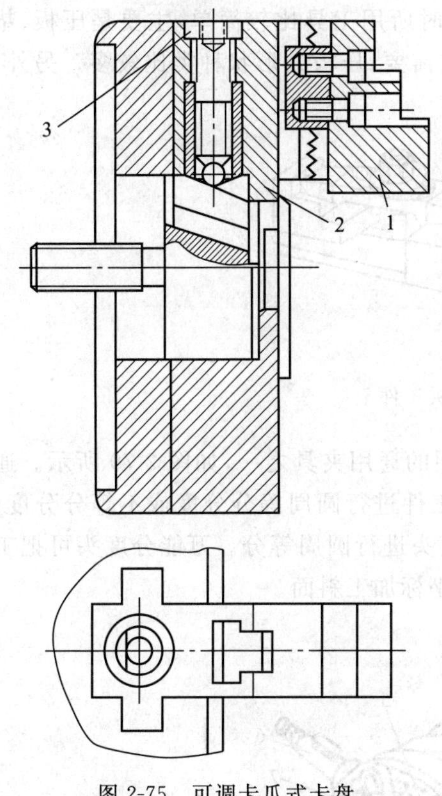

图 2-75　可调卡爪式卡盘

1—卡爪；2—基体卡座；3—差动螺杆

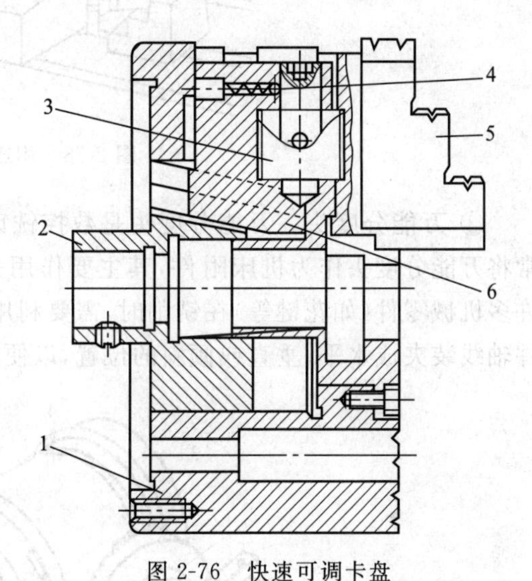

图 2-76　快速可调卡盘

1—壳体；2—基体；3—螺杆；4—钢球；5—卡爪；6—基体卡座

快速可调卡盘的结构刚性好，工作可靠，因此广泛用于装夹法兰等盘类及杯形工件，也可用于装夹不太长的柱类工件。

4）数控铣床常用夹具及工件的装夹

(1) 通用夹具及工件的装夹。具体包括以下几个方面。

① 机床用平口虎钳。机床用平口虎钳结构如图 2-77所示。虎钳安装前需仔细清除工作台面和虎钳底面的杂物及毛刺，然后将虎钳定位键对准工作台T形槽，找正虎钳方向，调整两钳口平行度，最后紧固虎钳。工件在机床用平口虎钳上装夹时应注意：a. 装夹毛坯面或表面有硬皮时，钳口应加垫铜皮或铜钳口；b. 选择高度适当、宽度稍小于工件的垫铁，使工件的余量层高出钳口；在粗铣和半精铣时，应使铣削力

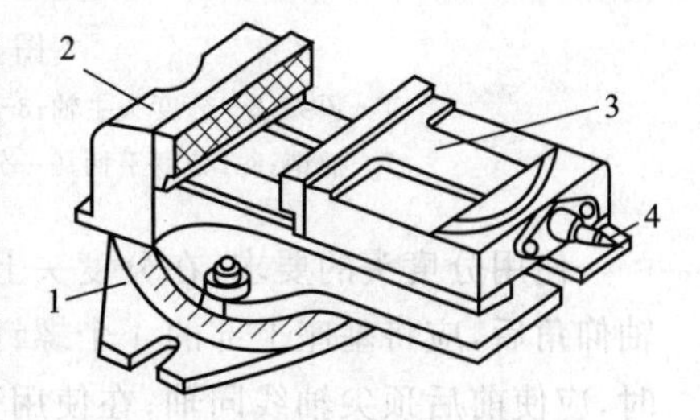

图 2-77　机床用平口虎钳

1—底座；2—固定钳口；3—活动钳口；4—螺杆

指向固定钳口；当工件的定位面和夹持面为非平行平面或圆柱面时，可采用更换钳口的方式装夹工件；为保证机床用平口虎钳在工作台上的正确位置，必要时用百分表找正固定钳口面，使其与工作台运动方向平行或垂直；夹紧时，应使工件紧密地靠在平行垫铁上；下件高出钳口或伸出钳口两端距离不能太多，以防铣削时产生振动。

② 压板。对中型、大型和形状比较复杂的零件，一般采用压板将工件紧固在数控铣床工作台台面上，如图 2-78 所示。压板装夹工件时所用工具比较简单，主要是压板、垫铁、T 形螺栓及螺母。为满足不同形状零件的装夹需要，压板的形状种类比较多。另外，在搭装压板时应注意搭装稳定和夹紧力的三要素。

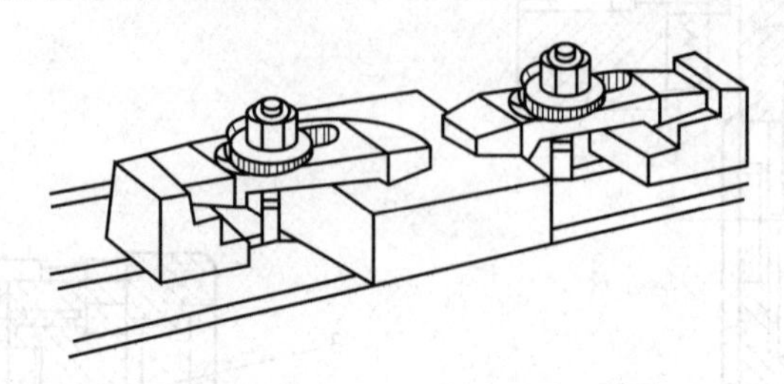

图 2-78 用压板装夹工件

③ 万能分度头。万能分度头是数控铣床常用的通用夹具之一，如图 2-79 所示。通常将万能分度头作为机床附件，其主要作用是对工件进行圆周等分分度或不等分分度。许多机械零件(如花键等)在铣削时，需要利用分度头进行圆周等分。万能分度头可把工件轴线装夹成水平、垂直或倾斜的位置，以便用两坐标加工斜面。

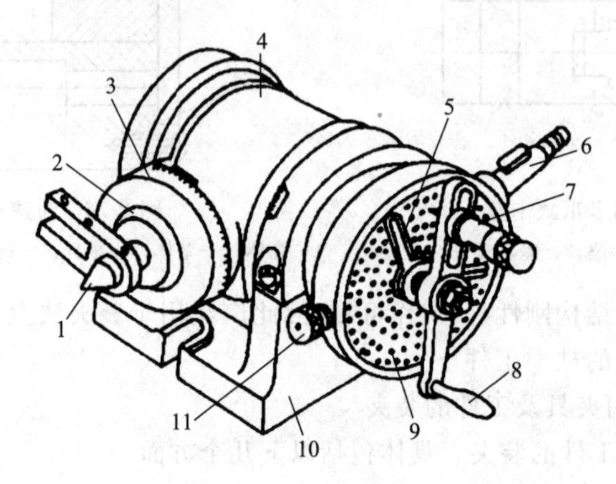

图 2-79 F125 万能分度头

1—顶尖；2—分度头主轴；3—刻度盘；4—壳体；5—分度叉；6—分度头外伸轴；
7—插销；8—分度手柄；9—分度盘；10—底座；11—锁紧螺钉

使用分度头的要求：在分度头上装夹工件时，应先销紧分度头主轴；调整好分度头主轴仰角后，应将基座上部的 4 个螺钉拧紧，以免零位移动；在分度头两顶尖之间装夹工件时，应使前后顶尖轴线同轴；在使用分度头时，分度手柄应朝一个方向转动，如果摇过正确的位置，需反摇多于超过的距离再摇回到正确的位置，以消除传动间隙。

④ 通用可调夹具。在多品种、小批量生产中，由于每种产品的生产周期较短，夹具更

换比较频繁。为了缩短生产准备时间，要求一个夹具不仅适用于一种工件，而且能适应结构形状相似的若干种类工件的加工，即对于不同尺寸或种类的工件，只需要调整或更换个别定位元件或夹紧元件即可使用，这种夹具称为通用可调夹具，它既具有通用夹具使用范围大的优点，又有专用夹具效率高的长处。图 2-80 所示为数控铣床上通用可调夹具系统。该系统由图示基础件和另外一套定位夹紧调整件组成。基础件为内装立式液压缸和卧式液压缸的平板，通过销与机床工作台的一个孔和槽对定，夹紧元件则从上或侧面把双头螺杆或螺栓旋入液压缸活塞杆。不用的对定孔可用螺塞封盖。

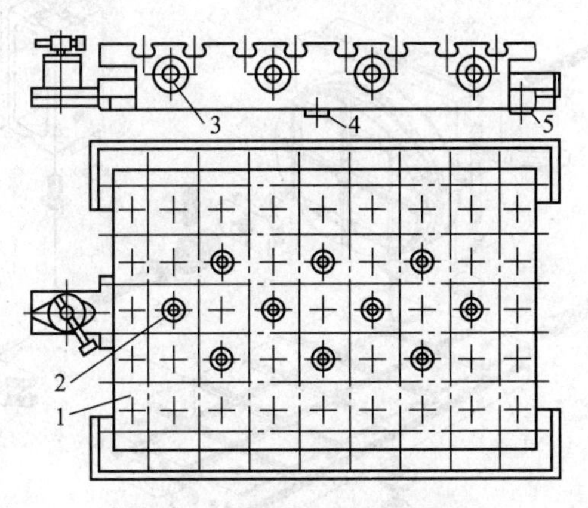

图 2-80　通用可调夹具系统

1—基础件；2—立式液压缸；3—卧式液压缸；4，5—销

(2) 组合夹具及工件的装夹。组合夹具是一种标准化、系列化、通用化程度很高的工艺装备，我国目前已基本普及。组合夹具由一套预先制造好的不同形状、不同规格、不同尺寸的标准元件及部件组装而成。图 2-81 所示为加工盘类零件的工序图，用来钻径向分度孔的组合夹具立体图及其分解图，如图 2-82 所示。

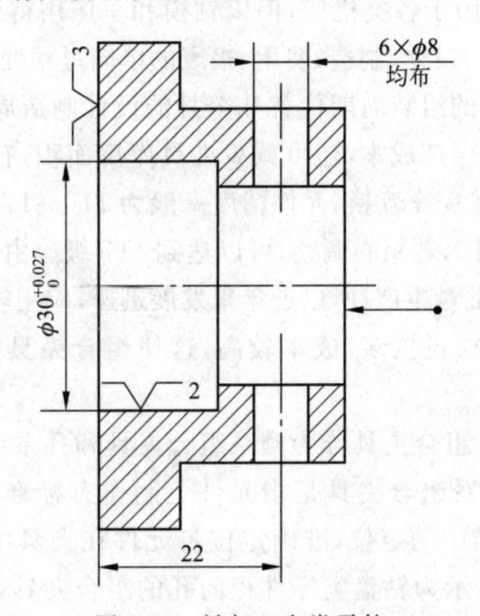

图 2-81　被加工盘类零件

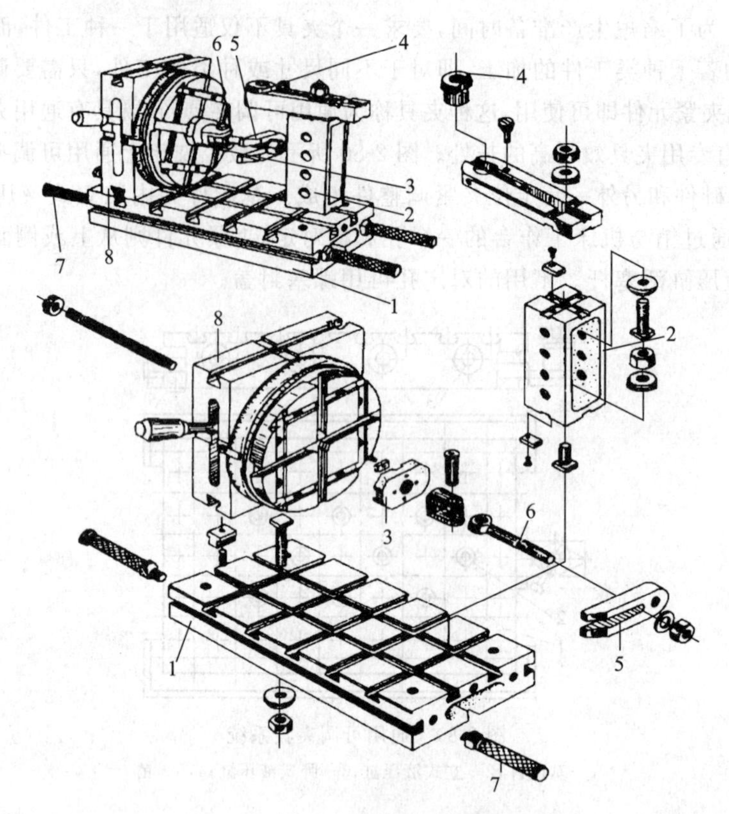

图 2-82 钻盘类零件径向孔的组合夹具

1—基础件；2—支承件；3—定位件；4—导向件；5—夹紧件；6—紧固件；7—其他件；8—合件

组合夹具是为某一工件的某一工序而组装的专用夹具，也可以组装成通用可调夹具或成组夹具。组合夹具适用于各类机床，但以钻模和车床用得最多。

组合夹具把专用夹具的设计、制造、使用、报废的单向过程变为组装、拆散、清洗入库、再组装的循环过程，用几小时的组装周期代替几个月的设计制造周期，从而缩短了生产周期，节省了工时和材料，降低了生产成本，还可减少夹具库房面积，有利于管理。组合夹具的元件精度高、耐磨，并且实现了完全互换，元件精度一般为 IT6～IT7。组合夹具加工的工件位置精度一般可达到 IT8～IT9，若精心调整，可以达到 IT7 级。由于优点较多，又特别适合于新产品的试制和多品种小批量生产，所以近年来发展迅速，应用较广。组合夹具的主要缺点是体积较大，刚度较差，一次投资多，成本较高，这使组合夹具的推广应用也受到了一定限制。

① 组合夹具的分类。组合夹具分为槽系组合夹具和孔系组合夹具两类。

a. 槽系组合夹具。槽系组合夹具是指元件上制作有标准间距的相互平行及垂直的 T 形槽或键槽，通过键在槽中的定位，准确定位各元件在夹具中的位置，元件之间通过螺栓连接和紧固。图 2-82 所示为钻盘类零件径向孔的组合夹具，由基础底板、支承件、钻模板和 V 形块等元件组成，元件间的相互位置都由可沿槽滑动的键在槽中的定位来决定，所以槽系组合夹具有很好的可调整性。20 世纪以来，很多厂家都在生产槽系组合夹具，其中著名的有英国的 Wharton、俄罗斯的 YCJI、中国的 CATIC 和德国的 Halder 等。

为了适应不同工厂、不同产品的需要，槽系组合夹具分大、中、小 3 种规格，其主要参数如表 2-8 所示。

表 2-8　槽系组合夹具的主要结构要素及性能

规格	槽宽/mm	槽距/mm	连接螺栓/(mm×mm)	键用螺钉/mm	支承件截面/mm^2	最大载荷/N	工件最大尺寸/(mm×mm×mm)
大型	$16^{+0.08}_{0}$	75±0.01	M16×1.5	M5	75×75 90×90	200000	2500×2500×1000
中型	$12^{+0.08}_{0}$	60±0.01	M12×1.5	M5	60×60	100000	1500×1000×500
小型	$8^{+0.015}_{0}$ $6^{+0.015}_{0}$	30±0.01	M8、M6	M3 M3、M2.5	30×30 22.5×22.5	50000	500×250×250

b. 孔系组合夹具。孔系组合夹具的元件用“一面两销”定位，属允许使用的过定位。孔系组合夹具的定位精度高。与槽系组合夹具相比较，孔系组合夹具的元件刚度高，制造和材料成本低，组装时间短，定位可靠，但装配的灵活性较差。在当今的制造业中，孔系和槽系组合夹具并存，但以孔系组合夹具更具有优势，已广泛应用于 NC 铣床、立式和卧式加工中心，也用于 FMS。

目前许多发达国家都有自己的孔系组合夹具。图 2-83 所示为德国 BIUCO 公司的孔系组合夹具组装示意图。元件与元件间用两个销钉定位，用一个螺钉紧固。定位孔孔径有 10mm、12mm、16mm、24mm 4 个规格；相应的孔距为 30mm、40mm、50mm、80mm；孔径公差为 H7，孔距公差为±0.01mm。

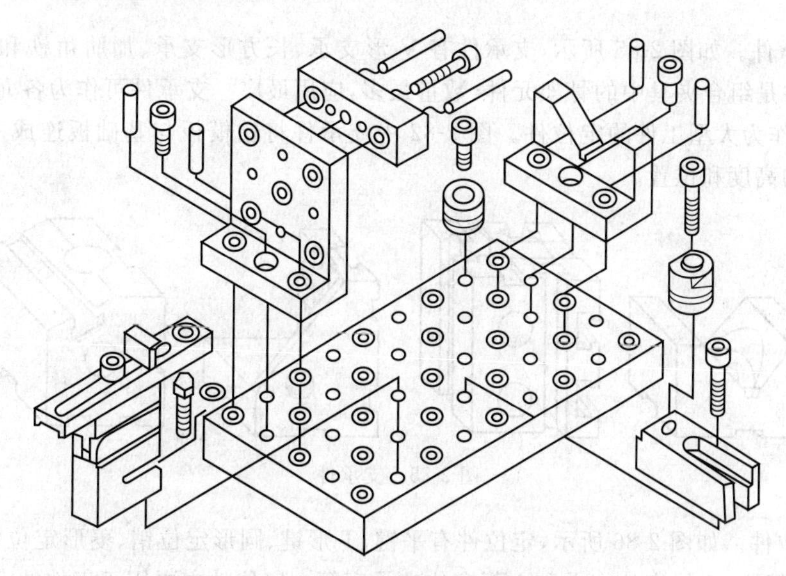

图 2-83　BIUCO 孔系组合夹具组装示意图

有关槽系和孔系两种组合夹具的全面比较如表 2-9 所示。

表 2-9 槽系和孔系组合夹具的比较

比较项目	槽系组合夹具	孔系组合夹具
夹具刚度	低	高
组装方便和灵活性	好	较差
对工人装配技术的要求	高	较低
夹具定位元件尺寸调整	方便,可作无级调节	不方便,只能作有级调节
夹具上是否具备 NC 机床需要的原点	需要专门制作元件	任何定位均可作为原点
制造成本	高	低
元件品种数量	多	较少
合件化程度	低	较高

② 组合夹具的元件。包括以下几个方面。

a. 基础件。如图 2-84 所示,基础件有长方形、圆形、方形及基础角铁等,常作为组合夹具的夹具体。图 2-82 中的基础件为长方形基础板做的夹具体。

图 2-84 基础件

b. 支承件。如图 2-85 所示,支承件有 V 形支承、长方形支承、加肋角铁和角度支承等。支承件是组合夹具中的骨架元件,数量最多,应用最广。支承件可作为各元件间的连接件,又可作为大型工件的定位件。图 2-82 中支承件将钻模板与基础板连成一体,并保证钻模板的高度和位置。

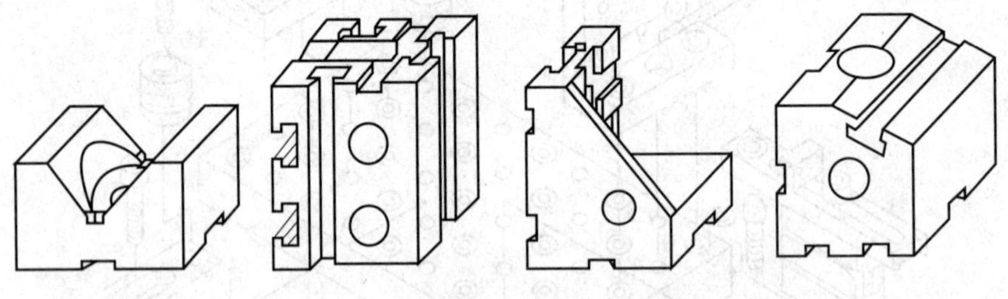

图 2-85 支承件

c. 定位件。如图 2-86 所示,定位件有平键、T 形键、圆形定位销、菱形定位销、圆形定位盘、定位接头、方形定位支承和六菱定位支承座等。定位件主要用于工件的定位及元件之间的定位。图 2-82 中,定位件为菱形定位盘,用于工件的定位;支承件与基础件、钻模板之间的平键、合件(端齿分度盘)与基础件的 T 形键,均用于元件之间的定位。

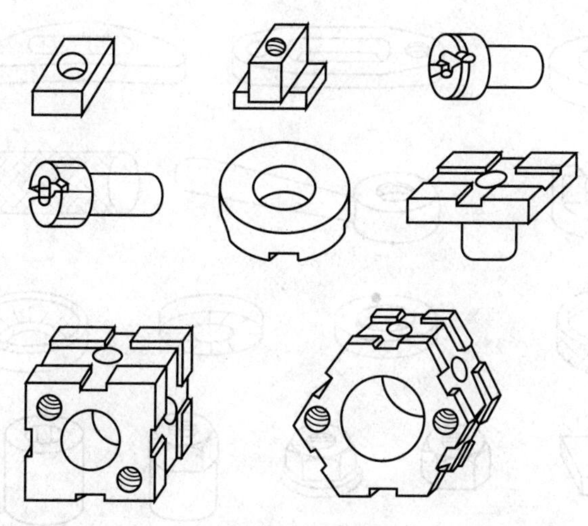

图 2-86　定位件

d. 导向件。如图 2-87 所示，导向件有固定钻套、快换钻套、钻模板（包括左、右偏心钻模板、立式钻模板）等。导向件主要用于确定刀具与夹具的相对位置，并起引导刀具的作用。图 2-82 中，安装在钻模板上的导向件为快换钻套。

e. 夹紧件。如图 2-88 所示，夹紧件有弯压板、摇板、U 形压板、叉形压板等。夹紧件主要用于压紧工件，也可用作垫板和挡板。图 2-82 中的夹紧件为 U 形压板。

f. 紧固件。如图 2-89 所示，紧固件有各种螺栓、螺钉、垫圈、螺母等。紧固件主要用于紧固组合夹具中的各种元件及压紧被加工件。由于紧固件在一定程度上影响整个夹具的刚性，所以螺纹件均采用细牙螺纹，可增加各元件之间的连接强度。同时所选用的材料、制造精度及热处理等要求均高于一般标准紧固件。图 2-82 中，紧固件为关节螺栓，用来压紧工件，且各元件间均采用槽用方头螺栓、螺钉、螺母、垫圈等紧固件。

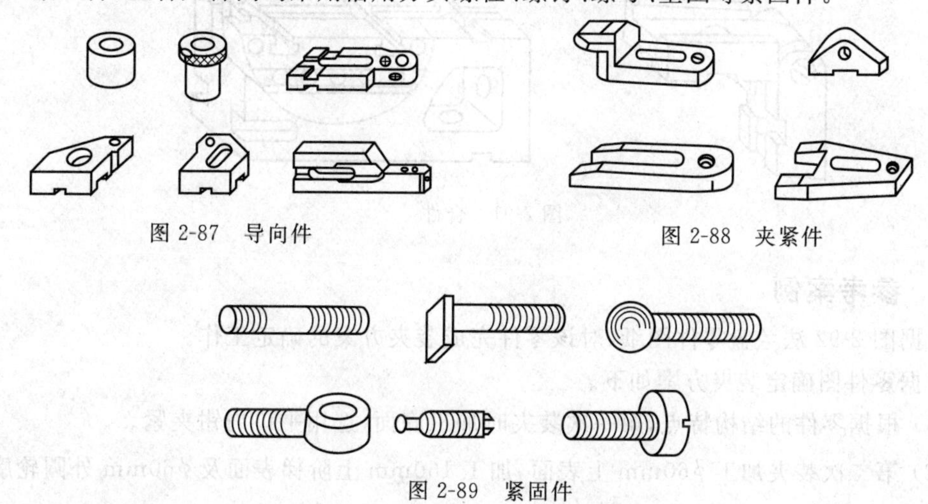

图 2-87　导向件

图 2-88　夹紧件

图 2-89　紧固件

g. 其他件。其他件是指以上 6 类元件之外的各种辅助元件，包括三爪支承、支承环、手柄、连接板、平衡块等，如图 2-90 所示。图 2-82 中，4 个手柄就属于此类元件，用于夹具的搬运。

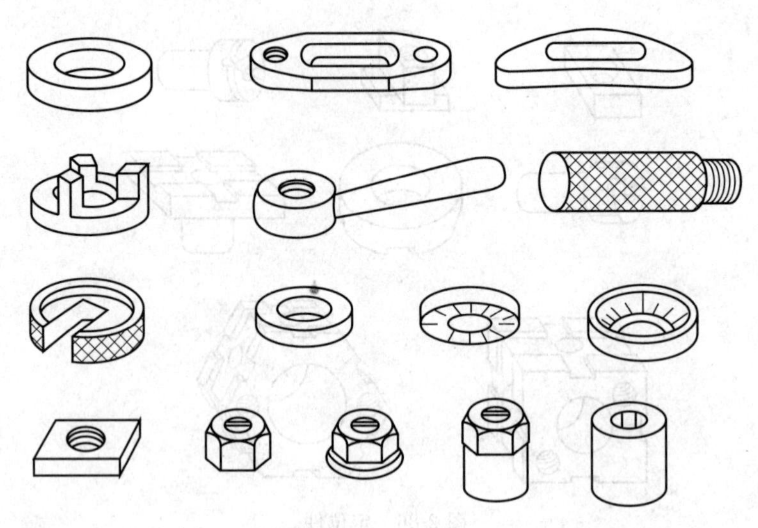

图 2-90 其他件

h. 合件。合件由若干零件组合而成，是在组装过程中不拆散使用的独立部件，包括尾座、可调 V 形块、折合板、回转支架等，如图 2-91 所示。使用合件可以扩大组合夹具的使用范围，加快组装速度，简化组合夹具的结构，减小夹具体积。图 2-82 中的合件为端齿分度盘。

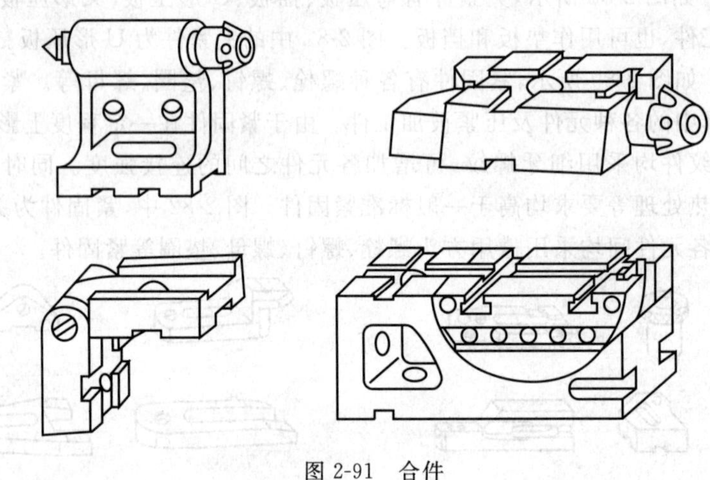

图 2-91 合件

2.2.3 参考案例

根据图 2-92 法兰盘零件图纸，对该零件完成装夹方案的确定工作。

根据零件图确定装夹方案如下。

(1) 根据零件的结构特点，第一次装夹时加工底面，选用平口虎钳夹紧。

(2) 第二次装夹加工 ϕ60mm 上表面，加工 160mm 上阶梯表面及 ϕ60mm 外圆轮廓，加工 ϕ40H7mm 的内孔、ϕ13mm 和 ϕ22mm 阶梯孔，选用平口虎钳夹紧，但需要注意的是工件宜高出钳口 25mm 以上，下面用垫块，垫块的位置要适当，应避开钻通孔加工时钻头伸出的位置。

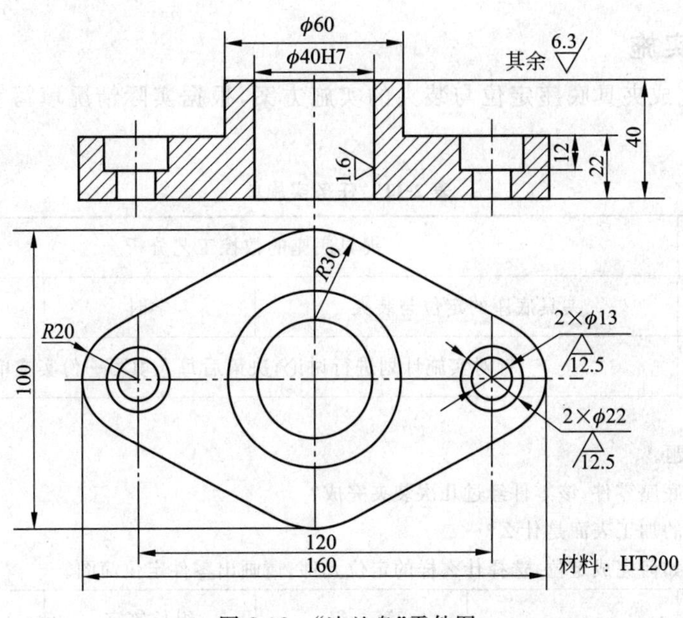

图2-92 “法兰盘”零件图

(3) 铣削底板的菱形外轮廓时，采用典型的一面两孔定位方式，即以底面、ϕ40H7mm和一个ϕ13mm孔定位，用螺纹压紧的方法夹紧工件。测量工件零点偏置值时，应以ϕ40H7mm已加工孔面为测量面在主轴上装百分表，通过百分表打表打到ϕ40H7mm的孔心，该孔心的机械坐标值就是工件X、Y向的零点偏置值。

2.2.4 制订计划

明确如何完成夹具底座定位与装夹及完成步骤，根据实际情况制订如表2-10所示计划单。

表2-10 任务计划单

<table>
<tr><td>学习项目2</td><td colspan="5">夹具底座的数控工艺分析</td></tr>
<tr><td>学习任务2</td><td colspan="3">夹具底座的定位与装夹</td><td>学时</td><td></td></tr>
<tr><td>计划方式</td><td colspan="5">制订计划和工艺</td></tr>
<tr><td>序号</td><td colspan="4">实 施 步 骤</td><td>使用工具</td></tr>
<tr><td></td><td colspan="4"></td><td></td></tr>
<tr><td></td><td colspan="4"></td><td></td></tr>
<tr><td></td><td colspan="4"></td><td></td></tr>
<tr><td></td><td colspan="4"></td><td></td></tr>
<tr><td></td><td colspan="4"></td><td></td></tr>
<tr><td></td><td colspan="4"></td><td></td></tr>
<tr><td rowspan="3">计划评价</td><td>班级</td><td></td><td>第 组</td><td>组长签字</td><td></td></tr>
<tr><td>教师签字</td><td></td><td></td><td>日期</td><td></td></tr>
<tr><td>评语</td><td colspan="4"></td></tr>
</table>

2.2.5 任务实施

明确如何完成夹具底座定位与装夹的实施方案，根据实际情况填写表 2-11 任务实施单。

表 2-11 任务实施单

学习项目 2	夹具底座的数控工艺分析			
学习任务 2	夹具底座的定位与装夹		学时	
实施方式	针对实施计划进行讨论，决策后每人填写一份实施单			
实施内容： 回答下列问题。 1. 分析夹具底座零件，该零件经过几次装夹完成？ 2. 每次装夹的加工表面是什么？ 3. 每次装夹如何完成定位，选择什么样的定位元件，请画出零件定位简图。				
班级		第　组	组长签字	
教师签字		日期		

2.2.6 任务评价

根据学生完成任务的情况及课堂表现，教师填写表 2-12 任务评价单。

表 2-12 任务评价单

评价等级 （在对应等级前打√）	等级分类	评　价　标　准		
	优秀	能高质量、高效率地完成定位与装夹		
	良好	能在无教师指导下完成定位与装夹		
	中等	能在教师的偶尔指导下完成定位与装夹		
	合格	能在教师的全程指导下完成定位与装夹		
班级		第　组	姓名	
教师签字		日期		

任务 2.3 夹具底座加工工艺路线的拟订

2.3.1 任务单

拟订夹具底座的加工工艺路线的任务单如表 2-13 所示。

表 2-13 项目任务单

学习项目 2	夹具底座的数控工艺分析		
学习任务 3	夹具底座加工工艺路线的拟订	学时	
布 置 任 务			
学习目标	1. 掌握夹具底座零件的加工工艺路线的制订。 2. 掌握夹具底座零件的加工方法的选择。 3. 掌握如何确定轴类零件的加工顺序。		
任务描述	1. 选择合理的表面加工方法。 2. 选择正确的加工顺序。 3. 制订合理的加工路线。 4. 填写任务单。		
对学生的要求	1. 小组讨论夹具底座零件的工艺路线方案。 2. 小组讨论夹具底座零件的选择及加工的方法。 3. 小组讨论夹具底座类零件的加工顺序。		
学时安排			

2.3.2 任务相关知识

1. 加工方法的选择

1）平面加工方法的选择

数控铣削平面主要采用端铣刀、立铣刀和面铣刀进行加工。粗铣的尺寸精度和表面粗糙度一般可以达到 IT10～IT12 和 Ra6.3～25μm；精铣的尺寸精度和表面粗糙度一般可以达到 IT7～IT9 和 Ra1.6～6.3μm；当零件表面粗糙度要求较高时，应采用顺铣的方式。

2）平面轮廓的加工方法

平面轮廓类零件的表面由直线、圆弧或各种曲线构成，通常采用三坐标数控铣床进行两轴半坐标加工。图 2-93 所示为由直线和圆弧构成的零件平面轮廓 $ABCDEA$，采用半径为 R 的立铣刀沿圆周方向加工，虚线 $A'B'C'D'E'A'$ 为刀具中心的运动轨迹。为保证加工表面光滑，刀具沿 PA' 切入，沿 $A'K$ 切出。

3）曲面轮廓的加工方法

立体曲面的加工应根据曲面形状、刀具形状及精度要求采用不同的铣削加工方法，如两轴半、三轴、四轴及五轴等联动加工。

(1) 对曲率变化不大和精度要求不高的曲面粗加工，常采用两轴半坐标的行切法，即 X、Y、Z 三轴中任意两轴做联动插补，第三轴作单独的周期进给。如图 2-94 所示为两轴半坐标行切法加工曲面。行切法加工，即刀具与零件轮廓的切点轨迹是一行一行的，行间距按零件加工精度要求而确定。

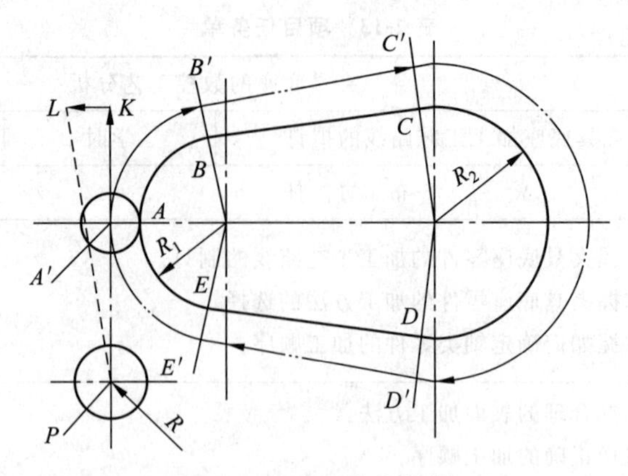

图 2-93 平面轮廓铣削

(2) 对曲率变化较大和精度要求较高的曲面进行精加工时，常用 X、Y、Z 三坐标联动插补的行切法。如图 2-95 所示为三轴联动行切法加工曲面的切削点轨迹。

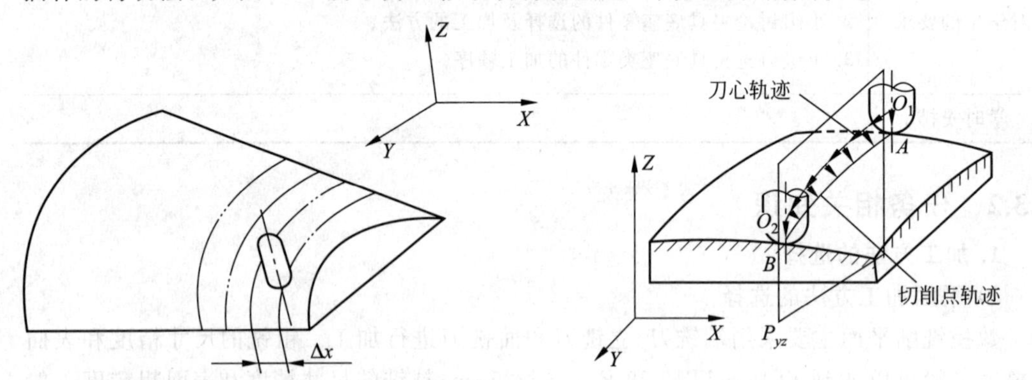

图 2-94 两轴半坐标行切法加工曲面　　图 2-95 三轴联动行切法加工曲面的切削点轨迹

(3) 对叶轮、螺旋桨等复杂零件，因其叶片形状复杂，刀具容易与相邻表面发生干涉，故常采用 X、Y、Z、A、B 的五坐标联动数控铣床进行加工。

2. 划分加工阶段

1) 加工阶段的划分

当数控铣削零件的加工质量要求较高时，往往需要经过几道工序逐步达到所要求的加工质量。为保证加工质量和合理地使用设备，零件的加工过程通常按工序性质的不同，分为粗加工、半精加工、精加工和光整加工四个阶段。

(1) 粗加工阶段。该阶段的主要任务是切除各表面大部分余量，其目的是提高生产效率。

(2) 半精加工阶段。该阶段的任务是使主要表面达到一定的精度，留有一定的精加工余量，为主要表面的精加工做好准备，并完成一些次要表面的加工，如扩孔、攻螺纹、铣键槽等。

(3) 精加工阶段。该阶段的任务是保证各主要表面达到图纸规定的尺寸精度和表面粗糙度要求，其主要目标是保证加工质量。

(4) 光整加工阶段。该阶段的任务是提高尺寸精度、减小表面粗糙度。

2) 划分加工阶段的目的

(1) 保证加工质量。通过半精加工和精加工纠正粗加工产生的误差和变形,并逐步提高零件的加工精度和表面质量。

(2) 合理使用设备,避免以精干粗,充分发挥机床的性能,延长使用寿命。

(3) 便于安排热处理工序,使冷热加工工序配合得更好,热处理变形可以通过精加工予以消除。

(4) 有利于及早发现毛坯的缺陷,以免继续加工造成资源的浪费。

加工阶段的划分不是绝对的,必须根据工件的加工精度要求和工件的刚性来决定。一般来说,工件精度要求越高、刚性越差,划分阶段应越细;当工件批量较小、精度要求不高、工件刚性较好时也可以一次加工完成。

3) 划分加工工序

数控铣削的加工对象根据机床的不同也不同。立式数控铣床一般适用于加工平面凸轮、样板、形状复杂的平面或立体曲面零件,以及模具的内、外型腔等。卧式数控铣床适用于加工箱体、泵体、壳体等零件。

在数控铣床上加工零件,工序比较集中,一般只需一次装夹即可完成全部工序的加工。为了提高数控铣床的使用寿命,保持数控铣床的精度,降低零件的加工成本,通常把零件的粗加工,特别是零件的基准面、定位面先在普通机床上进行加工。单件小批量生产时,通常采用工序集中原则;成批生产时,可按工序集中原则划分,也可按工序分散原则划分,应视具体情况而定。对于结构尺寸和重量都较大的重型零件,应采用工序集中原则,以减少装夹次数和运输量。对于刚性差、精度高的零件,应按工序分散原则划分工序。

在数控铣床上加工零件,一般工序的划分方法有以下几种。

(1) 刀具集中分序法。按所用刀具来划分工序,用同一把刀具加工完成所有可以加工的部位,然后换刀。这种方法可以减少不必要的定位误差。

(2) 粗、精加工分序法。根据零件的形状和尺寸精度等要求,按粗、精加工分开的原则,先粗加工,再半精加工,最后精加工。

(3) 加工部位分序法。即先加工平面、定位面,再加工孔;先加工形状简单的几何形状,再加工复杂的几何形状;先加工精度比较低的部位,再加工精度比较高的部位。

(4) 安装次数分序法。以一次安装完成的部分工艺过程作为一道工序。这种划分方法适用于工件的加工内容不多,加工完成即能达到待检状态。

4) 确定加工工序

数控铣削加工顺序安排得合理与否,直接影响零件的加工质量、生产效率和加工成本。应根据零件的结构和毛坯状况,结合定位及夹紧的需要综合考虑,重点应保证工件的刚度不被破坏,尽量减少变形。各工序的先后顺序通常要遵循如下原则。

(1) 基面先行原则。用作精基准的表面要先加工出来。因为定位基准的表面越精确,装夹误差就越小。

(2) 先粗后精原则。各个表面的加工顺序按照粗加工→半精加工→精加工→光整加工的顺序依次进行，逐步提高表面的加工精度和减小表面粗糙度。

(3) 先主后次原则。零件的主要工作表面、装配基面应先加工，从而及早发现毛坯中主要表面可能出现的缺陷。次要表面可穿插进行，如键槽、紧固用的光孔和螺纹孔等加工，可放在主要加工表面加工到一定程度后，在最终精加工之前进行。

(4) 先面后孔原则。对箱体、支架类零件，平面轮廓尺寸较大，一般先加工平面，再加工孔和其他尺寸。这样安排加工顺序，一方面用加工过的平面定位，稳定可靠；另一方面在加工过的平面上加工孔，孔加工的编程数据比较容易确定，并能提高孔的加工精度，特别是钻孔时的轴线不易歪斜。

(5) 先内后外原则。先进行内型腔加工，后进行外形加工。

一般情况下，数控铣削加工零件的大致顺序是：加工精基准→粗加工主要表面→加工次要表面→安排热处理工序→精加工主要表面→最终检查。

5) 数控铣削工序的各工步顺序

由于数控机床集中工序加工的特点，在数控铣床或加工中心的一个加工工序一般为多工步，使用多把刀具，因此在一个加工工序中应合理安排工步顺序，以保证加工精度、加工效率、刀具数量和经济性。安排工步时除考虑通常的工艺要求之外，还应考虑下列因素。

(1) 以相同定位、夹紧方式或同一把刀具加工的内容，最好接连进行，以减少刀具更换次数，节省辅助时间。可以用同一把钻头把不在同一高度的中心孔一次加工完成，如图 2-96 所示。

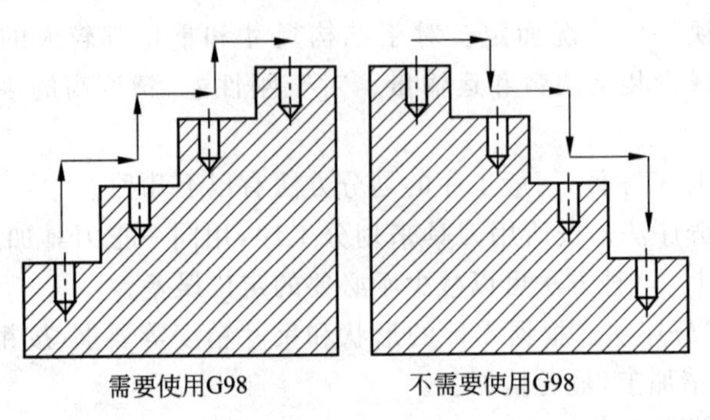

图 2-96 不在同一高度的中心孔一次加工完成

(2) 在一次安装的工序中进行的多个工步，应先安排对工件刚性破坏较小的工步。

(3) 工步顺序安排和工序顺序安排的原则相似，如都应遵循由粗到精的原则。先进行重切削、粗加工，去除毛坯大部分加工余量，然后安排一些发热小、加工要求不高的加工内容(如钻小孔、攻螺纹等)，最后再精加工。如对箱体类零件的结构加工，集中原来普通机床需要的多个工序，成为 CNC 加工中心中的一个工序，该工序的加工顺序建议参照以下顺序：粗铣大端面→粗镗孔、半精镗孔→立铣刀加工→加工中心孔→钻孔→攻螺纹→孔和平面精加工。

(4) 考虑走刀路线，减少空行程。在决定某一结构的加工顺序时，还应兼顾邻近加工结构的加工顺序是否可以合并在一起进行加工，以减少换刀次数和空行程移动量。

3. 进给加工路线的确定

1) 铣削加工的特点和方式

(1) 铣削特点概述。铣削是铣刀旋转做主运动,工件或铣刀作进给运动的切削加工方法。数控铣削是一种应用非常广泛的数控切削加工方法,能完成数控铣削加工的设备主要是数控铣床和加工中心。

数控铣削与数控车削相比较有以下特点。

① 多刃切削。铣刀同时有多个刀齿参加切削,生产效率较高。

② 断续切削。铣削时,刀齿依次切入和切出工件,易引起周期性的冲击振动。

③ 半封闭切削。铣削的刀齿较多,所以每个刀齿的容屑空间较小,呈半封闭状态,容屑和排屑条件较差。

(2) 圆周铣削和端面铣削。铣刀对平面的加工有圆周铣削(以下简称周铣)与端面铣削(以下简称端铣)两种方式,如图 2-97 所示。同样是平面加工,其方法不同对质量影响的因素也不同。周铣平面时,平面度的好坏主要取决于铣刀的圆柱素线的直线度,因此,在精铣平面时,铣刀的圆柱度一定要好。用端铣的方法铣出的平面,其平面度的好坏主要取决于铣床主轴轴线与进给方向的垂直度。具体比较如下。

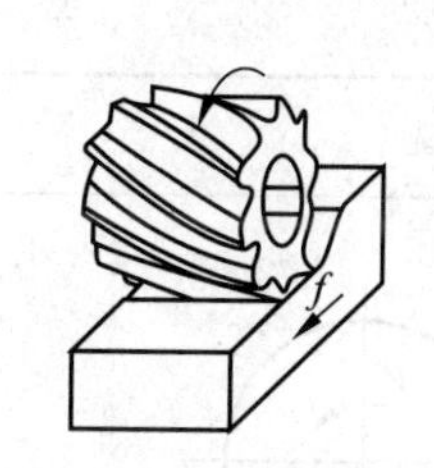

(a) 圆柱铣刀的周铣

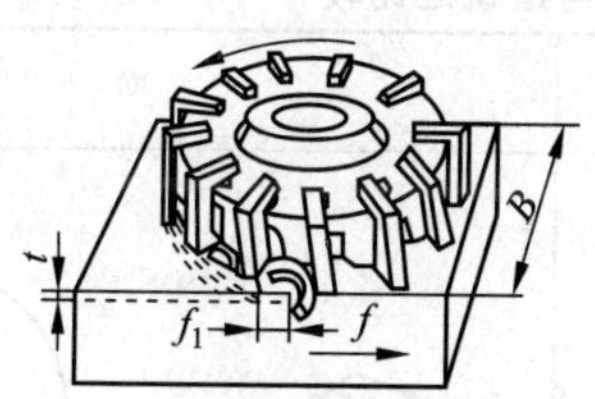

(b) 端铣刀的端铣

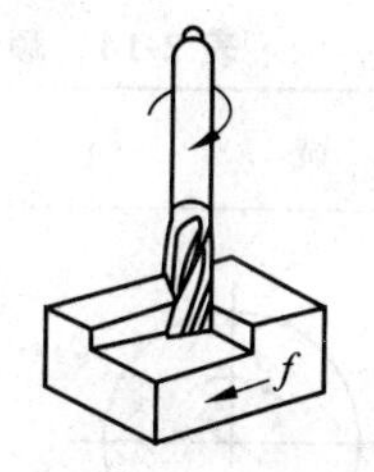

(c) 立铣刀同时周铣和端铣

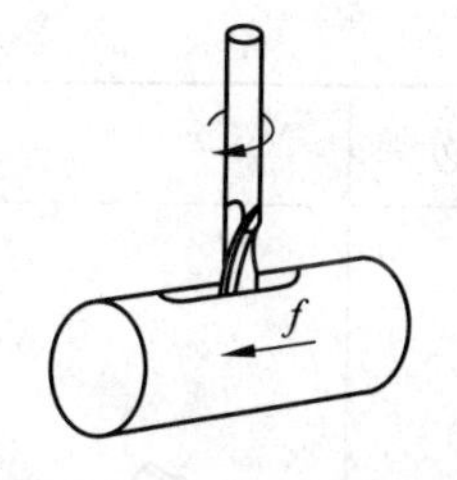

(d) 键槽铣刀的周铣和端铣

图 2-97　铣刀平面加工的周铣和端铣

① 端铣用的面铣刀装夹刚性较好,铣削时振动较小;而周铣用的圆柱铣刀刀杆较长、直径较小、刚性较差,容易产生弯曲变形和引起振动。

② 端铣时同时工作的刀齿数比周铣时多,工作较平稳。这是因为端铣时刀齿在铣削层宽度的范围内工作,而周铣时刀齿仅在铣削层侧向深度的范围内工作。一般情况下,铣削层宽度比铣削层深度要大得多,所以端铣的面铣刀和工件的接触面较大,同时工作的刀齿数也多,铣削力波动较小。在周铣时,为了减小振动,可选用大螺旋角铣刀弥补这一缺点。

③ 端铣用面铣刀切削,其刀齿的主、副切削刃同时工作,由主切削刃切去大部分余量,副切削刃起修光作用,铣刀齿刃负荷分配也较合理,铣刀使用寿命较长,且加工表面的表面粗糙度也比较小。周铣时,只有圆周上的主切削刃工作,不但无法消除加工表面的残留面积,而且铣刀装夹后的径向圆跳动也会反映到加工工件的表面上。

④ 端铣的面铣刀便于镶装硬质合金刀片进行高速铣削和阶梯铣削,生产效率较高,铣削表面质量也比较好。周铣用的圆柱铣刀镶装硬质合金刀片则比较困难。

⑤ 精铣削宽度较大的工件时,周铣用的圆柱铣刀一般都要接刀铣削,故会残留有接

刀痕迹。而端铣时，则可用较大的盘形铣刀一次铣出工件的全宽度，无接刀痕迹。

⑥ 周铣用的圆柱铣刀可采用大刃倾角，以充分发挥刃倾角在铣削过程中的作用。对铣削难加工的材料(如不锈钢、耐热合金等)效果较好。

综上所述，一般情况下，铣平面时，端铣的生产效率和铣削质量都比周铣高，因此，应尽量采用端铣来铣平面。铣削韧性较大的不锈钢等材料时，可以考虑采用大螺旋角铣刀进行周铣。总之，在选择周铣与端铣两种铣削方式时，一定要以当时的铣床和铣刀条件、被铣削加工工件结构特征和质量要求等因素进行综合考虑。

(3) 顺铣与逆铣。下面详细介绍周铣和端铣时的顺铣和逆铣。

周铣时，因为工件与铣刀的相对运动不同，就会产生顺铣和逆铣，二者之间的不同如表 2-14 所示。

端铣有三种铣削方式：对称铣削、不对称逆铣、不对称顺铣。对称铣削方式中，刀具沿槽或表面的中心线运动，进给加工过程中同时存在顺铣和逆铣，刀具在中心线的一侧顺铣，而在另一侧逆铣。对于大多数端面铣削，保证顺铣是最好的选择(顺铣和逆铣在周铣中的应用比端铣中的应用更为常见)。端铣的顺铣和逆铣的三种方式见表 2-15。

表 2-14 顺铣与逆铣之比较

分类	顺 铣	逆 铣
图示	V　F纵　F垂　F	V　F　F垂　F纵
注解	切削处刀具的旋转方向与工件的送进方向一致。通俗来说，是刀齿追着材料“咬”，刀齿刚切入材料时切得深，而脱离工件时则切得少。顺铣时，作用在工件上的垂直铣削力始终向下，能起到压住工件的作用，对铣削加工有利，而且垂直铣削力的变化较小，故产生的振动也小，机床受冲击小，有利于减小工件加工表面的粗糙度，从而得到较好的表面质量，同时顺铣也有利于排屑，数控铣削加工一般尽量采用顺铣法	切削处刀具的旋转方向与工件的送进方向相反。通俗来说，是刀齿迎着材料“咬”，刀齿刚切入材料时切得薄，而脱离工件时则切得厚。这种方式机床受冲击较大，加工后的表面不如顺铣光洁，消耗在工件进给运动上的动力较大。由于铣刀刀刃在加工表面要滑动一小段距离，所以刀刃容易磨损。但对于表面有硬皮的毛坯工件，顺铣时铣刀刀齿一开始就切削到硬皮，切削刃容易损坏，而逆铣时则无此问题

表 2-15　端铣的顺铣和逆铣的三种方式

分类	图示	注　释
对称铣削	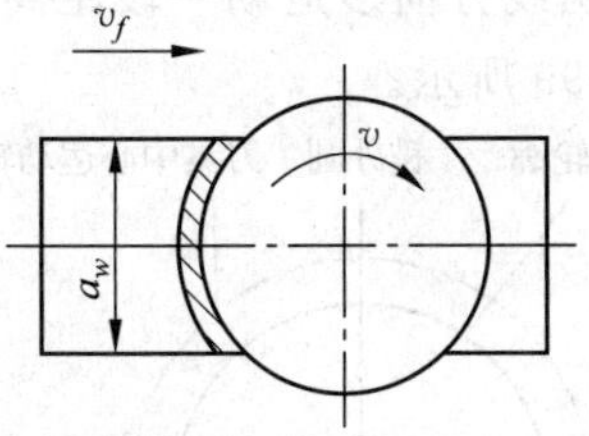	铣刀位于工件的对称线上，切入和切出处铣削宽度最小又不为零，因此，对铣削具有冷硬层的淬钢有利，其切入边为逆铣，切出边为顺铣
不对称逆铣	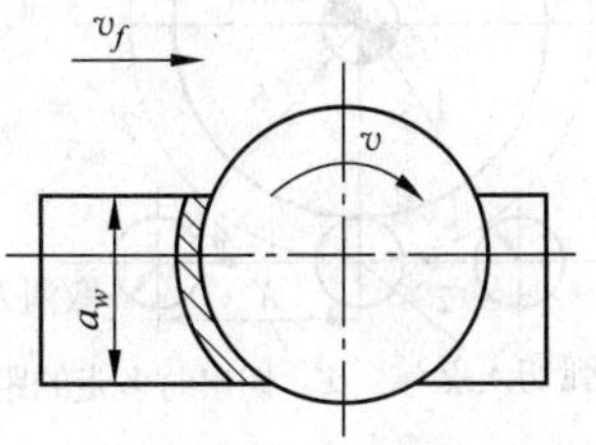	铣刀以最小铣削厚度（不为零）切入工件，以最大厚度切出工件。因切入厚度较小，减小了冲击，对提高铣刀耐用度有利，适合于铣削碳钢和一般合金钢
不对称顺铣	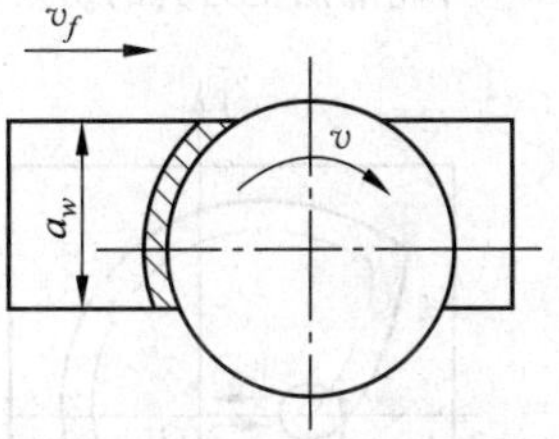	铣刀以较大铣削厚度切入工件，又以较小厚度切出工件，虽然铣削时具有一定的冲击性，但可以避免刀刃切入冷硬层，适合于铣削冷硬性材料与不锈钢、耐热合金等

(4) 逆铣、顺铣的选择。当工件表面有硬皮、机床的进给机构有间隙时，应选用逆铣。因为逆铣时刀齿从已加工表面切入时不会崩刃，机床进给机构的间隙不会引起振动和爬行，所以粗铣时尽量采用逆铣。当工件表面无硬皮、机床进给机构无间隙时，应选用顺铣。因为顺铣加工后，零件表面质量好，刀齿磨损小，因此精铣时，应尽量采用顺铣。在机床主轴正向旋转，刀具为右旋铣刀时，顺铣正好符合左刀补（即 G41），逆铣正好符合右刀补（即 G42）。所以，一般情况下，精铣用 G41 建立刀具半径补偿，粗铣用 G42 建立刀具半径补偿。

2) 加工工艺路线

在确定数控铣削加工路线时，应遵循以下原则：保证零件的加工精度和表面粗糙度；使走刀路线最短，减少刀具空行程时间，提高加工效率；使节点数值计算简单，程序段数量少，以减少编程工作量；最终轮廓一次走刀完成。

(1) 铣削平面类零件的加工路线。铣削平面类零件外轮廓时，一般采用立铣刀侧刃进行切削。为减少接刀痕迹，保证零件表面质量，对刀具的切入和切出程序需要精心设计。

① 铣削外轮廓的加工路线如下。

a. 铣削平面零件外轮廓刀具切入工件时，应避免沿零件外轮廓的法向切入，而应沿切削起始点的延长线切向逐渐切入工件，保证零件曲线的平滑过渡，以避免加工表面产生划痕。在切离工件时，也应避免在切削终点处直接抬刀，要沿着切削终点延伸线逐渐切离工件。如图 2-98 所示。

b. 当用圆弧插补方式铣削外整圆时，要安排刀具从切向进入圆周铣削加工，当整圆加工完毕后，不要在切点 2 处直接退刀，而应让刀具沿切线方向多运动一段距离，以免取消刀补时，刀具与工件表面碰撞，造成工件报废，如图 2-99 所示。

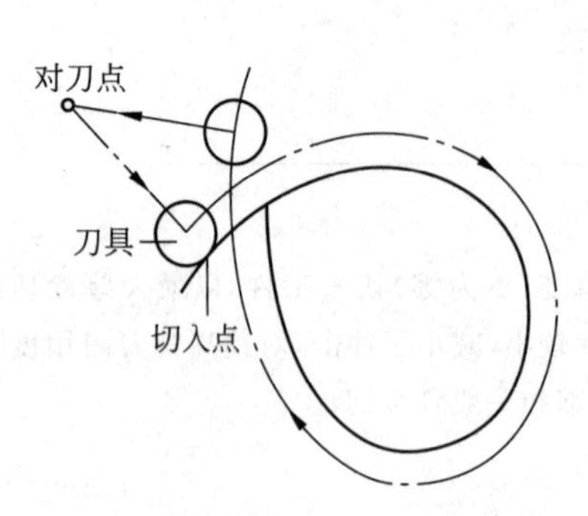

图 2-98 外轮廓加工刀具的切入和切出

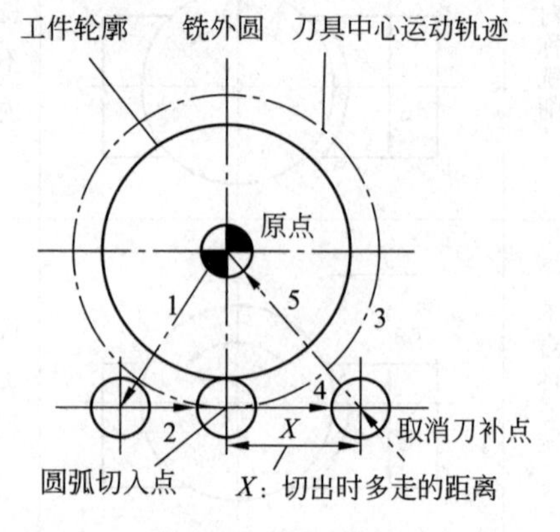

图 2-99 外轮廓加工刀具的切入和切出

② 铣削内轮廓的加工路线如下。

a. 铣削封闭的内轮廓表面时，若内轮廓曲线允许外延，则应沿切线方向切入切出。若内轮廓曲线不允许外延(如图 2-100 所示)，则刀具只能沿内轮廓曲线的法向切入切出，并将其切入、切出点选在零件轮廓两几何元素的交点处。当内部几何元素相切无交点时，为防止刀补取消时在轮廓拐角处留下凹口，刀具切入、切出点应远离拐角，如图 2-101 所示。

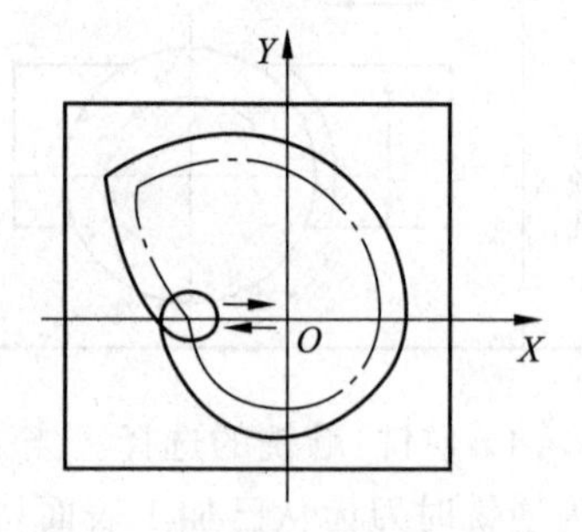

图 2-100 内轮廓加工刀具的切入和切出

b. 当用圆弧插补铣削内圆弧时，也要遵循从切向切入、切出的原则，最好安排从圆弧过渡到圆弧的加工路线，以提高内孔表面的加工精度和质量，如图 2-102 所示。

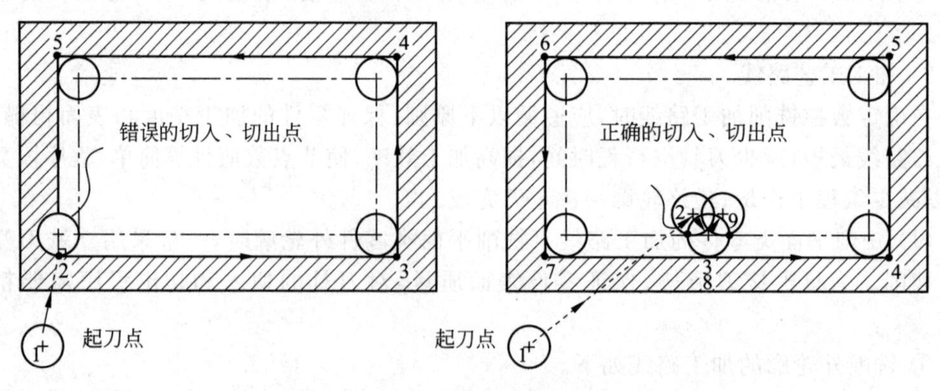

图 2-101 无交点内轮廓加工刀具的切入和切出

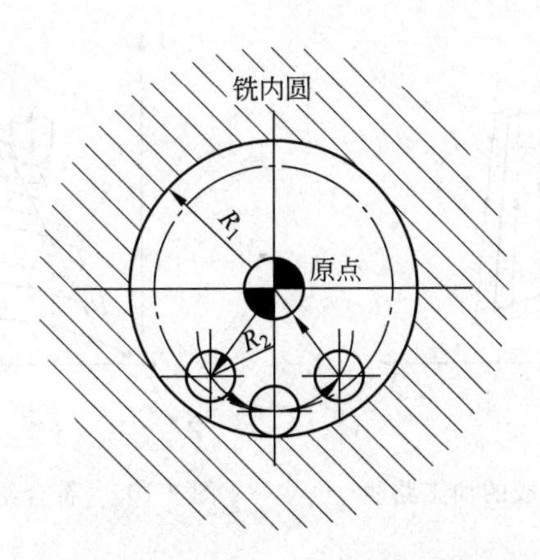

图 2-102　内轮廓加工刀具的切入和切出

(2) 铣削内槽的加工路线。内槽是指以封闭曲线为边界的平底凹槽，一般用平底立铣刀加工，刀具圆角半径应符合内槽的图纸要求。图 2-103 所示为加工内槽的三种进给路线，分别为行切法、环切法和行切法＋环切法。行切法和环切法进给路线都能切净内腔中的全部面积，不留死角，不伤轮廓，同时尽量减少重复进给的搭接量。行切法加工，刀具与零件轮廓的切点轨迹是一行一行的，行间距按零件加工精度要求而确定。行切法的进给路线比环切法短，但行切法会在每两次进给的起点与终点间留下残留面积，达不到所要求的表面粗糙度。环切法获得的表面粗糙度优于行切法，但环切法需要逐次向外扩展轮廓线，刀位点计算较复杂。先用行切法切去中间部分余量，再用环切法环切一刀光整轮廓表面，能使进给路线较短，并获得较好的表面粗糙度。

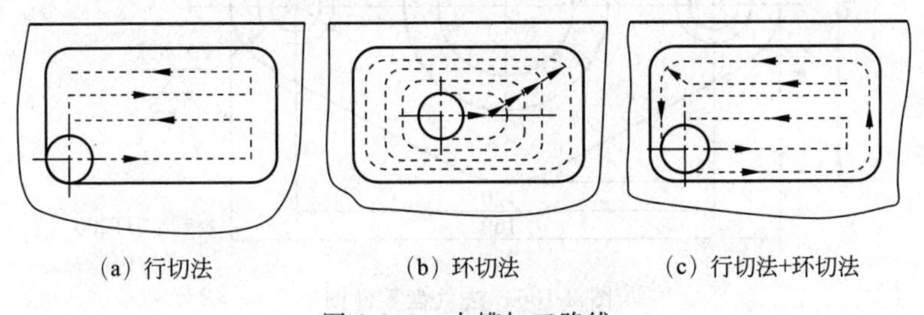

(a) 行切法　　(b) 环切法　　(c) 行切法+环切法

图 2-103　内槽加工路线

(3) 铣削曲面轮廓的进给路线。铣削曲面时，常用球头铣刀采用行切法进行加工。对于边界敞开的曲面加工，可采用两种加工路线相结合的方法。如发动机大叶片，当采用如图 2-104 所示的加工方案时，每次沿直线加工，刀位点计算简单，程序少，加工过程符合直纹面的形成规律，可以准确保证母线的直线度。当采用如图 2-105 所示的加工方案时，符合零件数据给出的情况，便于加工后进行检验，叶形的准确度较高，但程序较多。由于曲面零件的边界是敞开的，没有其他表面限制，所以曲面边界可以延伸，球头铣刀应由边界外开始加工。

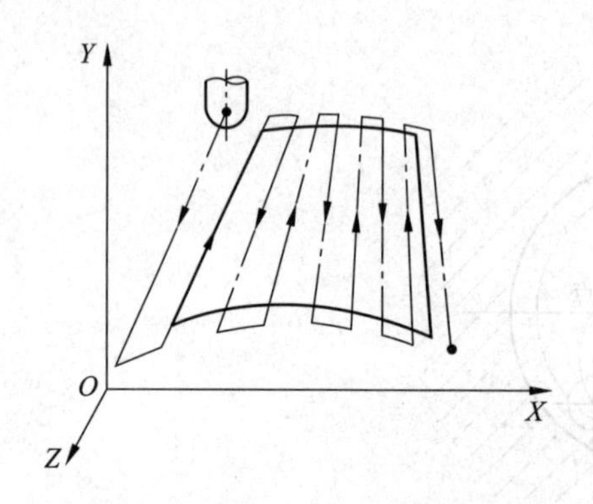

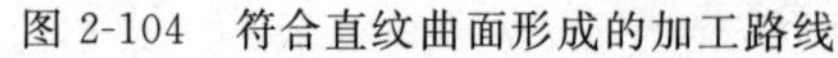

图 2-104 符合直纹曲面形成的加工路线

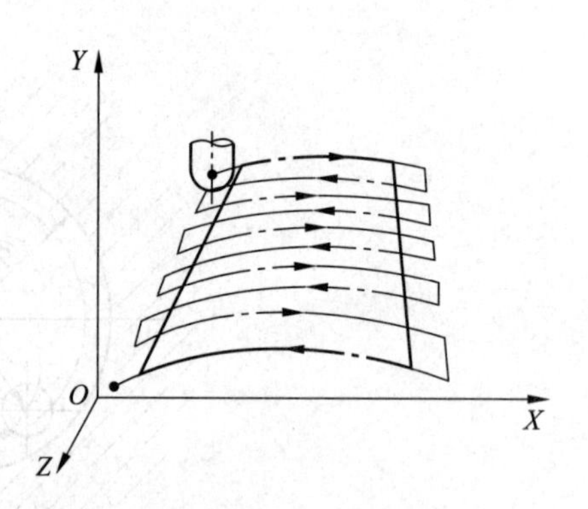

图 2-105 符合给出数学模型的加工路线

2.3.3 参考案例

根据图 2-106 法兰盘零件图纸,完成该零件加工路线方案的确定。

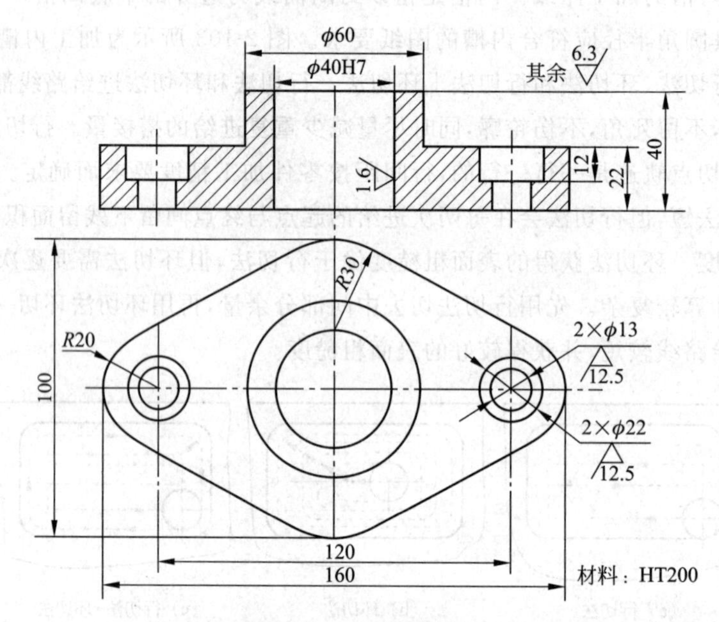

图 2-106 法兰盘零件图

根据基面先行、先面后孔 、先粗后精的原则确定加工顺序。零件的高度基准是 160mm 下底面,长、宽方向的基准是 ϕ40H7mm 的内孔的中心轴线。从工艺的角度看,160mm 下底面是各结构的基准定位面,因此,首先要加工的面是 160mm 下底面,且该表面的加工与其他结构的加工不可以放在同一个工序中。

ϕ40H7mm 的内孔的中心轴线又是底板的菱形圆角过渡的外轮廓的基准,因此它的加工应在底板菱形外轮廓加工之前。加工中考虑到装夹的问题,ϕ40H7mm 的内孔和底板的菱形外轮廓也不便在同一次装夹中加工。

按数控加工应尽量集中工序加工的原则,可把 ϕ40H7mm 的内孔、阶梯孔 ϕ13mm 和阶梯孔 ϕ22mm、ϕ60mm 上表面、160mm 上阶梯表面、ϕ60mm 外圆轮廓在一次装夹中加工完成。这样按装夹次数为划分工序的依据，则该零件的加工主要分为三个工序：加工 160mm 下底面→加工 ϕ60mm 上表面、160mm 上阶梯表面、ϕ60 外圆轮廓、ϕ40H7mm 的内孔、阶梯孔 ϕ13mm、阶梯孔 ϕ22mm→加工底板的菱形外轮廓。

在第二道工序中，根据先面后孔的原则，又宜将 ϕ60mm 上表面、160mm 上阶梯表面及 ϕ60mm 外圆轮廓的加工放在孔加工之前，且 ϕ60mm 上表面最先进行加工。至此零件的加工顺序基本确定，综上总结如下。

(1) 第一次装夹：加工 ϕ160mm 下底面。

(2) 第二次装夹：加工 ϕ60mm 上表面→加工 160mm 上阶梯表面及 ϕ60mm 外圆轮廓→加工 ϕ40H7mm 的内孔、阶梯孔 ϕ13mm 和阶梯孔 ϕ22mm。

(3) 第三次装夹：加工底板的菱形外轮廓。

2.3.4 制订计划

明确夹具底座的加工工艺路线及完成步骤，根据实际情况制订，如表 2-16 所示计划单。

表 2-16 任务计划单

学习项目 2	夹具底座的数控工艺分析			
学习任务 3	夹具底座加工工艺路线的拟订		学时	
计划方式	制订计划和工艺			
序号	实施步骤			使用工具
计划评价	班级		第 组	组长签字
	教师签字		日期	
	评语			

2.3.5 任务实施

明确夹具底座的加工工艺路线及实施方案，根据实际情况填写如表 2-17 所示任务实施单。

表 2-17 任务实施单

<table>
<tr><td>学习项目 2</td><td colspan="3">夹具底座的数控工艺分析</td></tr>
<tr><td>学习任务 3</td><td>夹具底座加工工艺路线的拟订</td><td>学时</td><td></td></tr>
<tr><td>实施方式</td><td colspan="3">小组针对实施计划进行讨论，决策后每人填写一份实施单</td></tr>
<tr><td colspan="4">实施内容：
回答下列问题。
1. 根据加工工艺路线确定零件加工顺序。
2. 根据加工工艺路线制订零件进给加工路线。</td></tr>
<tr><td>班级</td><td></td><td>第　组</td><td>组长签字</td></tr>
<tr><td>教师签字</td><td></td><td>日期</td><td></td></tr>
</table>

2.3.6 任务评价

根据学生任务的完成情况及课堂表现，教师填写表 2-18 任务评价单。

表 2-18 任务评价单

<table>
<tr><td>评价等级
（在对应等级前打√）</td><td>等级分类</td><td colspan="3">评 价 标 准</td></tr>
<tr><td></td><td>优秀</td><td colspan="3">能高质量、高效率地完成加工顺序和加工路线的制订</td></tr>
<tr><td></td><td>良好</td><td colspan="3">能在无教师指导下完成加工顺序和加工路线的制订</td></tr>
<tr><td></td><td>中等</td><td colspan="3">能在教师的偶尔指导下完成加工顺序和加工路线的制订</td></tr>
<tr><td></td><td>合格</td><td colspan="3">能在教师的全程指导下完成加工顺序和加工路线的制订</td></tr>
<tr><td>班级</td><td></td><td>第　组</td><td>姓名</td><td></td></tr>
<tr><td>教师签字</td><td></td><td>日期</td><td colspan="2"></td></tr>
</table>

任务 2.4 夹具底座的加工刀具的选择

2.4.1 任务单

夹具底座的加工刀具选择项目任务单，如表 2-19 所示。

表 2-19 项目任务单

<table>
<tr><td>学习项目 2</td><td colspan="3">夹具底座的数控工艺分析</td></tr>
<tr><td>学习任务 4</td><td>夹具底座的加工刀具的选择</td><td>学时</td><td>4</td></tr>
<tr><td colspan="4">布 置 任 务</td></tr>
<tr><td>学习目标</td><td colspan="3">1. 掌握数控车削零件刀具的基本要求。
2. 掌握数控车刀的分类和组成形式。
3. 掌握不同类型的数控车刀的应用场合。</td></tr>
</table>

续表

<table>
<tr><td>任务描述</td><td>1. 可以区分不同类型的数控铣刀,如下图所示。
2. 可以选择不同类型的数控铣刀完成数控加工。
3. 可以用车削知识选择不同的工艺刀具。
4. 填写相应单据。
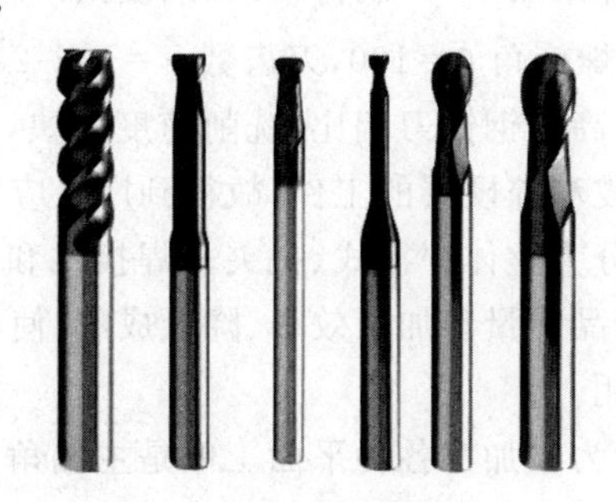
多种类型的铣刀</td></tr>
<tr><td>对学生的要求</td><td>1. 小组讨论各种刀具的使用场合。
2. 小组讨论并填写计划单。
3. 小组讨论并填写实施单。</td></tr>
<tr><td>学时安排</td><td>4</td></tr>
</table>

2.4.2 任务相关知识

1. 数控铣削刀具的基本要求

(1) 铣刀刚性要好。一是为提高生产效率而采用大切削用量的需要,二是为适应数控铣床加工过程中难以调整切削用量的特点。例如,当工件各处的加工余量相差悬殊时,通用铣床可采取分层铣削的方法加以解决,而数控铣削则必须按程序规定的走刀路线前进,遇到余量大时无法像通用铣床那样"随机应变",除非在编程时能够预先考虑,否则铣刀必须返回原点,用改变切削面高度或加大刀具半径补偿值的方法从头开始加工,势必造成余量少的地方经常走空刀,降低了生产效率。再者,在通用铣床上加工时,若遇到刚性不强的刀具,也比较容易从振动、手感等方面及时发现并及时调整切削用量加以弥补,而数控铣削时则很难做到。在数控铣削过程中,因铣刀刚性较差而断刀并造成工件损伤的事时有发生,所以解决数控铣刀的刚性问题至关重要。

(2) 铣刀的耐用度要高。尤其是当一把铣刀加工的内容很多时,如刀具磨损较快,就会影响工件的表面质量与加工精度,而且会增加换刀引起的调刀与对刀次数,使工件表面留下因对刀误差而形成的接刀台阶,降低工件的表面质量。

除上述两点之外,铣刀切削刃的几何角度参数的选择及排屑性能等也非常重要,切屑粘刀形成积屑瘤在数控铣削中是十分忌讳的。总之,根据被加工工件材料的热处理状态、切削性能及加工余量,选择刚性好、耐用度高的铣刀,是充分发挥数控铣床的生产效率和获得满意的加工质量的前提。

2. 数控铣削刀具的种类

铣刀种类很多,下面介绍在数控机床上常用的几种铣刀。

1）(端)面铣刀

面铣刀的圆周表面和端面上都有切削刃，端部切削刃为副切削刃。由于面铣刀的直径一般较大，为 $\phi450 \sim \phi500$mm，故常制成套式镶齿结构，即将刀齿和刀体分开，刀齿为高速钢或硬质合金，刀体采用 40Cr 制作，可长期使用。高速钢面铣刀按国家标准规定，直径 $d=\phi80 \sim \phi250$mm，螺旋角 $\beta=100$，刀齿数 $z=10 \sim 26$。

硬质合金面铣刀与高速钢铣刀相比，铣削速度更快，加工效率更高，加工表面质量也更好，并可加工带有硬皮和淬硬层的工件，故得到广泛应用。硬质合金面铣刀按刀片和刀齿的安装方式不同，可分为整体焊接式、机夹—焊接式和可转位式三种(见图 2-107)。由于可转位铣刀在提高产品质量和加工效率、降低成本、使用方便等方面都具有明显的优越性，目前已得到广泛应用。

面铣刀主要以端齿为主加工各种平面。但是主偏角为 90°的面铣刀还能同时加工出与平面垂直的直角面，但这个面的高度受到刀片长度的限制。

面铣刀齿数对铣削生产效率和加工质量有直接的影响，齿数越多，同时工作的齿数越多，生产效率越高，铣削过程越平稳，加工质量越好。可转位面铣刀的齿数根据直径不同可分为粗齿、细齿、密齿三种(参见表 2-20)。粗齿铣刀主要用于粗加工；细齿铣刀用于平稳条件下的铣削加工，密齿铣刀的每齿进给量较小，主要用于薄壁铸铁加工。

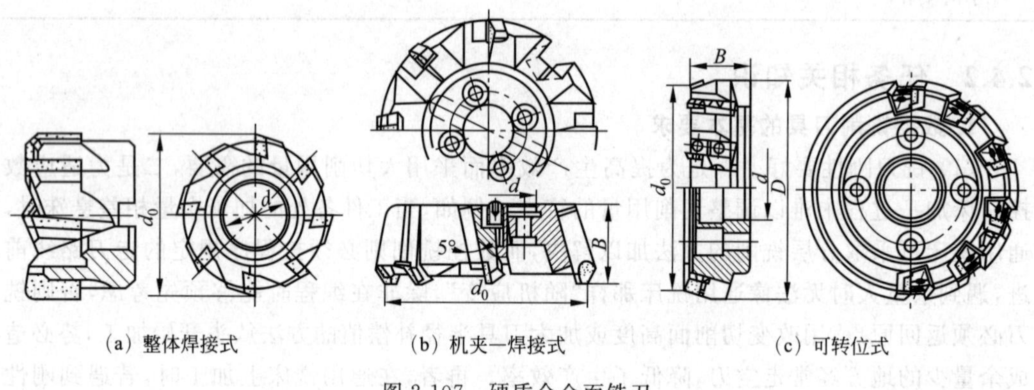

图 2-107 硬质合金面铣刀

表 2-20 可转位面铣刀的直径与齿数的关系

齿数 \ 直径/mm	50	63	98	100	125	160	200	250	315	400	500
粗齿	4				6	8	10	12	16	20	26
细齿				6	8	10	12	16	20	26	34
密齿					12	24	32	40	52	52	64

2）立铣刀

立铣刀是数控铣床用得最多的一种刀具，主要有高速钢立铣刀和硬质合金立铣刀两种，其结构如图 2-108 所示。立铣刀的圆柱表面和端面都有切削刃，它们可同时进行切削，也可单独进行切削，主要用于加工凸轮、台阶面、凹槽和箱口面。

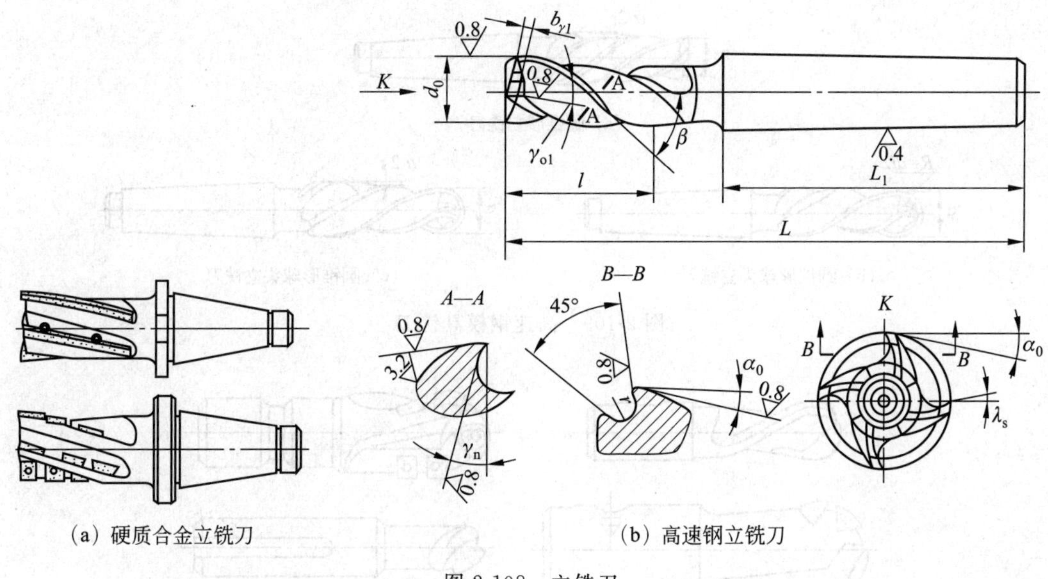

(a) 硬质合金立铣刀　　(b) 高速钢立铣刀

图 2-108　立铣刀

立铣刀圆柱表面的切削刃为主切削刃,端面上的切削刃为副切削刃。主切削刃一般为螺旋齿,可以增加切削平稳性,提高加工精度。由于普通立铣刀端面中心处无切削刃,所以立铣刀不能作大切深的轴向进给,端面刃主要用来加工与侧面相垂直的底平面。

为了能加工较深的沟槽,并保证足够的备磨量,立铣刀的轴向长度一般较长。为了改善切屑卷曲的情况,可增大容屑空间,防止切屑堵塞。刀齿数越少,容屑槽圆弧半径越大。

一般粗齿立铣刀齿数 $z=3\sim4$,细齿立铣刀齿数 $z=5\sim8$,套式结构立铣刀齿数 $z=10\sim20$。容屑槽圆弧半径 $r=2\sim5$mm。

直径较小的立铣刀刀柄形式一般有以下几种:$\phi2\sim\phi71$mm 的立铣刀制成直柄;$\phi6\sim\phi63$mm 的立铣刀制成莫氏锥柄;$\phi25\sim\phi80$mm 的立铣刀做成 7∶24 的锥柄,锥柄顶端有螺孔用来拉紧刀具。但是由于数控机床要求铣刀能快速自动装卸,故立铣刀柄部形式也有很大不同,一般是由专业厂家按照一定的规范设计制造成统一形式、统一尺寸的刀柄。直径大于 $\phi40\sim\phi160$mm 的立铣刀可做成套式结构。

3) 模具铣刀

模具铣刀由立铣刀发展而来,可分为圆锥形立铣刀、圆柱形球头立铣刀和圆锥形球头立铣刀三种,其柄部有直柄、削平型直柄和莫氏锥柄。它的结构特点是球头或端面上布满了切削刃,圆周刃与球头刃圆弧连接,可以作径向和轴向进给。铣刀工作部分用高速钢或硬质合金制造。图 2-109 所示为高速钢制造的模具铣刀,图 2-110 所示为用硬质合金制造的模具铣刀。

小规格的硬质合金模具铣刀多制成整体结构,$\phi16$mm 以上直径的铣刀制成焊接结构或机夹可转位刀片结构。

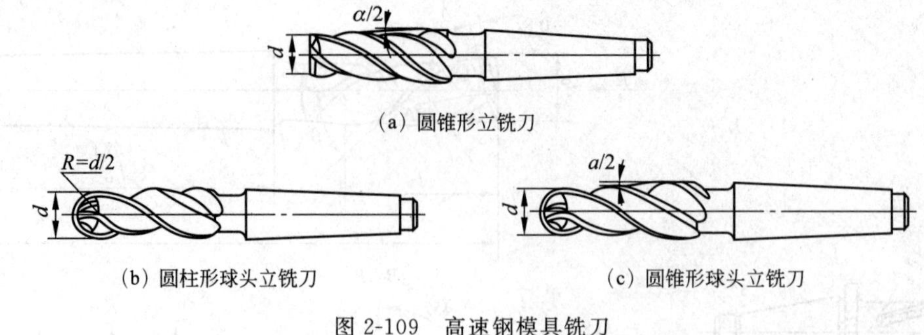

(a) 圆锥形立铣刀

(b) 圆柱形球头立铣刀

(c) 圆锥形球头立铣刀

图 2-109 高速钢模具铣刀

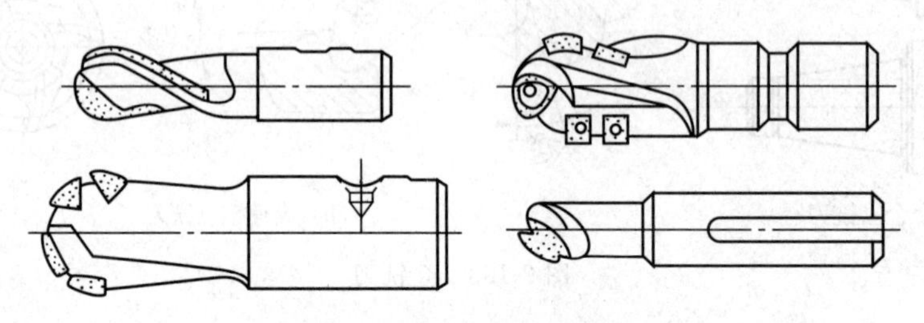

图 2-110 硬质合金模具铣刀

4）键槽铣刀

键槽铣刀有两个刀齿，圆柱面和端面都有切削刃，端面刃延至中心，可以短距离轴向进给，既像立铣刀，又类似钻头。加工时先轴向进给达到槽深，然后沿键槽方向铣出键槽全长，如图 2-111 所示。

按标准规定，直柄键槽铣刀直径 $d=\phi2\sim\phi22$，锥柄键槽铣刀直径 $d=\phi14\sim\phi50\text{mm}$。键槽铣刀直径的偏差有 e8 和 d8 两种。

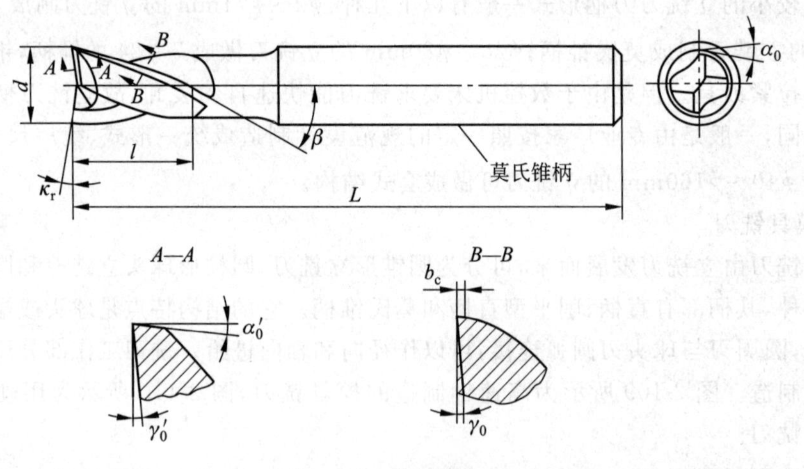

图 2-111 键槽铣刀

5）鼓形铣刀

图 2-112 所示为一种典型的鼓形铣刀，它的切削刃分布在半径为 R 的圆弧面上，端面

无切削刃。加工时通过控制刀具上下位置，改变刀刃的切削部位，可以在工件上切出从负到正的不同斜角。R 越小，鼓形铣刀所能加工的斜角范围越广，但所获得的表面质量也越差。鼓形铣刀的缺点是刃磨困难，切削条件差，而且不适于加工有底的轮廓表面。

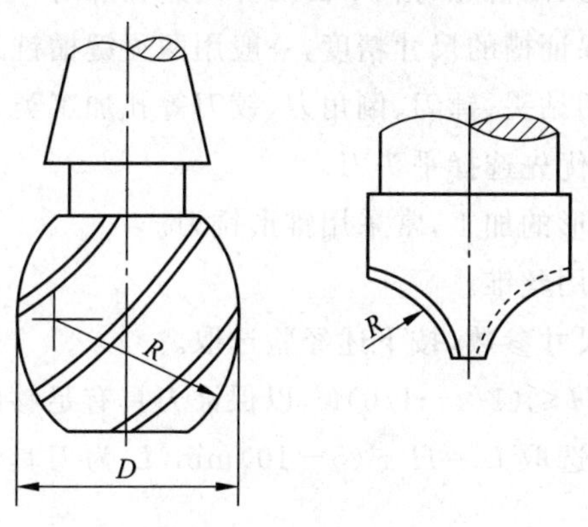

图 2-112　鼓形铣刀

6）成型铣刀

图 2-113 所示为常见的几种成型铣刀，一般都是为特定的工件结构或加工内容专门设计制造的，如角度面、凹槽、特形孔或特形台等。

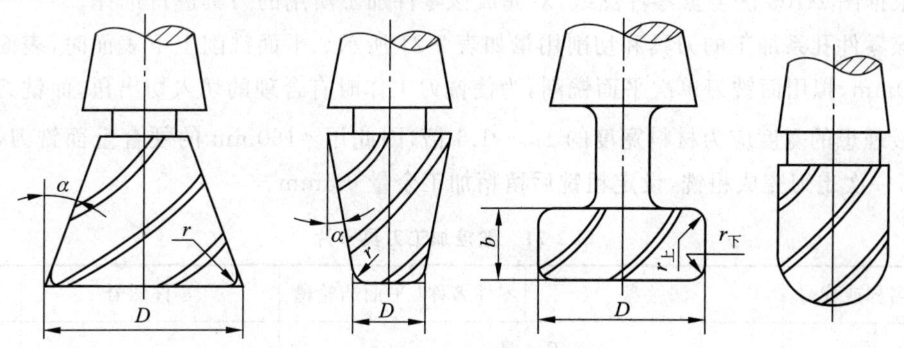

图 2-113　成型铣刀

除了上述几种典型的铣刀类型外，数控铣刀的结构还在不断地发展和更新，例如图 2-114 所示铣刀(俗称牛鼻铣刀)的刚度、刀具耐用度和切削性能都较好。数控铣床也可使用各种通用铣刀。但因不少数控铣床的主轴内有特殊的拉刀位置，或因主轴内锥孔有别，使用通用铣刀须配制过渡套和拉钉。

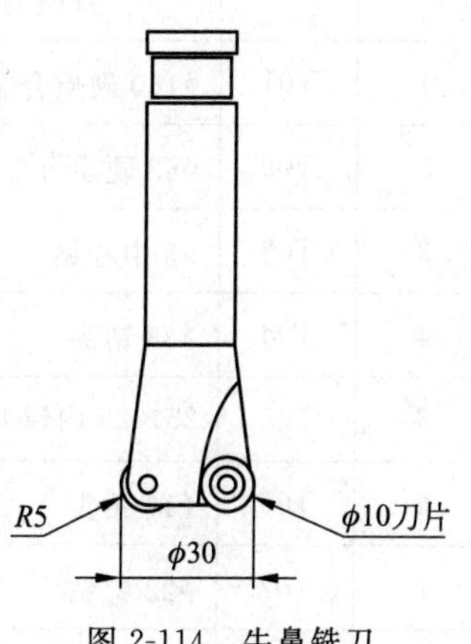

图 2-114　牛鼻铣刀

3. 数控铣削刀具的选择

被加工零件的几何形状是选择刀具类型的主要依据。

(1) 刀具半径 R 应小于零件内轮面的最小曲率半径 ρ，一般取 $R=(0.8-0.9)\rho$。

(2) 加工曲面类、斜面零件时，一般采用球头刀。

(3) 铣较大平面时,为了提高生产效率和表面粗糙度,宜采用硬质合金刀片镶嵌式盘形铣刀。

(4) 铣小平面、台阶面、凸台、凹槽、平面工件周边轮廓时,一般采用立铣刀。

(5) 铣键槽时,为了保证槽的尺寸精度,一般用两刃键槽铣刀。

(6) 孔加工时,可采用钻头、镗刀、倒角刀、铰刀等孔加工类刀具。

(7) 曲面的粗加工可优先选择平头刀。

(8) 对变斜角轮廓外形的加工,常采用锥形铣刀。

(9) 加工孔螺纹时要用丝锥。

(10) 立铣刀的相关尺寸参数,按下述经验选取。

① 零件的加工高度 $H \leqslant (1/4-1/6)R$,以保证刀具有足够的刚度。

② 对不通孔(深槽),选取 $L=H+(5-10)$mm(L 为刀具切削部分长度,H 为零件高度)。

③ 加工外形及通槽时,选取 $L=H+r+(5-10)$mm(r 为端刃圆角半径)。

④ 加工筋时,刀具直径为 $D=(5-10)b$(b 为筋的厚度)。

2.4.3 参考案例

根据图 2-106 法兰盘零件图纸,对完成该零件加工所用的刀具进行选择。

该零件孔系加工的刀具和切削用量如表 2-21 所示。平面铣削上下表面时,表面宽度为 110mm,拟用面铣刀单次平面铣削,为使铣刀工作时有合理的切入切出角,面铣刀直径尺寸最理想的宽度应为材料宽度的 1.3～1.6 倍,因此用 ϕ160mm 的硬合金面铣刀,齿数为 10,一次走刀完成粗铣,设定粗铣后留精加工余量 0.5mm。

表 2-21 数控加工刀具卡片

产品名称或代号		法兰盘	零件名称	平面凸轮槽	零件图号	
工序序号	刀具号	刀具			加工表面	备注
		规格名称	数量	刀长/mm		
1	T01	ϕ160 硬质合金面铣刀	1	实测	铣削上下表面	
2	T02	ϕ63 硬质合金面铣刀	1	实测	ϕ60mm 外圆及其台阶面	
3	T03	ϕ3 中心钻	1	实测	钻 3 个中心孔	
4	T04	ϕ38 钻头	1	实测	钻 ϕ40H7 底孔	
5	T05	25×25 内镗刀	1	实测	粗镗 ϕ40H7 内孔表面	
6	T06	ϕ13 钻头	1	实测	钻 2×ϕ13 螺纹孔	
7	T07	ϕ22 锪钻	1	实测	2×ϕ22 锪孔	
编制		审核	批准		年 月 日 共 1 页	第一页

加工 ϕ60mm 外圆及台阶面和外轮廓面时，考虑到 ϕ60mm 外圆及台阶面需同时加工完成，且加工的总余量较大，拟选用 ϕ63mm、四个齿的 7∶24 的锥柄螺旋齿硬质合金立铣刀进行加工。该立铣刀具有的高效切削性能，因为表面粗糙度要求是 Ra6.3μm，因此粗精加工用一把刀完成。设定粗铣后留精加工余量 0.5mm，粗加工时选 $v_c=75$m/min，$f_z=0.1$mm，则 $n=318\times75\div63\approx360$，$v_f=0.1\times4\times360\approx140$(mm/min)，精加工时 v_f 取 80mm/min。

底板的菱形外轮廓加工时，铣刀直径不受轮廓最小曲率半径的限制，考虑到需要减少刀具数，因此还选用 ϕ63mm 硬质合金立铣刀加工(毛坯长方形底板上菱形外轮廓之外四个角可预先在普通机床上去除)。

2.4.4 制订计划

明确夹具底座的加工刀具的选择及完成步骤，根据实际情况制订如表 2-22 所示计划单。

表 2-22 任务计划单

学习项目2	夹具底座的数控工艺分析				
学习任务4	夹具底座的加工刀具的选择			学时	
计划方式	制订计划和工艺				
序号	实 施 步 骤				使用工具
计划评价	班级		第 组	组长签字	
	教师签字			日期	
	评语				

2.4.5 任务实施

明确如何完成夹具底座的加工刀具的选择，根据实际情况填写表 2-23 任务实施单。

表 2-23 任务实施单

学习项目 2	夹具底座的数控工艺分析		
学习任务 4	夹具底座的加工刀具的选择	学时	
实施方式	小组针对实施计划进行讨论,决策后每人填写一份实施单		

实施内容:

填写下列刀具卡片。

产品名称或代号			零件名称		零件图号			
序号	刀具号	刀具规格名称		数量	加工表面			备注
编制		审核			批准		共 页	第 页
班级		第 组			组长签字			
教师签字		日期						

2.4.6 任务评价

根据学生完成任务的情况及课堂表现,教师填写表 2-24 所示任务评价单。

表 2-24 任务评价单

评价等级 (在对应等级前打√)	等级分类	评 价 标 准	
	优秀	能高质量、高效率地完成加工刀具的选择	
	良好	能在无教师指导下完成加工刀具的选择	
	中等	能在教师的偶尔指导下完成加工刀具的选择	
	合格	能在教师的全程指导下完成加工刀具的选择	
班级		第 组	姓名	
教师签字		日期		

任务 2.5 夹具底座的工艺文件的制订

2.5.1 任务单

夹具底座的工艺文件制订项目任务单如表 2-25 所示。

表 2-25　项目任务单

学习项目 2	夹具底座的数控工艺分析		
学习任务 5	夹具底座工艺文件的制订	学时	4
布　置　任　务			
学习目标	1. 掌握制订机械加工工艺过程卡、机械加工工序卡、数控加工工艺卡、数控刀具卡、数控加工走刀路线图、数控加工工件安装和原点设定卡的方法。 2. 掌握机械加工工序卡、数控加工工艺卡的填写方法。 3. 掌握夹具底座综合车削零件的数控加工工艺分析方法。		
任务描述	1. 掌握正确划分机械加工工序。 2. 掌握计算生产纲领的方法，正确确定生产类型。 3. 掌握机械加工工艺规程的内容和作用。 4. 正确绘制数控加工工艺文件。		
对学生的要求	1. 小组讨论夹具底座的工艺路线方案。 2. 小组讨论并填写夹具底座的工艺规程。 3. 小组讨论并填写任务实施单。 4. 参与工艺研讨，讲解夹具底座加工工艺，接受教师与同学的点评，同时参与评价小组自评与互评。		
学时安排	4		

2.5.2　任务相关知识信息

1. 加工方法的选择

铣削加工的零件表面主要是平面、平面轮廓、曲面、孔和螺纹等，这些表面的加工方法要与其表面特征、精度及表面粗糙度的要求相适应。

(1) 平面、平面轮廓及曲面的加工方法。这类表面在镗铣类零件加工唯一的加工方法是铣削。粗铣即可使两平面间的尺寸精度达到 IT11～IT13，表面粗糙度 Ra 值可达 12.5～50μm。粗铣后再精铣，两平面间的尺寸精度可达 IT8～IT10，表面粗糙度 Ra 值可达1.6～6.3μm。

(2) 孔加工方法。孔的加工方法比较多，有钻削、扩削、铰削和镗削等，大直径孔还可采用圆弧插补方式进行铣削，具体加工方案如下。

① 所有孔都应全部粗加工后，再进行精加工。

② 毛坯上已有铸出或锻出的孔(其直径通常在 ϕ30mm 以上)，一般先在普通机床上进行粗加工，直径留 3～5mm 的余量，然后再由铣床按粗镗→半精镗→孔口倒角→精镗的加工方案完成；有空刀槽时可用锯片铣刀在半精镗之后、精镗之前用圆弧插补方式铣削完成，也可用单刃镗刀镗削加工，但效率较低；孔径较大时可用键槽铣刀或立铣刀用圆弧插补方式通过粗铣、精铣加工完成。

③ 直径小于 ϕ30mm 的孔毛坯上一般无孔，这就需要在铣床上完成其全部加工。为提高孔的位置精度，在钻孔前必须锪(或铣)平孔口端面，并钻出中心孔作引导孔，即通常采用锪(或铣)平端面→钻中心孔→钻→扩→孔口倒角→铰的加工方案；有同轴度要求的小孔，须采用锪(或铣)平端面→钻中心孔→钻→半精镗→孔口倒角→精镗(或铰)的加工

方案。孔口倒角安排在半精加工后、精加工前进行，以防止孔内产生毛刺。

④ 对于同轴孔系，若相距较近，用穿镗法加工；若跨距较大，应尽量采用调头镗的方法进行加工，以缩短刀具的伸长，减小其长径比，提高加工质量。

⑤ 对于螺纹孔，要根据其孔径的大小选择不同的加工方式。直径在 M6～M20mm 之间的螺纹孔，一般在铣床上用攻螺纹的方法加工；直径在 M6mm 以下的螺纹孔，则只在铣床上加工出底孔，然后通过其他手段攻螺纹；直径在 M20 mm 以上的螺纹孔，一般采用镗刀镗削而成。

2. 加工阶段的划分

在铣床上进行加工，加工阶段的划分主要依据工件的精度要求确定，同时还需要考虑生产批量、毛坯质量、数控铣床的加工条件等因素的影响。

(1) 若零件已经过粗加工，铣床只完成最后的精加工，则不必划分加工阶段。

(2) 当零件的加工精度要求较高，在铣床加工之前又没有经过粗加工时，应将粗、精加工分开进行。粗加工通常在普通机床上进行，在数控铣床上只进行精加工，这样不仅可以充分发挥机床的各种功能，降低加工成本，提高经济效益，而且还可以让零件在粗加工后有一段自然时效过程，消除粗加工产生的残余应力，恢复因切削力、夹紧力引起的弹性变形以及由切削热引起的热变形，必要时还可以安排人工时效，最后再通过精加工消除各种变形，保证零件的加工精度。

(3) 对于加工精度要求不高，且毛坯质量较高、加工余量不大、生产批量又很小的零件，则可在铣床上利用铣床的冷却系统把粗、精加工合并进行，完成全部加工，但粗、精加工应划分成两道工序分别完成。在加工过程中，对于刚性较差的零件，可采取相应的工艺措施，如粗加工后安排暂停指令，由操作者将压板等夹紧元件放松一些，以恢复零件的弹性变形，然后再用较小的夹紧力将零件夹紧，最后再进行精加工。

3. 加工顺序的安排

在数控铣床上加工零件，一般都有多个工步，使用多把刀具，因此加工顺序安排是否合理直接影响到加工精度、加工效率、刀具数量和经济效益。

(1) 在安排加工顺序时同样要遵循“基面先行”“先面后孔”“先主后次”及“先粗后精”的一般工艺原则。

(2) 定位基准的选择直接影响加工顺序的安排，作为定位基准的面应先加工完成，以便为加工其他面提供一个可靠的定位基准。因为本道工序的定位基准表面又可能是下道工序的定位基准，所以待各加工工序的定位基准确定之后，即可从最终精加工工序向前逐级倒推出整个工序的大致顺序。

(3) 确定数控铣床的加工顺序时，应先明确零件是否要进行预加工。预加工常由普通机床完成。若毛坯精度较高，定位也较可靠，或加工余量充分且均匀，则可不必进行预加工，直接在铣床上加工即可。这时，要根据毛坯粗基准的精度考虑数控铣床工序的划分。

(4) 数控铣床加工零件时，最难保证的是加工面与非加工面之间的尺寸。因此，即使图样要求的是非加工面，也必须在制作毛坯时在非加工面上增加适当的余量，以便在铣床加工时，保证非加工面与加工面间的尺寸符合图样要求。同样，若铣床加工前的预加工面与铣床所加工的面之间有尺寸要求，也应在预加工时留一定的加工余量，最好在铣床的一次装夹中完成包括预加工在内的所有加工内容。

2.5.3　参考案例

根据图 2-106 法兰盘零件图纸,完成该零件加工工艺的制订。

数控加工工序卡中的零件加工顺序、所采用的刀具和切削用量等参数如表 2-26 所示。

表 2-26　数控加工工序卡

工步号	工步内容	刀具号	刀具规格/mm	主轴转速/(r/min)	进给速度/(mm/min)	背吃刀量/mm
1	粗铣定位基准面(底面)	T01	ϕ160	180	300	4
2	精铣定位基准面	T01	ϕ160	180	150	0.2
3	粗铣 ϕ60mm 上表面	T01	ϕ160	180	300	4
4	精铣 ϕ60mm 上表面	T01	ϕ160	180	150	0.2
5	粗铣 160mm 上阶梯表面	T02	ϕ63	360	150	4
6	精铣 160mm 上阶梯表面	T02	ϕ63	360	80	0.2
7	粗铣 ϕ60mm 外圆轮廓	T02	ϕ63	360	150	4
8	精铣 ϕ60mm 外圆轮廓	T02	ϕ63	360	80	0.2
9	钻 3 个中心孔	T03	ϕ3	2000	80	3
10	钻 ϕ40H7 底孔	T04	ϕ38	200	40	19
11	粗镗 ϕ40H7 内孔表面	T05	25×25	400	60	0.8
12	半精镗 ϕ40H7 内孔表面	T05	25×25	500	40	0.4
13	精镗 ϕ40H7 内孔表面	T05	25×25	600	20	0.2
14	钻 2×ϕ13 螺纹孔	T06	ϕ13	500	70	6.5
15	2×ϕ22 锪孔	T07	ϕ22	400	40	11
16	粗铣外轮廓	T02	ϕ63	360	150	4
17	精铣外轮廓	T02	ϕ63	360	80	0.2

2.5.4　制订计划

明确如何完成夹具底座工艺文件的制订及完成步骤,根据实际情况制订表 2-27 计划单。

表 2-27　任务计划单

<table>
<tr><td>学习项目 2</td><td colspan="5">夹具底座的数控工艺分析</td></tr>
<tr><td>学习任务 5</td><td colspan="3">夹具底座工艺文件的制订</td><td>学时</td><td></td></tr>
<tr><td>计划方式</td><td colspan="5">制订计划和工艺</td></tr>
<tr><td>序号</td><td colspan="4">实 施 步 骤</td><td>使用工具</td></tr>
<tr><td></td><td colspan="4"></td><td></td></tr>
<tr><td></td><td colspan="4"></td><td></td></tr>
<tr><td></td><td colspan="4"></td><td></td></tr>
<tr><td></td><td colspan="4"></td><td></td></tr>
<tr><td></td><td colspan="4"></td><td></td></tr>
<tr><td rowspan="3">计划评价</td><td>班级</td><td></td><td>第　组</td><td>组长签字</td><td></td></tr>
<tr><td>教师签字</td><td></td><td></td><td>日期</td><td></td></tr>
<tr><td>评语</td><td colspan="4"></td></tr>
</table>

2.5.5 任务实施

明确如何完成夹具底座的工艺文件的制订及实施步骤，根据实际情况填写表 2-28 夹具底座的工艺文件制订的任务实施单。

表 2-28 任务实施单

学习项目 2	夹具底座的数控工艺分析		
学习任务 5	夹具底座工艺文件的制订	学时	
实施方式	小组针对实施计划进行讨论，决策后每人填写一份实施单		

实施内容：

填写夹具底座的加工工艺卡片。

单位名称		产品名称或代号		零件名称		零件图号	
				典型轴			
工序号	程序编号	夹具名称		使用设备		车间	
001		三爪卡盘和活动顶尖				数控中心	
工步号	工步内容	刀具号	刀具规格/mm	主轴转速/(r/min)	进给速度/(mm/min)	背吃刀量/mm	备注
编制		审核		批准		共 页	第 页
班级			第 组	组长签字			
教师签字			日期				

2.5.6 任务评价

根据学生任务的完成情况及课堂表现，教师填写如表 2-29 所示任务评价单。

表 2-29　任务评价单

评价等级（在对应等级前打√）	等级分类	评价标准		
	优秀	能高质量、高效率地完成数控加工工艺卡片填写及本项目的 PPT 汇报		
	良好	能在无教师指导下完成数控加工工艺卡片的填写及本项目的 PPT 工作		
	中等	能在教师的偶尔指导下完成数控加工工艺卡片的填写及本项目的 PPT 工作		
	合格	能在教师的全程指导下完成数控加工工艺卡片的填写及本项目的 PPT 工作		
班级		第　组	姓名	
教师签字		日期		

项目 3

中央出风口检具配件的数控工艺分析

【项目介绍】

在汽车、模具等工业产品或配套装置中，一些主要零部件的形状往往比较复杂，单独使用普通数控机床加工，工艺流程比较烦琐，采用加工中心进行加工可以大大简化工艺流程。本项目选取的汽车中央出风口检具配件，如图 3-1 所示，零件材料为 LY12 铝合金，要求表面无划伤、刮痕、表面喷砂和阳极氧化亮银，试对其进行数控加工工艺分析。

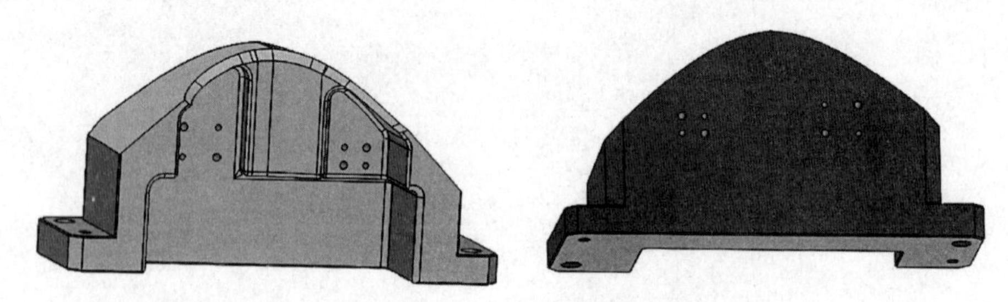

图 3-1　中央出风口检具配件实体图

【学习目标】

(1) 掌握如何选择数控加工中等以上复杂程度的异形类零件孔系、平面的数控加工刀具。

(2) 掌握如何选择数控加工中等以上复杂程度的异形类零件的夹具，并确定装夹方案。

(3) 掌握按照中等以上复杂程度的异形类零件的数控加工工艺选择合适的切削用量与机床。

(4) 学会编制中等以上复杂程度的异形类零件的数控加工工艺文件。

任务 3.1　中央出风口检具配件的图纸分析及毛坯的选择

3.1.1　任务单

中央出风口检具配件的图纸分析及毛坯选择的任务单见表 3-1。

表 3-1　项目任务单

学习项目 3	中央出风口检具零件的数控工艺分析		
学习任务 1	中央出风口检具配件的图纸分析及毛坯选择	学时	4
布　置　任　务			
学习目标	1. 学会分析零件图的尺寸和零件的结构。 2. 学会分析零件图的技术要求的合理性。 3. 能够读懂零件图的技术要求。 4. 能够根据毛坯选择原则完成对零件毛坯的选择。		
任务描述	1. 分析中央出风口检具零件图所标注零件的尺寸、公差及表面粗糙度的合理性。 2. 分析零件的工艺性。 3. 分析零件整体结构的工艺性。 4. 分析零件技术要求的合理性。 5. 分析零件图确定毛坯的尺寸和形状。 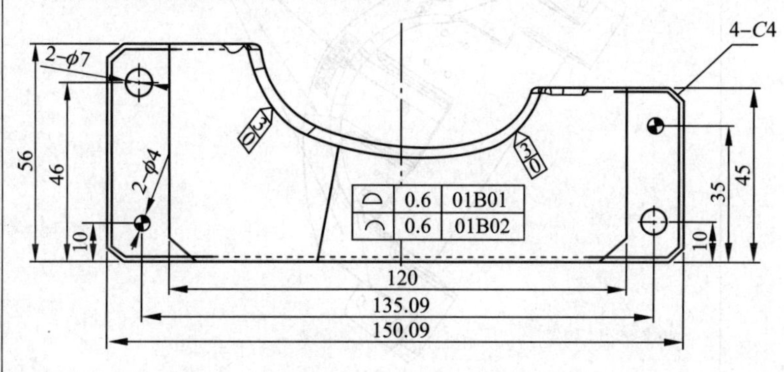 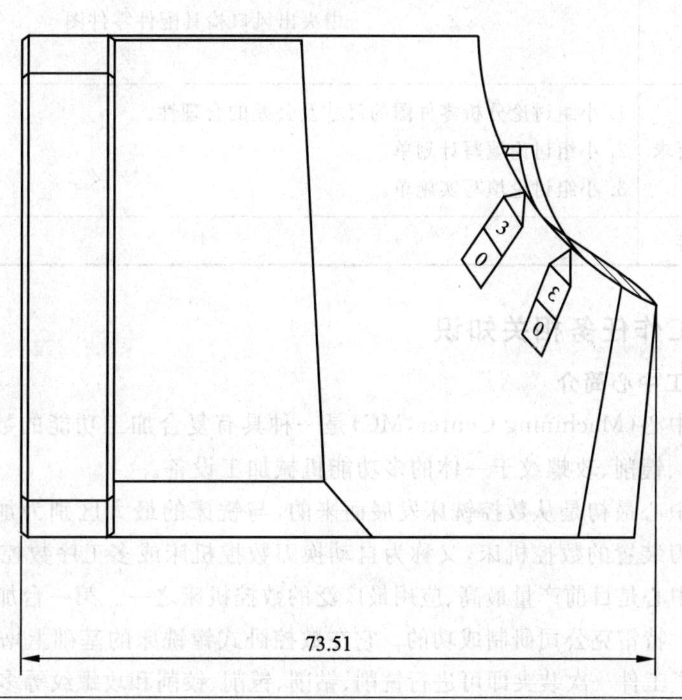 		

续表

<table>
<tr><td>任务描述</td><td>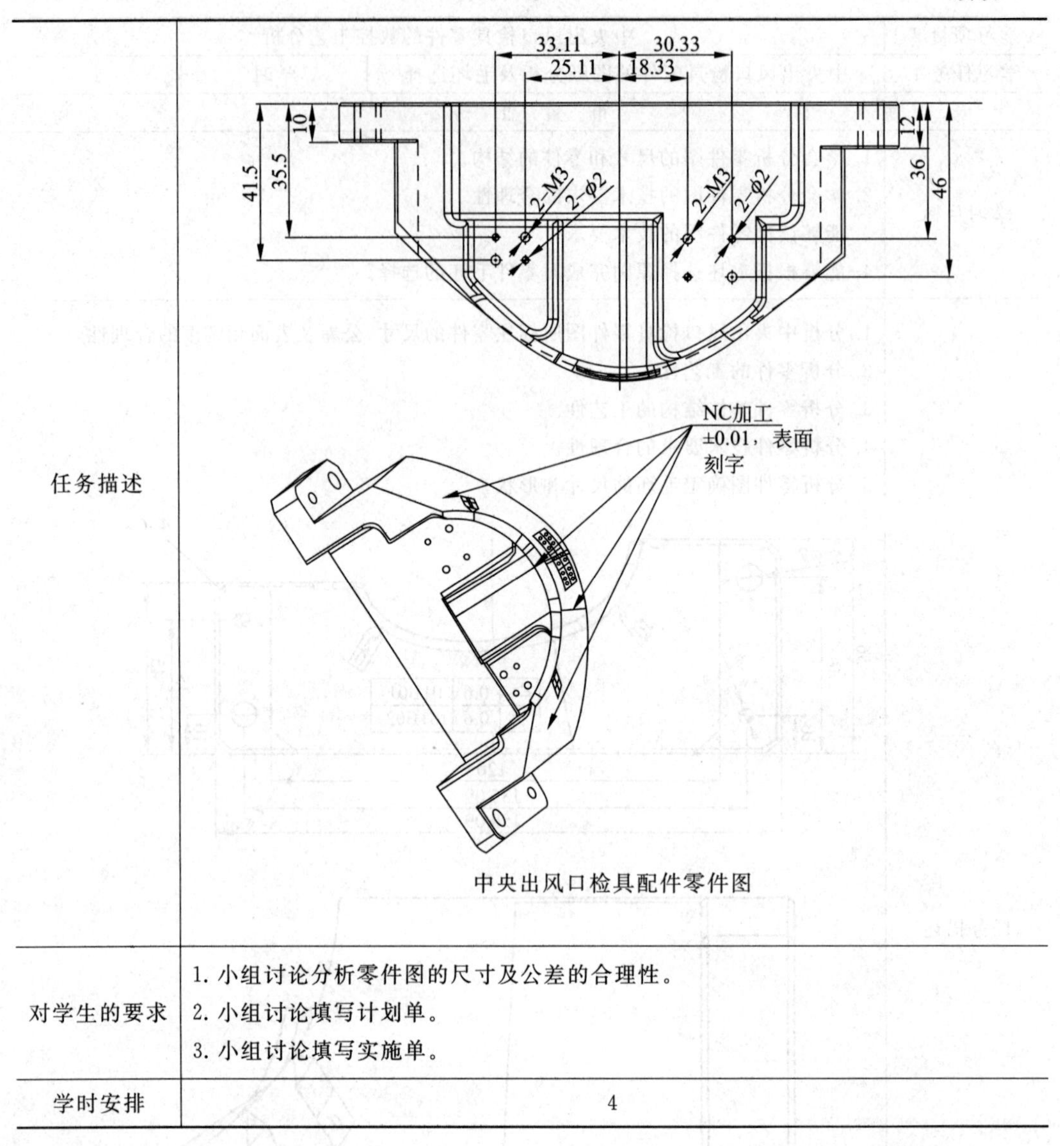

中央出风口检具配件零件图</td></tr>
<tr><td>对学生的要求</td><td>1. 小组讨论分析零件图的尺寸及公差的合理性。
2. 小组讨论填写计划单。
3. 小组讨论填写实施单。</td></tr>
<tr><td>学时安排</td><td>4</td></tr>
</table>

3.1.2 工作任务相关知识

1. 加工中心简介

加工中心(Machining Center，MC)是一种具有复合加工功能的数控机床，是集铣削、钻削、铰削、镗削、攻螺纹于一体的多功能机械加工设备。

加工中心最初是从数控铣床发展而来的，与铣床的最大区别为加工中心是带有刀库和自动换刀装置的数控机床，又称为自动换刀数控机床或多工序数控机床。

加工中心是目前产量最高、应用最广泛的数控机床之一。第一台加工中心是 1958 年由美国卡尼—特雷克公司研制成功的。它在数控卧式镗铣床的基础上增加了自动换刀装置，从而实现了工件一次装夹即可进行铣削、钻削、镗削、铰削和攻螺纹等多种工序的集中加工。

2. 加工中心分类

加工中心按机床形态可分为立式加工中心、卧式加工中心、龙门加工中心和五面加工中心。

(1) 立式加工中心如图3-2所示。其主轴中心线为垂直状态设置,有固定立柱式和移动立柱式两种结构形式,多采用固定立柱式结构。

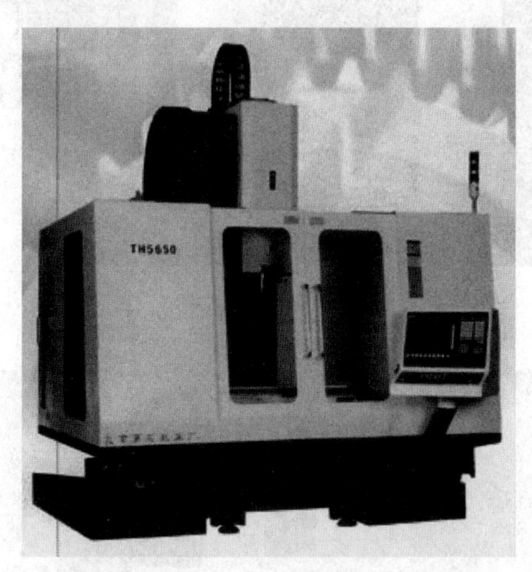

图3-2 立式加工中心

优点:结构简单,占地面积小,价格相对较低,装夹工件方便,调试程序容易,应用广泛。

缺点:不能加工太高的零件;在加工型腔或下凹的型面时切屑不易排除,严重时会损坏刀具,破坏已加工表面,影响加工的顺利进行。

应用:适宜加工高度尺寸相对较小的工件。

(2) 卧式加工中心如图3-3所示。其主轴中心线为水平状态设置,多采用移动式立柱结构,通常带有可进行回转运动的正方形分度工作台,一般具有3～5个运动坐标,常见的是三个直线运动坐标加一个回转运动坐标(回转工作台)。

优点:加工时排屑容易。

缺点:与立式加工中心相比较,卧式加工中心在调试程序及试切时不便观察,加工时不便监视,零件装夹和测量不方便;卧式加工中心的结构复杂,占地面积大,价格也较高。

应用:适合加工箱体类零件。

(3) 龙门加工中心如图3-4所示。其形状与龙门铣床相似,主轴多为垂直设置,除带有自动换刀装置以外,还带有可更换的主轴头附件,数控装置的软件功能也较齐全,能够一机多用。

(4) 五面加工中心如图3-5所示。具有立式加工中心和卧式加工中心的功能,工件一次安装后能完成除安装面之外的所有侧面和顶面共五个面的加工,也称为万能加工中心或复合加工中心。

图 3-3　卧式加工中心

图 3-4　龙门加工中心

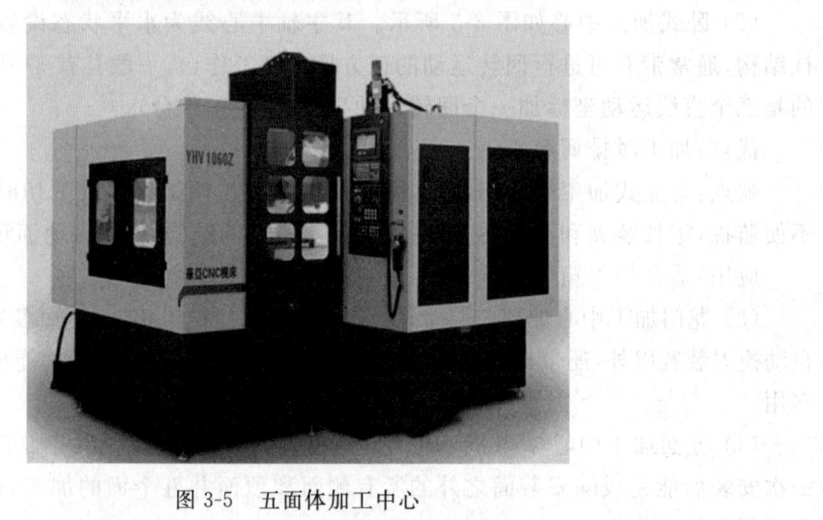

图 3-5　五面体加工中心

五面加工中心有两种形式，一种是主轴能够旋转90°，可以进行立式和卧式加工；另一种是主轴不改变方向，由工作台带着工件旋转90°，完成对工件五个表面的加工。

优点：可以最大限度地减少工件的装夹次数，减小工件的形位误差，从而提高生产效率，降低加工成本。

缺点：由于五面加工中心结构复杂、造价高、占地面积大，所以它的使用率远不如其他类型的加工中心。

此外，按运动坐标数和同时控制的坐标数，加工中心可分为三轴二联动、三轴三联动、四轴三联动、五轴四联动和六轴五联动等；按工作台数量和功能，加工中心可分为单工作台加工中心、双工作台加工中心和多工作台加工中心。

3. 特点及功能

(1) 加工中心是在数控铣床或数控镗床的基础上增加了自动换刀装置，一次装夹可完成多道工序的加工。

(2) 加工中心如果带有自动分度回转工作台或能自动摆角的主轴箱，可使工件在一次装夹后，自动完成多个平面和多个角度的多工序加工。

4. 加工中心的主要加工对象

针对加工中心的工艺特点，加工中心适宜加工形状复杂、加工内容多、要求较高、需用多种类型的普通机床和众多的工艺装备且经多次装夹和调整才能完成加工的零件。加工中心的主要加工对象如下所述。

(1) 既有平面又有孔系的零件。

(2) 结构形状复杂、普通机床难加工的零件。

(3) 外形不规则的异形零件。

(4) 周期性投产的零件。

(5) 加工精度要求较高的中小批量零件。

(6) 新产品试制中的零件。

3.1.3　参考案例

根据图3-6对零件图纸的工艺分析如下。

该零件主要由平面、型腔以及孔系组成。零件尺寸较小，正面有4处大小不同的矩形槽，深度均为20mm，在右侧有2个$\phi10$的通孔，1个$\phi8$的通孔，反面是1个176mm×94mm、深度为3mm的矩形槽。该零件形状结构并不复杂，尺寸精度要求也不高，但有多处转接圆角，使用的刀具较多，要求保证壁厚均匀，中小批量加工零件的一致性高。

材料为YL12，切削加工性较好，可以采用高速钢刀具。该零件比较适合采用加工中心加工。主要的加工内容有平面、四周外形、正面四个矩形槽、反面一个矩形槽以及三个通孔。该零件壁厚只有2mm，加工时除了保证形状和尺寸外，主要需要控制加工中的变形，因此外形和矩形槽要采用依次分层铣削的方法，并控制每次的切削深度。孔加工采用钻、铰即可达到要求。

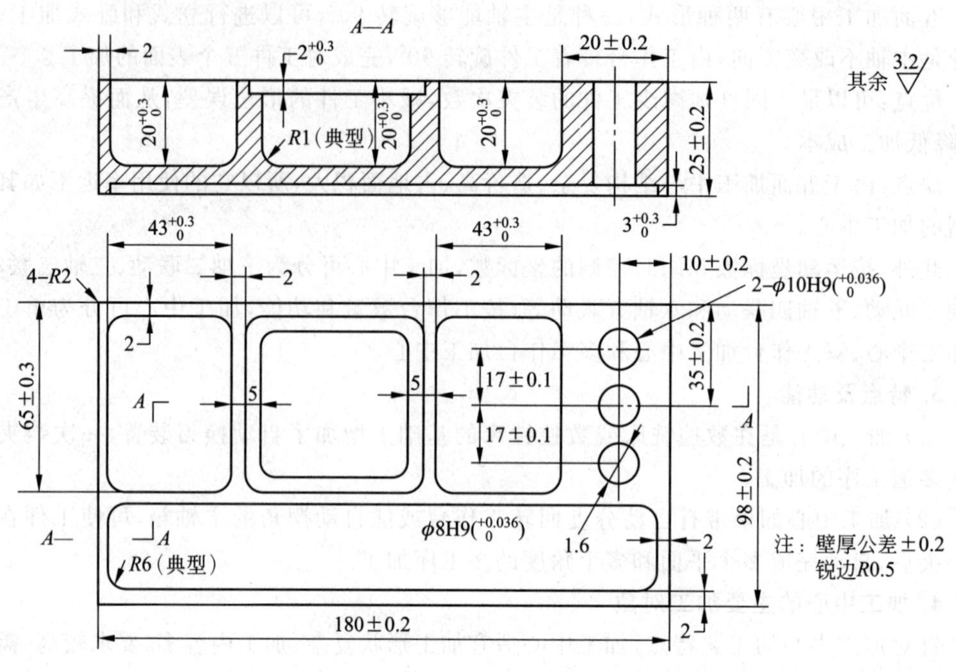

图 3-6 座盒加工案例

3.1.4 制订计划

明确如何完成中央出风口检具配件的图纸分析及完成步骤，根据实际情况制订如表 3-2所示计划单。

表 3-2 任务计划单

学习项目 3	中央出风口检具配件的数控工艺分析				
学习任务 1	中央出风口检具配件图纸分析及毛坯选择			学时	
计划方式	制订计划和工艺				
序号	实 施 步 骤				使用工具
计划评价	班级		第 组	组长签字	
	教师签字			日期	
	评语				

3.1.5　任务实施

根据所学内容具体实施中央出风口检具配件图纸分析及完成毛坯选择任务，填写表 3-3 所示任务实施单。

表 3-3　任务实施单

学习项目 3	中央出风口检具配件的数控工艺分析				
学习任务 1	中央出风口检具配件的图纸分析及毛坯选择		学时		
实施方式	小组针对实施计划进行讨论，决策后每人填写一份实施单				
实施内容： 回答下列问题。 1. 该零件属于什么类型的零件？ 2. 该零件由什么材料组成？ 3. 该零件的加工表面主要有哪几部分？ 4. 该零件不同部分的精度要求是什么？ 5. 该零件不同部分的粗糙度要求是什么？ 6. 该零件有无热处理要求？ 7. 根据毛坯选择原则，该零件加工毛坯尺寸为多少？ 8. 该零件加工时应采取什么措施才能更好地完成加工任务？					
班级		第　组		组长签字	
教师签字		日期			

3.1.6　任务评价

根据学生任务的学习及课堂表现情况，教师填写表 3-4 任务评价单。

表 3-4　任务评价单

评价等级 （在对应等级前打√）	等级分类	评　价　标　准	
	优秀	能高质量、高效率地完成零件图的分析和毛坯选择	
	良好	能在无教师指导下完成零件图的分析和毛坯选择	
	中等	能在教师的偶尔指导下完成零件图的分析和毛坯选择	
	合格	能在教师的全程指导下完成零件图的分析和毛坯选择	
班级		第　组	姓名	
教师签字		日期	

任务 3.2 中央出风口检具配件的加工工艺路线的拟订

3.2.1 任务单

中央出风口检具配件的加工工艺路线的任务单见表 3-5 所示。

表 3-5 项目任务单

学习项目 3	中央出风口检具配件工艺分析		
学习任务 2	中央出风口检具配件的加工工艺路线的拟订	学时	4
布 置 任 务			
学习目标	1. 掌握制订中央出风口检具配件的加工工艺路线的方法。 2. 掌握中央出风口检具配件的加工方法。 3. 掌握箱体类零件的加工顺序。		
任务描述	1. 选择合理的表面加工方法。 2. 选择正确的加工顺序。 3. 制订合理的加工路线。 4. 填写任务单。		
对学生的要求	1. 小组讨论中央出风口检具配件的工艺路线方案。 2. 小组讨论如何选择中央出风口检具配件的加工方法。 3. 小组讨论确定箱体类零件的加工顺序。		
学时安排	4		

3.2.2 工作任务相关知识

1. 加工方法的选择

(1) 平面、平面轮廓及曲面在镗铣加工中心唯一的加工方法是铣削。

(2) 孔加工方法比较多,有钻孔、扩孔、铰扩和镗孔。

(3) 在 M6～M20 之间的螺纹采用攻螺纹方法加工。

(4) 小于 M6,采用其他方法加工;直径＞M20 时,采用镗的方法进行加工。

2. 加工阶段的划分

一般情况下,加工中心上的零件已经在其他机床上经过粗加工,加工中心只要完成最后的精加工,不必进行加工阶段的划分。

3. 加工工序的划分

加工中心通常按工序集中原则进行划分,主要从精度和效率方面考虑。

加工中心虽然有其特殊性,但加工工艺与数控铣床非常相似,本任务可以参考项目 2 相关内容。

加工中心的加工工步设计的主要原则如下。

(1) 加工表面按粗加工、半精加工、精加工顺序完成;或全部加工表面按先粗加工、后半精加工、精加工分开进行。加工尺寸公差要求较高时,要考虑零件尺寸、精度、零件刚性和变形等因素，可采用前者；加工位置公差要求较高时，采用后者。

(2) 对于既有铣面又有镗孔的零件应先铣后镗，按照这种方法划分工步，可以提高孔的加工精度。因为铣削时，切削力较大，工件易发生变形。先铣面后镗孔，使其有一段时间恢复，减少由变形引起的对孔的精度的影响。反之，如果先镗孔后铣面，则铣削时，必然在孔口产生飞边、毛刺，从而破坏孔的精度。

(3) 当一个设计基准和孔加工的位置精度与机床定位精度、重复定位精度相接近时，采用相同设计基准集中加工的原则。

(4) 相同工位集中加工，应尽量按就近位置加工，以缩短刀具移动距离，减少空运行时间。

(5) 按所用刀具划分工步。如有些机床工作台回转时间较换刀时间短，在不影响加工精度的前提下，为减少换刀次数、空移时间和不必要的定位误差，可以采取刀具集中工序加工。

(6) 对于同轴度要求较高的孔系，不能采取原则(5)。应该在一次定位后，通过顺序连续换刀，顺序连续加工完该同轴孔系的全部孔后，再加工其他坐标位置孔，以提高孔系同轴度。

(7) 在一次定位装夹中，尽可能完成所有能够加工的表面。

4. 加工顺序的安排

加工中心安排加工顺序同样要遵循基面先行、先粗后精、先主后次和先面后孔的一般原则，减少换刀次数，节省辅助时间。一般情况下，每换一把新刀后，应运用平移工作台或回转工作台等完成尽可能多的工作。每道工序尽量减少刀具的空行程移动量，按照路线最短安排加工表面的加工顺序。

3.2.3 参考案例

案例零件加工工艺路线设计如下。

(1) 确定装夹方案。零件的外轮廓上有四处 $R2$ 的圆角，最好一次连续铣削出来。同时为方便在正反面加工时零件的定位装夹，并保证正反面加工内容的位置关系，在毛坯的长度方向两侧设置 30mm 左右的工艺凸台和两个 $\phi8$ 工艺孔，如图 3-7 所示。

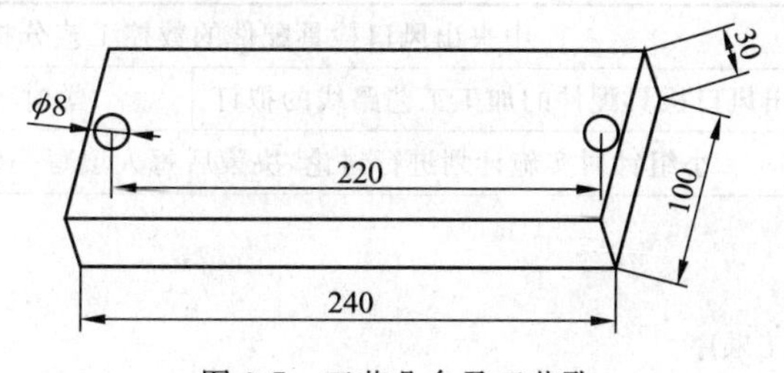

图 3-7 工艺凸台及工艺孔

(2) 确定加工顺序及进给路线。根据先面后孔的原则，安排加工顺序为：铣上下表面→打工艺孔→铣反面矩形槽→钻、铰 $\phi8$、$\phi10$ 孔→依次分层铣正面矩形槽和外形→钳工去工艺凸台。由于是单件生产，铣削正、反面矩形槽(型腔)时，可采用环形走刀路线。

3.2.4 制订计划

完成中央出风口检具配件的加工工艺路线的拟订及步骤，根据实际情况制订如表 3-6所示计划单。

表 3-6 任务计划单

学习项目 3	中央出风口检具配件的数控工艺分析				
学习任务 2	中央出风口检具配件的加工工艺路线的拟订			学时	
计划方式	制订计划和工艺				
序号	实施步骤				使用工具
计划评价	班级		第 组	组长签字	
	教师签字			日期	
	评语				

3.2.5 任务实施

明确如何完成中央出风口检具配件的加工工艺路线的拟订及实施方案，根据实际情况填写如表 3-7 所示任务单。

表 3-7 任务实施单

学习项目 3	中央出风口检具配件的数控工艺分析		
学习任务 2	中央出风口检具配件的加工工艺路线的拟订	学时	
实施方式	小组针对实施计划进行讨论，决策后每人填写一份任务实施单		

实施内容：

回答下列问题。

1. 确定任务零件加工顺序。

2. 确定任务零件进给加工路线。

班级		第 组	组长签字	
教师签字		日期		

3.2.6 任务评价

根据学生任务的完成情况及课堂表现，教师填写表 3-8 所示的任务评价单。

表 3-8　任务评价单

评价等级 (在对应等级前打√)	等级分类	评　价　标　准	
	优秀	能高质量、高效率地完成图 3-1 所示中央出风口检具配件案例零件的加工顺序和加工路线的制订	
	良好	能在无教师指导下完成图 3-1 所示中央出风口检具配件案例零件加工顺序和加工路线的制订	
	中等	能在教师的偶尔指导下完成图 3-1 所示中央出风口检具配件案例加工顺序和加工路线的制订	
	合格	能在教师全程指导下完成图 3-1 所示中央出风口检具配件案例加工顺序和加工路线的制订	
班级		第　组	姓名
教师签字		日期	

任务 3.3　中央出风口检具配件加工刀具的选择

3.3.1　任务单

中央出风口检具配件的加工刀具选择任务单如表 3-9 所示。

表 3-9　项目任务单

学习项目 3	中央出风口检具配件的数控工艺分析		
学习任务 3	中央出风口检具配件加工刀具的选择	学时	4
布　置　任　务			
学习目标	1. 掌握加工中心刀具的基本要求。 2. 掌握加工中心刀具的分类和组成形式。 3. 掌握不同类型的加工中心刀具的应用场合。		
任务描述	1. 学会区分不同类型的加工中心刀具。 2. 学会选择不同类型的加工中心刀具完成数控加工。 3. 学会将加工中心加工知识应用于不同的工艺刀具选择。 4. 填写相应单据。		
对学生的要求	1. 小组讨论各种刀具的使用场合。 2. 小组讨论填写计划单。 3. 小组讨论填写实施单。		
学时安排	4		

3.3.2 工作任务相关知识

1. 加工中心常用刀具

由于数控加工中心能完成的加工方法较多，所以刀具种类也很多，其中各种铣刀在前面已讲述，这里只介绍孔加工刀具。选择加工中心刀具应注意以下几个方面：①因为在加工中心上加工时无辅助装置支承刀具，所以刀具本身应具有较高的刚性，并采用尽可能短的结构长度或尽可能短的夹持部分来提高刀具的刚性；②同一把刀多次装入主轴锥孔时，刀刃位置应保持不变；③刀刃相对于主轴的一个固定点的轴向和径向位置应能准确调整，即刀具必须能够以快速简单的方法准确地预调到一个固定的几何尺寸。

1）钻孔刀具

钻孔刀具类型较多，主要有普通麻花钻、可转位浅孔钻、扁钻和深孔钻等，加工中心上的钻孔刀具主要是麻花钻。按刀具材料不同，麻花钻分为高速钢钻头和硬质合金钻头两种。按柄部分类有直柄（圆柱柄）和莫氏锥柄两种。直柄一般用于 $\phi0.1\sim\phi20$mm 的小直径钻头；锥柄一般用于 $\phi8\sim\phi80$mm 的大直径钻头；中等尺寸麻花钻的柄部，两种形式均可采用。硬质合金麻花钻有整体式、镶片式和无横刃式三种，直径较大时还可采用机夹可转位式结构。按长度分类有基本型和加长型。为了提高钻头刚性，应尽量使用较短的钻头，但麻花钻的工作部分应大于孔深，以便排屑和输送切削液。

麻花钻主要由工作部分和柄部组成，如图 3-8 所示。工作部分包括切削部分和导向部分，切削部分担负主要的切削工作，导向部分起导向、修光、排屑和输送切削液的作用，也是钻头重磨的储备部分。

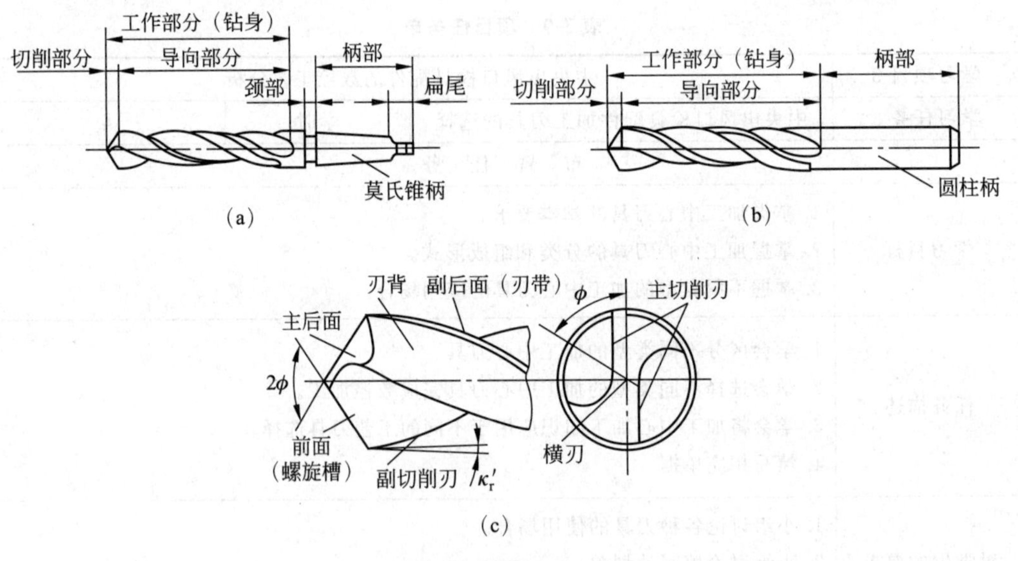

图 3-8 麻花钻的组成

在加工中心上钻孔无钻模进行定位和导向，考虑钻头刚性的因素，一般钻孔深度应小于孔径的 5 倍左右。为保证孔的位置精度，除提高钻头切削刃的精度外，在钻孔前最好先用中心钻钻一个中心孔，或用刚性较好的短钻头进行划窝加工。划窝一般采用 $\phi8\sim\phi15$mm 的钻头（见图 3-9），以解决在铸、锻件毛坯表面钻孔的引正问题。

钻削直径在 $\phi20\sim\phi60$mm、孔的长径比小于 3 的中等浅孔时，可选用如图 3-10 所示的可转位浅孔钻。其结构是在带排屑槽及内冷却通道钻头的头部装有一组刀片（多为凸多边形、菱形或四边形），多采用深孔刀片，通过刀片中心孔压紧刀片。靠近钻心的刀片用韧性较好的材料，靠近钻头外径的刀片选用较为耐磨的材料。这种钻头具有切削效率高、加工质量好的特点，适用于箱体零件的钻孔加工。为了提高刀具的使用寿命，可以在刀片涂镀碳化钛涂层，使用这种钻头钻箱体孔，比普通麻花钻效率可提高 4～6 倍。

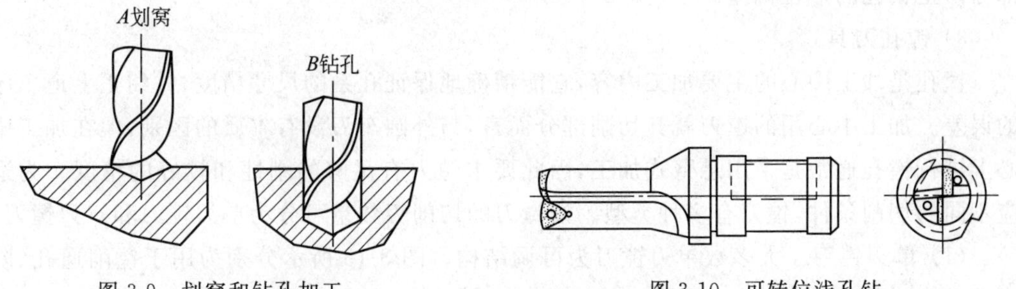

图 3-9　划窝和钻孔加工　　　图 3-10　可转位浅孔钻

对长径比大于 5 而小于 100 的深孔，因其加工中散热较差、排屑困难、钻杆刚性差、易使刀具损坏和引起孔的轴线偏斜，影响加工精度和生产率，故应选用深孔刀具进行加工。常用深孔钻有多刃内排屑深孔钻（喷吸钻、加工大直径深孔）和单刃外排屑深孔钻（加工小直径深孔）。

2）扩孔刀具

加工中心扩孔大多采用扩孔钻，也可采用立铣刀或镗刀扩孔。扩孔钻可用来扩大孔径，提高孔的加工精度，也可以用于孔的终加工或铰孔、磨孔预加工。扩孔钻形状与麻花钻相似，但齿数较多，一般有 3～4 条主切削刃，通常无横刃。按切削部分材料划分有高速钢和硬质合金两种。高速钢扩孔钻有整体直柄（用于加工直径较小的孔）、整体锥柄（用于加工中等直径的孔）和套式（用于加工直径较大的孔）3 种，如图 3-11 所示。

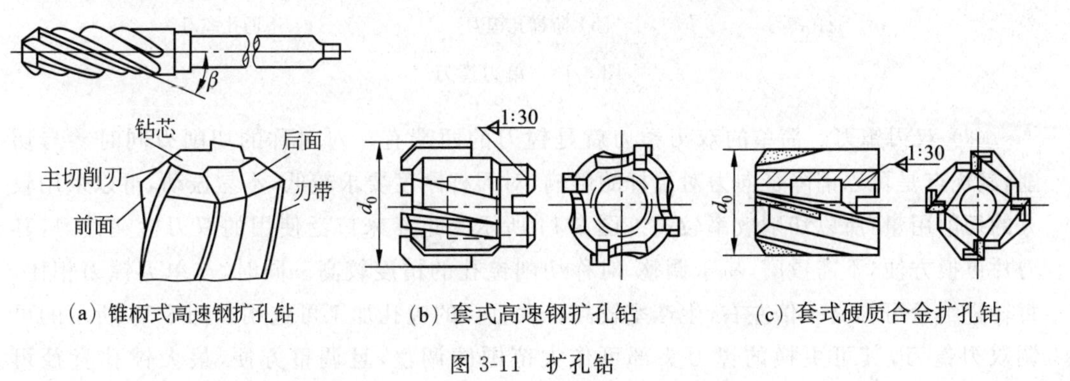

(a) 锥柄式高速钢扩孔钻　　(b) 套式高速钢扩孔钻　　(c) 套式硬质合金扩孔钻

图 3-11　扩孔钻

硬质合金扩孔钻也有直柄、锥柄和套式等形式。对于扩孔直径在 $\phi20\sim\phi60$mm 之间的孔，常采用机夹可转位式，如图 3-12 所示。它的两个可转位刀片的外刃位于同一外圆直径上，并且可微量(±0.1mm)调整，以控制扩孔直径。

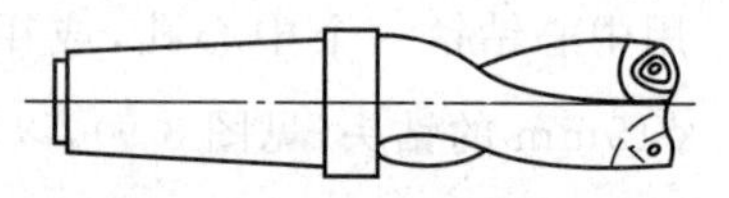
图 3-12 机夹可转位式扩孔钻

扩孔钻由于结构和加工上的特点，其加工质量及效率优于麻花钻。扩孔钻的加工余量小，主切削刃短，容屑槽浅，因此刀体的强度和刚度较好。由于扩孔钻中心不切削，无麻花钻的横刃，加之刀齿较多，所以导向性好，切削平稳，加工精度比钻孔高 2～3 级，并且可部分修正钻孔的形位偏差。

3）镗孔刀具

镗孔是加工中心的主要加工内容，它能精确地保证孔系的尺寸精度，并纠正上道工序的误差。加工中心用的镗刀就其切削部分而言，与外圆车刀没有本质的区别，但在加工中心上进行镗孔通常是采用悬臂式加工，因此要求镗刀有足够的刚性和较好的精度。为适应不同的切削条件，镗刀有多种类型。按镗刀的切削刃数量可分为单刃镗刀和双刃镗刀。

（1）单刃镗刀。大多数单刃镗刀为可调结构。图 3-13 所示分别为用于镗削通孔、阶梯孔和不通孔的单刃镗刀，螺钉 1 用于调整尺寸，螺钉 2 起锁紧作用。单刃镗刀刚性较差，切削时易引起振动，所以镗刀的主偏角应较大，以减小径向力。单刃镗刀通过调整镗刀来保证加工尺寸，调整麻烦，效率低，只适用于单件小批量生产。但单刃镗刀结构简单，适应性较广，粗、精加工都适用，因此应用广泛。

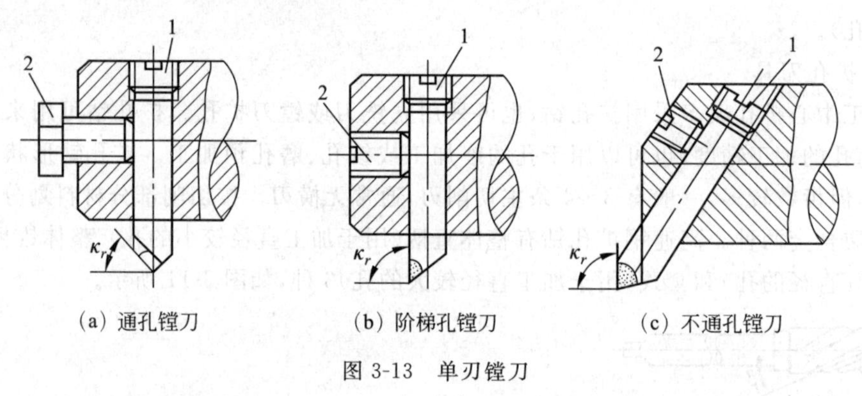

(a) 通孔镗刀　(b) 阶梯孔镗刀　(c) 不通孔镗刀

图 3-13 单刃镗刀

（2）双刃镗刀。简单的双刃镗刀就是镗刀的两端有一对对称的切削刃同时参与切削，其优点是可以消除径向力对镗杆的影响，对刀杆刚度要求较低，不易振动，可以采用较大的切削用量，所以切削效率较高。图 3-14 所示为近年来广泛使用的双刃机夹镗刀，其刀片更换方便，不需重磨，易于调整，对称切削镗孔的精度较高。同时，与单刃镗刀相比，每转进给量可提高一倍左右，生产率较高。大直径的镗孔加工可选用如图 3-15 所示的可调双刃镗刀，其可更换的镗刀头部可作大范围的调整，且调整方便，最大镗孔直径可达 $\phi1000$mm。

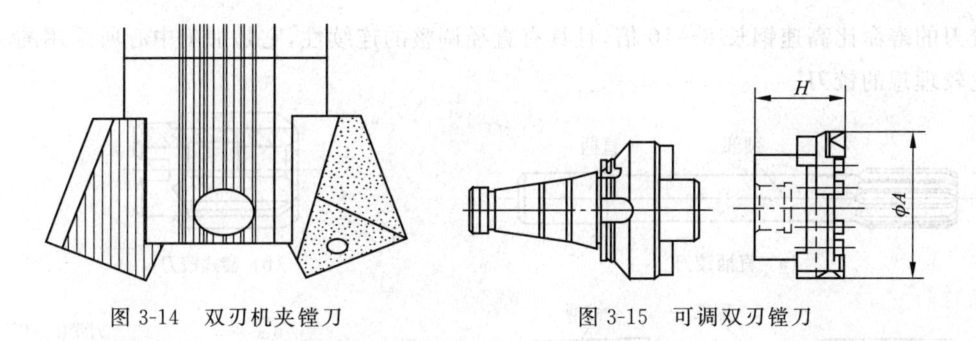

图 3-14　双刃机夹镗刀　　　　图 3-15　可调双刃镗刀

(3) 微调镗刀。加工中心常用如图 3-16 所示的精镗微调镗刀进行孔的精加工。这种镗刀可以在一定范围内调整径向尺寸，其读数值可达 0.01mm。调整尺寸时，先松开拉紧螺钉，然后转动带刻度盘的调整螺母，待刀头调至所需尺寸再拧紧螺钉。此种镗刀的结构比较简单，精度较高，通用性强，刚性好。

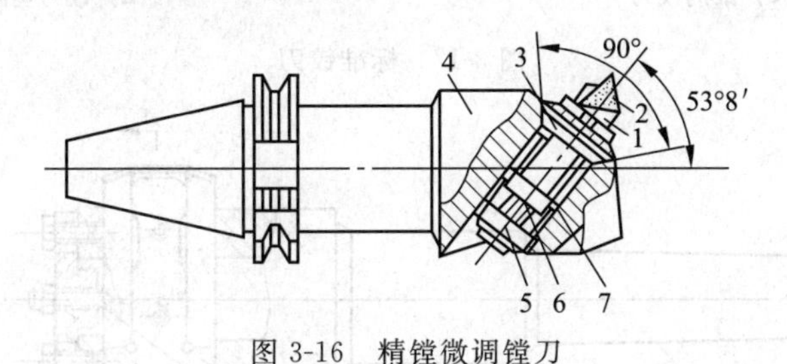

图 3-16　精镗微调镗刀

1—刀体；2—刀片；3—调整螺母；4—刀杆；5—螺母；6—拉紧螺钉；7—导向键

4) 铰孔刀具

铰孔是用铰刀对已经粗加工的孔进行精加工，也可以用于磨孔或研孔前的预加工。铰孔只能提高孔的尺寸精度、形状精度和减小表面粗糙度，而不能提高孔的位置精度，因此，对于精度要求较高的孔，在铰削前应先进行减少和消除位置误差的预加工，才能保证铰孔质量。

在加工中心上铰孔时，多采用通用的标准铰刀。此外，还有机夹硬质合金刀片的单刃铰刀和浮动铰刀。通用标准铰刀如图 3-17 所示，有直柄、锥柄和套式三种。直柄铰刀直径为 $\phi 6$～$\phi 20$mm，小孔直柄铰刀直径为 $\phi 1$～$\phi 6$mm，锥柄铰刀直径为 $\phi 10$～$\phi 32$mm，套式铰刀直径为 $\phi 25$～$\phi 80$mm。铰刀工作部分包括切削部分与校准部分。切削部分为锥形，承担主要的切削工作，切削部分的主偏角为 5°～15°，前角一般为 0°，后角一般为 5°～8°。校准部分的作用是校正孔径、修光孔壁和导向。校准部分包括圆柱部分和倒锥部分，圆柱部分保证铰刀直径和便于测量，倒锥部分可减少铰刀与孔壁的摩擦和减少孔径扩大量。

铰刀齿数取决于孔径及加工精度。标准铰刀有 4～12 齿，齿数过多，刀具的制造和刃磨较困难，在刀具直径一定时，刀齿的强度会降低，容屑空间变小，容易造成切屑堵塞和划伤孔壁甚至崩刃；齿数过少，则铰削时的稳定性差，刀齿的切削负荷增大，且容易产生几何形状的误差。图 3-18 所示为加工中心专门设计的浮动铰刀。这种铰刀不仅能保证在换刀和进刀过程中刀具的稳定性，而且能通过自由浮动准确定心，因此其加工精度稳定。浮动铰刀的寿命比高速钢长 8～10 倍，且具有直径调整的连续性，它是加工中心所采用的一种比较理想的铰刀。

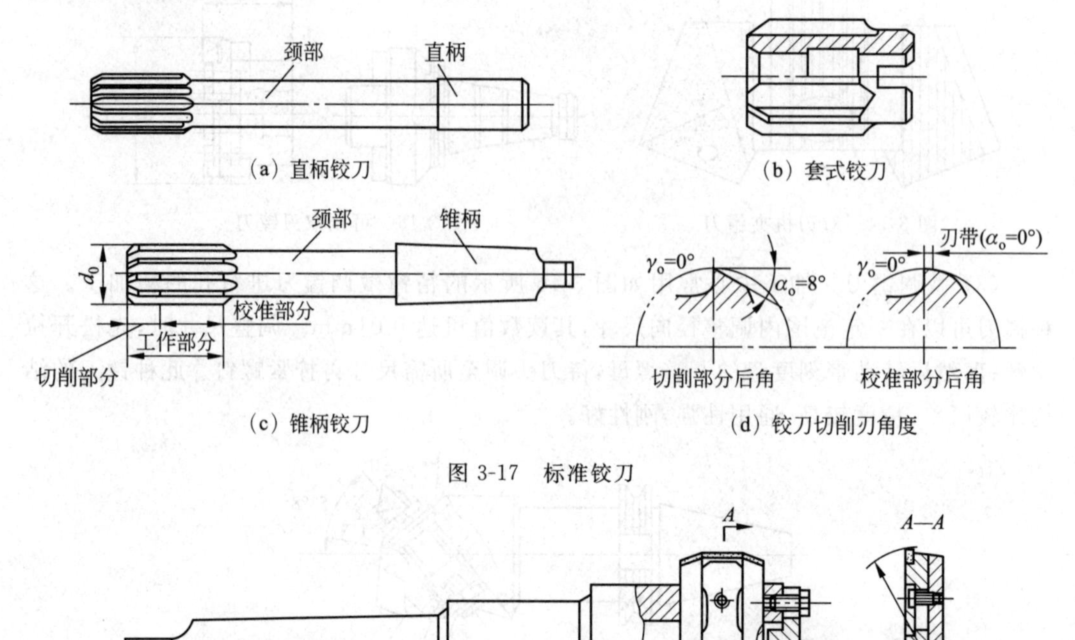

图 3-17 标准铰刀

图 3-18 浮动铰刀

1—刀杆体；2—可调式浮动铰刀体；3—圆锥端螺钉；4—螺母；5—定位滑块；6—螺钉

5）丝锥

丝锥是数控机床加工内螺纹的一种常用刀具，其基本结构是一个轴向开槽的外螺纹，如图 3-19 所示。螺纹部分可分为切削锥部分和校准部分。切削锥磨出锥角，以便逐渐切去全部余量；校准部分有完整齿型，起修光、校准和导向作用。柄部的方尾(尾部)通过夹头或标准锥柄与机床连接。数控机床有时还使用一种成组丝锥的刀具，其工作部分相当于把 2～3 把丝锥串联，依次分别承担粗加工和精加工，适用于高强度、高硬度材料或大尺寸、高精度的螺纹加工。

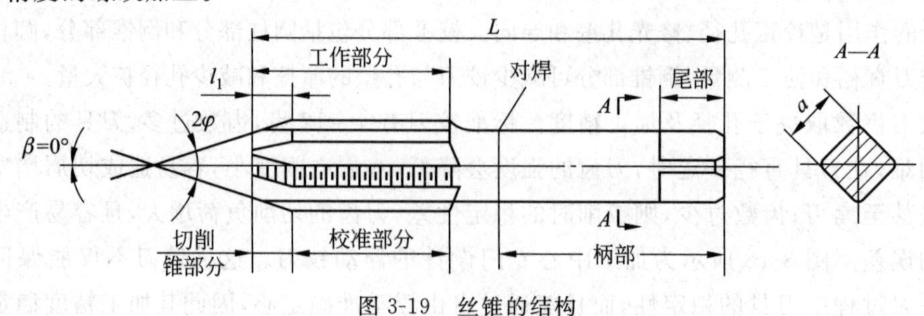

图 3-19 丝锥的结构

6）孔加工复合刀具

复合刀具也称组合刀具，它是由两把以上的同类型或不同类型的刀具组合在一个刀体上使用的一种刀具。复合刀具使用刀具少、生产效率高，能保证各加工表面的相互位置精度，但复合刀具制造较复杂，成本较高。常用的复合刀具有同类工艺复合刀具和不同类工艺复合刀具。同类工艺复合刀具主要由不同加工尺寸的同类刀具串接在一起，每把刀分别完成不同的加工余量或精度，例如"铰→铰→铰"组合铰刀、"镗→镗→镗"组合镗刀等。不同类工艺复合刀具种类较多，应用也较为广泛。图3-20所示为三种常见的不同类工艺复合刀具。

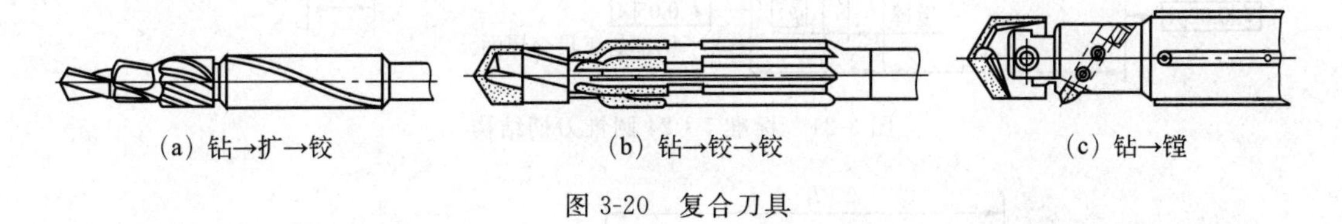

(a) 钻→扩→铰　(b) 钻→铰→铰　(c) 钻→镗

图3-20　复合刀具

2. 加工中心刀具系统

加工中心使用的刀具由刃具和刀柄两部分组成。刃具包括铣刀、钻头、扩孔钻、镗刀、铰刀和丝锥等。刀柄是机床主轴与刀具之间的连接工具，应满足机床主轴自动松开和夹紧定位，准确安装各种切削刃具，适应机械手的夹持和搬运、储存和识别刀库中各种刀具的要求。

1）刀柄的结构

刀柄的结构现已系列化、标准化，其标准有很多种，具体见表3-10所示。加工中心一般采用7∶24圆锥刀柄(JT或ST)，并采用相应形式的拉钉拉紧。这类刀柄不能自锁，换刀比较方便，与直柄相比具有较高的定心精度与刚度。我国规定的刀柄结构《自动换刀用7∶24圆锥工具柄》(GB/T10944—2006)与国际标准ISO 7388/1和ISO 7388/2规定的结构基本一致，如图3-21所示。相应的拉钉结构《自动换刀用7∶24圆锥工具柄》(GB/T 10945—2006)有A型和B型两种形式。A型拉钉用于不带钢球的拉紧装置，其结构如图3-22所示，B型拉钉用于带钢球的拉紧装置，其结构如图3-23所示。

表3-10　工具柄部形式代号

代号	工具柄部形式
JT	自动换刀用7∶24圆锥工具柄　GB/T 10944—2006
BT	自动换刀用7∶24圆锥BT型工具柄　JIS B6339
ST	手动换刀用7∶24圆锥工具柄　GB/T 3837—2001
MT	带扁尾莫氏圆锥工具柄　GB/T 1443—1996
MW	带扁尾莫氏圆锥工具柄　GB/T 1443—1996
ZB	直柄工具柄　GB/T 6131—2006

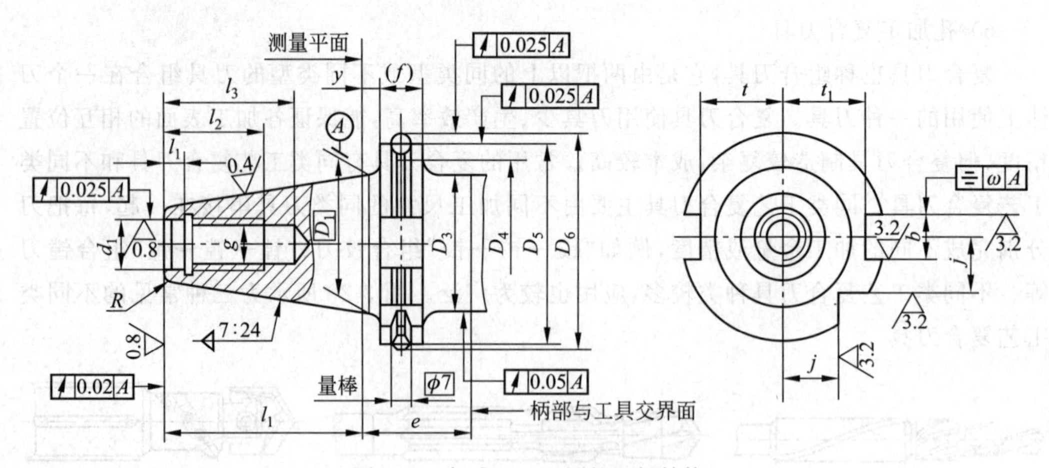

图 3-21 标准 7∶24 圆锥刀柄结构

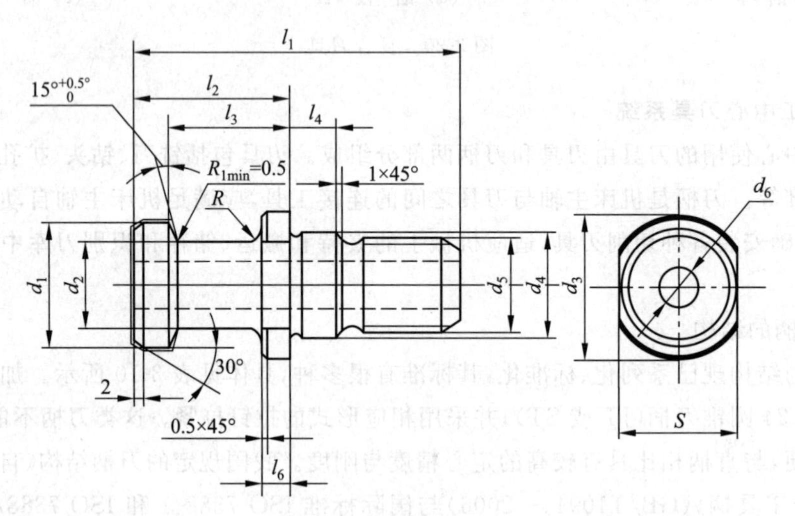

图 3-22 A 型拉钉结构

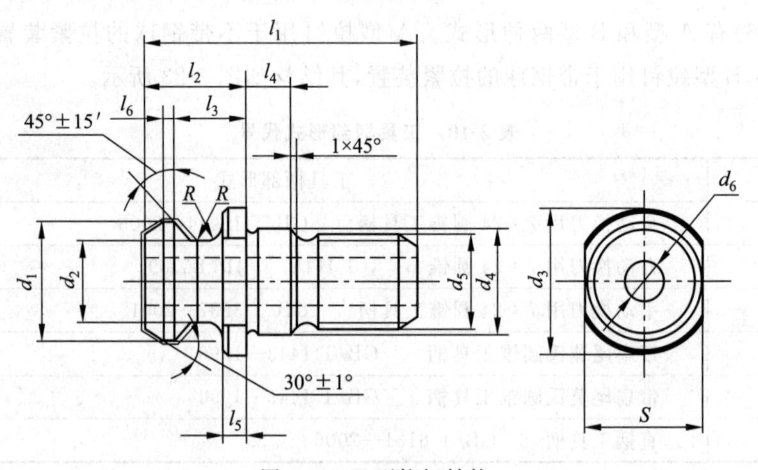

图 3-23 B 型拉钉结构

2）数控工具系统及其选用

由于加工中心要适应多种形式零件不同部位的加工，故刀具装夹部分的结构、形式、尺寸也应是多种多样的。把通用性较强的几种装夹工具(例如装夹铣刀、镗刀、铰刀、钻头和丝锥等)系列化、标准化就可发展成为互换性较强的工具系统。数控工具系统一般分为整体式结构和模块式结构两大类。

(1) 整体式工具系统。整体式工具系统是把工具柄部和装夹刀具的工作部分做成一体。不同品种和规格的工作部分都必须带有与机床主轴相连接的柄部。其优点是结构简单，使用方便、可靠，更换迅速等。缺点是所用的刀柄规格品种和数量较多。表 3-11 为 TSG 工具系统代号的含义，图 3-24 所示为 TSG 工具系统图。

表 3-11　TSG 工具系统代号的含义

代号	代号的含义	代号	代号的含义	代号	代号的含义
J	装接长刀杆用锥柄	KJ	用于装扩、铰刀	TF	浮动镗刀
Q	弹簧夹头	BS	倍速夹头	TK	可调镗刀头
KH	7∶24 锥柄快换夹头	H	倒锪端面刀	X	用于装铣削刀具
Z(J)	用于装钻夹头(莫氏锥度注 J)	T	镗孔刀具	XS	装三面刃铣刀
MW	装无扁尾莫氏锥柄刀具	TZ	直角镗刀	XM	装面铣刀
M	装有扁尾莫氏锥柄刀具	TQW	倾斜形微调镗刀	XDZ	装直角端铣刀
G	攻螺纹夹头	TQC	倾斜形粗镗刀	XD	装端铣刀
C	切内槽刀具	TZC	直角形粗镗刀		

注：用数字表示工具的规格，其含义随工具的不同而不同，有的表示轮廓尺寸；有的表示应用范围；还有的表示其他的参数值，如锥度号等。

(2) 模块式工具系统。把工具的柄部和工作部分分开，制成系统化的主柄模块、中间模块和工作模块，每类模块中又分为若干小类和规格，然后用不同规格的中间模块，组装成不同用途、不同规格的模块式工具。这样既方便了制造，也方便了使用和保管，大大减少了用户的工具储备，有很好的实用价值，如图 3-25 所示。目前，模块式工具系统已成为数控加工刀具发展的方向。图 3-26 为 TMG 工具系统的示意图。

(3) 数控刀具刀柄的选用。刀柄结构形式的选择需要考虑多种因素，对一些长期反复使用、不需要拼装的简单刀柄，如加工零件外轮廓时用的面铣刀刀柄、弹簧夹头刀柄及钻夹头刀柄等，以配备整体式刀柄为宜，这样的工具刚性好，价格便宜。当加工孔径、孔深经常变化的多品种、小批量零件时，以选用模块式工具为宜，可以取代大量整体式镗刀柄。当采用的加工中心较多时，应选用模块式工具，因为各台机床所用的中间模块(接杆)和工作模块(装刀模块)都可以通用，可大大减少设备投资，提高工具利用率，同时也利于工具的管理与维护。加工一些产量较大(年产几千件到上万件)且反复生产的典型工件时，应尽可能考虑选用复合刀具。在加工中心采用复合刀具加工，可把多道工序变成一道工序，由一把刀具完成，大大减少了加工时间。

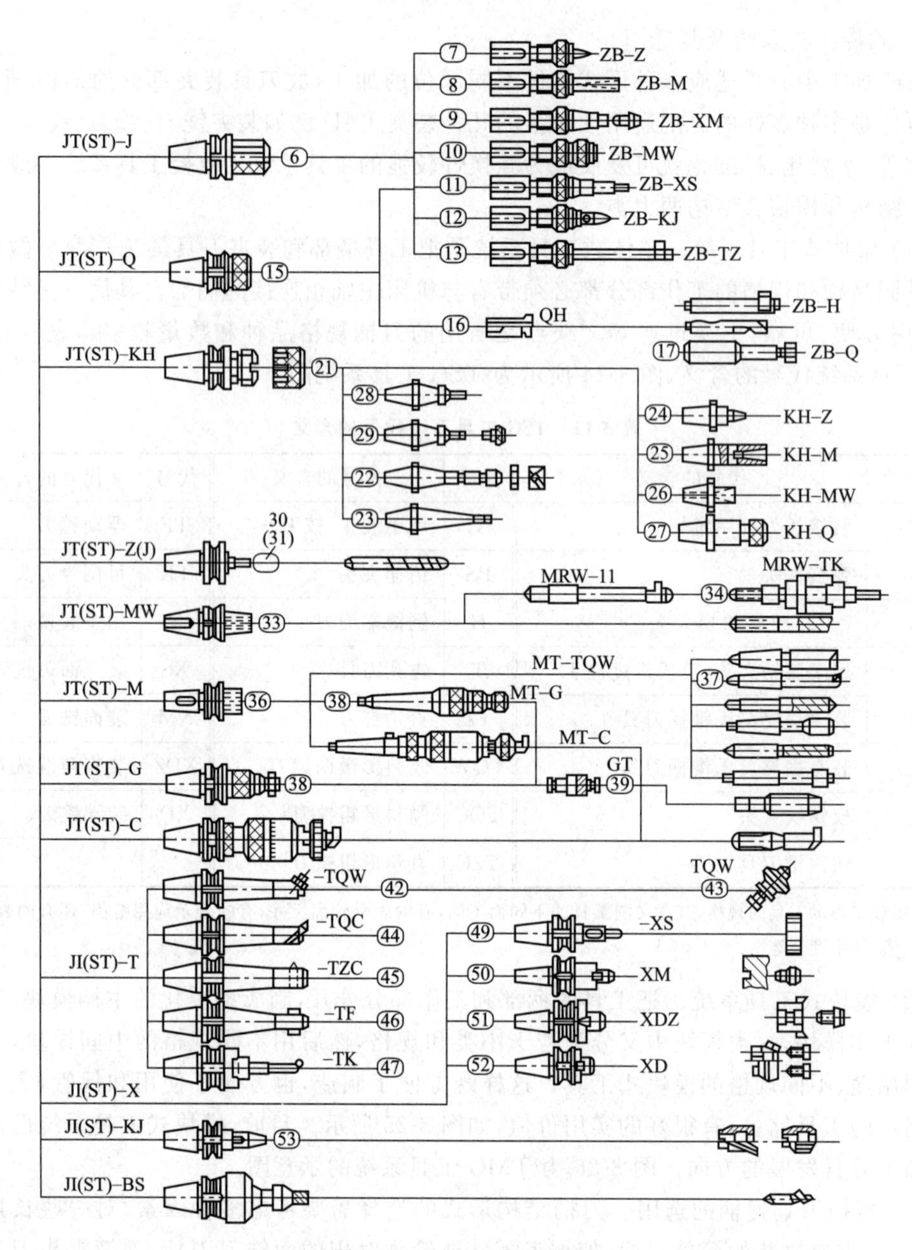

图 3-24　TSG 工具系统图

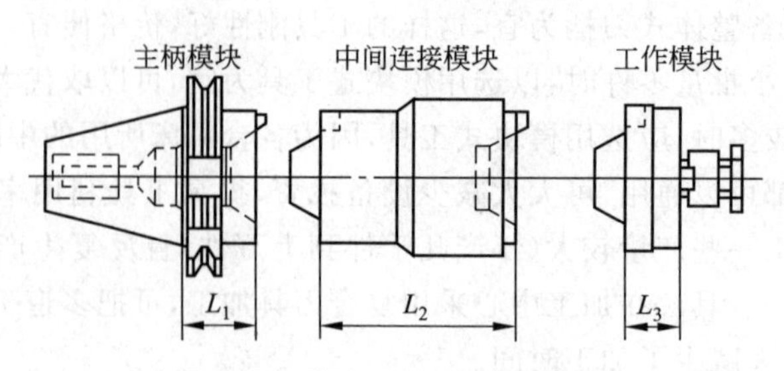

图 3-25　模块式工具系统的组成

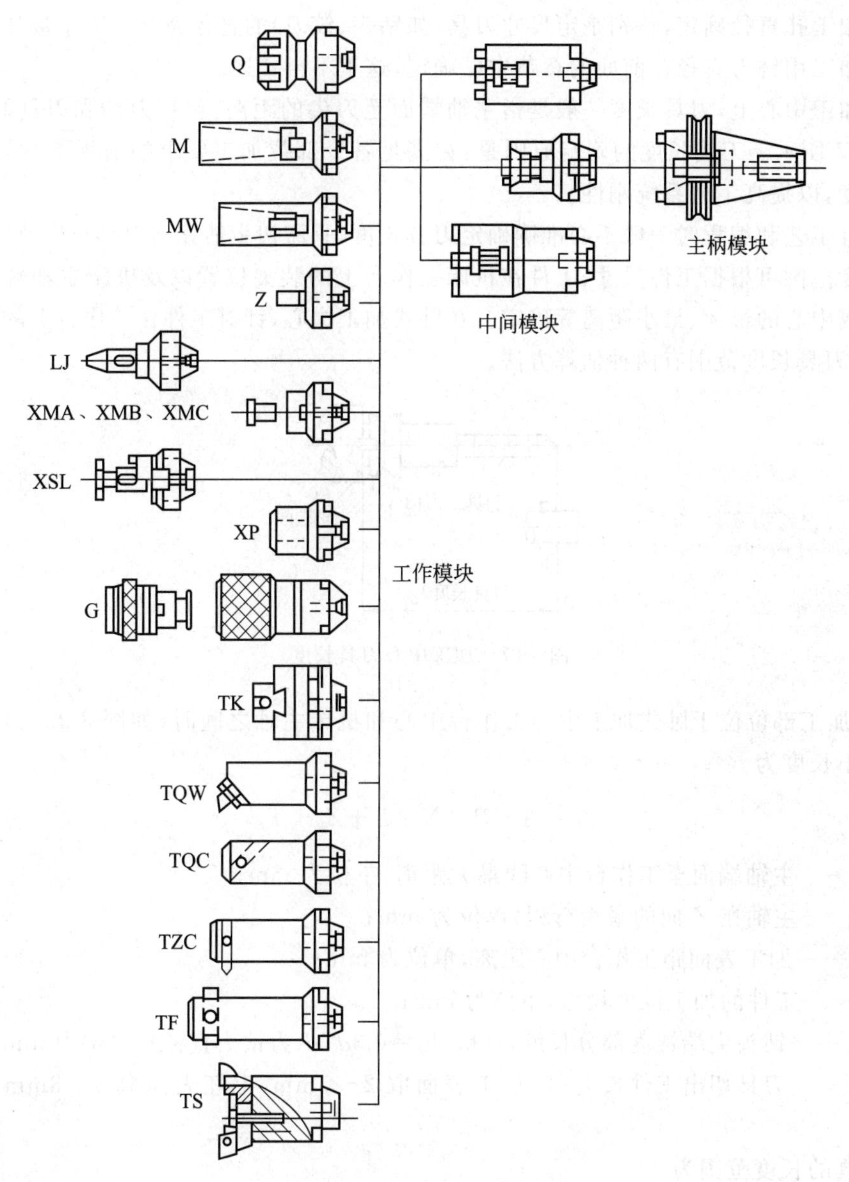

图 3-26　TMG 工具系统的示意图

在 TSG 工具系统中有很多刀柄不带刀具，这些刀柄相当于过渡的连接杆，必须再配置相应的刀具（如立铣刀、钻头、镗刀头和丝锥等）和附件（如钻夹头、弹簧卡头和丝锥夹头等）。

刀柄数量应根据要加工零件的规格、数量、复杂程度以及机床的负荷等因素配置，一般是所需刀柄的 2～3 倍。

刀柄的柄部应与机床相匹配。加工中心的主轴孔多为不自锁的 7∶24 锥度，在选择刀柄时，要求工具的柄部应与机床主轴孔的规格（40 号、45 号、50 号）相一致；工具柄部抓拿部位要能适应机械手的形态位置要求；拉钉的形状、尺寸要与机床主轴的拉紧机构相匹配。

（4）刀具尺寸的确定。刀具尺寸包括直径尺寸和长度尺寸。孔加工刀具的直径尺寸根据被加工孔直径确定，特别是定尺寸刀具（如钻头、铰刀）的直径完全取决于被加工孔直径。面加工用铣刀直径在前面的章节中已确定，这里不再赘述。

在加工中心上，刀具长度一般是指主轴端面至刀尖的距离，包括刀柄和刃具两部分，如图 3-27 所示。刀具长度的确定原则是：在满足各个部位加工要求的前提下，尽量减小刀具长度，以提高工艺系统刚性。

制订工艺和编程时一般不必准确确定刀具长度，只需初步估算出刀具长度范围即可。刀具长度范围可根据工件尺寸、工件在机床工作台上的装夹位置以及机床主轴端面距工作台面或中心的最大、最小距离等确定。在卧式加工中心，针对工件在工作台上的装夹位置不同，刀具长度范围有两种估算方法。

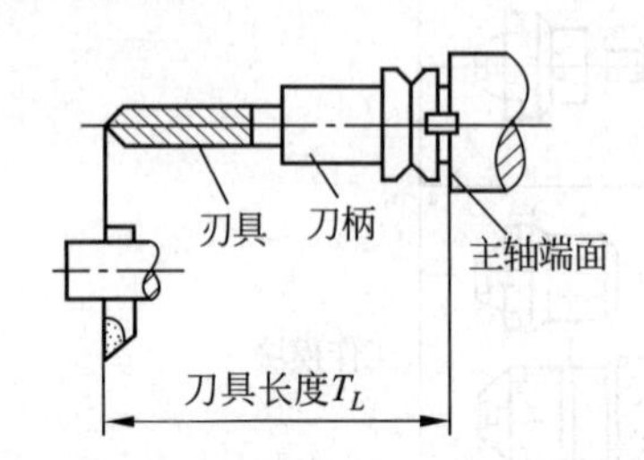

图 3-27 加工中心刀具长度

① 加工部位位于卧式加工中心工作台中心和机床主轴之间时（如图 3-28(a)所示），刀具最小长度为

$$T_L = A - B - N + L + Z_0 + T_t \tag{3-1}$$

式中：A——主轴端面至工作台中心线最大距离，单位为 mm；

B——主轴在 Z 向的最大行程，单位为 mm；

N——加工表面距工作台中心距离，单位为 mm；

L——工件的加工深度尺寸，单位为 mm；

T_t——钻头尖端锥度部分长度，一般 $T_t = 0.3d$（d 为钻头直径），单位为 mm；

Z_0——刀具切出工件长度（已加工表面取 2～5mm，毛坯表面取 5～8mm），单位为 mm。

刀具的长度范围为

$$T_L > A - B - N + L + Z_0 + T_t \tag{3-2}$$

$$T_L < A - N \tag{3-3}$$

② 加工部位位于卧式加工中心工作台中心和机床主轴两者之外时（如图 3-28(b)所示），刀具最小长度为

$$T_L = A - B + N + L + Z_0 + T_t \tag{3-4}$$

刀具长度范围为

$$T_L > A - B + N + L + Z_0 + T_t \tag{3-5}$$

$$T_L < A + N \tag{3-6}$$

满足式(3-2)和式(3-5)可避免机床负 Z 向超程，满足式(3-3)和式(3-6)可避免机床正 Z 向超程。

在确定刀具长度时，还应考虑工件其他凸出部位及夹具、螺钉对刀具运动轨迹的干涉。主轴端面至工作台中心的最大、最小距离由机床样本提供。

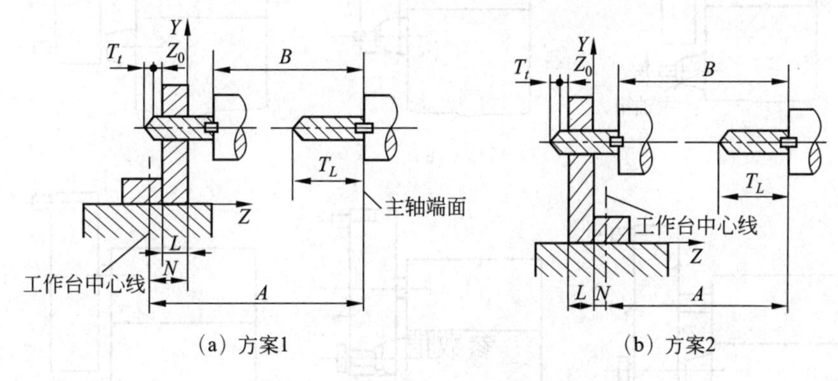

(a) 方案1　　(b) 方案2

图 3-28　加工中心刀具长度的确定

3. 刀库及自动换刀

加工中心的刀库形式较多，结构各异，常见的为日内瓦式刀库（俗称斗笠式刀库），如图 3-29 所示和链式刀库，如图 3-30 所示。

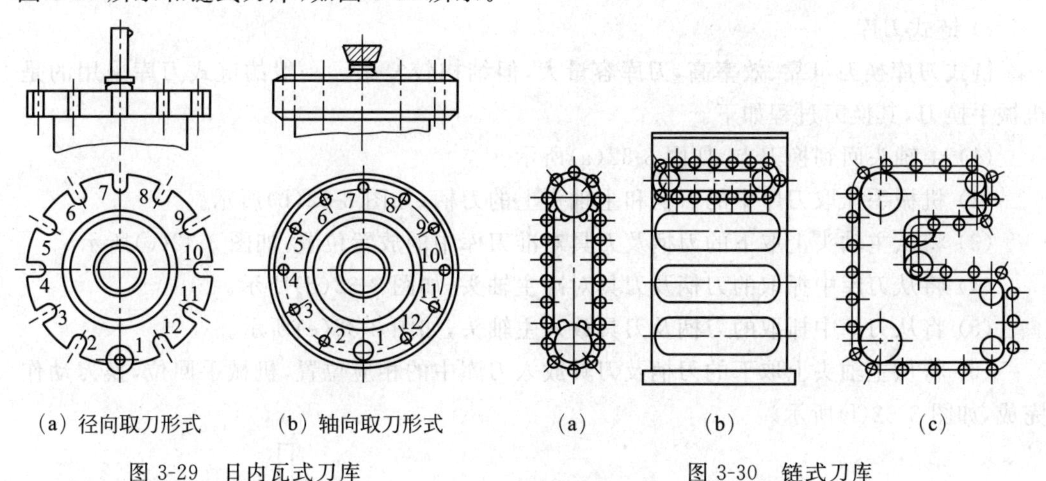

(a) 径向取刀形式　(b) 轴向取刀形式　(a)　(b)　(c)

图 3-29　日内瓦式刀库　　图 3-30　链式刀库

1) 日内瓦式刀库

日内瓦式刀库结构简单、紧凑、应用较多，但其换刀时间较链式刀库长。存放刀具数量不超过 32 把。一般的日内瓦式刀库换刀过程如下。

(1) 主轴头回到换刀点，如图 3-31(a)所示。

(2) 刀库水平移动到换刀点，此时主轴头上的刀柄及刀具被放回到刀库的对应位置，如图 3-31(b)所示。

(3) 主轴头升高（或刀库下降），刀柄及刀具留在刀库中，如图 3-31(c)所示。

(4) 刀库回转，下一把刀柄及刀具对准主轴头的位置，如图 3-31(d)所示。

(5) 主轴头下降（或刀库上升），刀柄及刀具被主轴头抓取，如图 3-31(e)所示。

(6) 刀库水平移动离开换刀点，换刀动作完成，如图 3-31(f)所示。

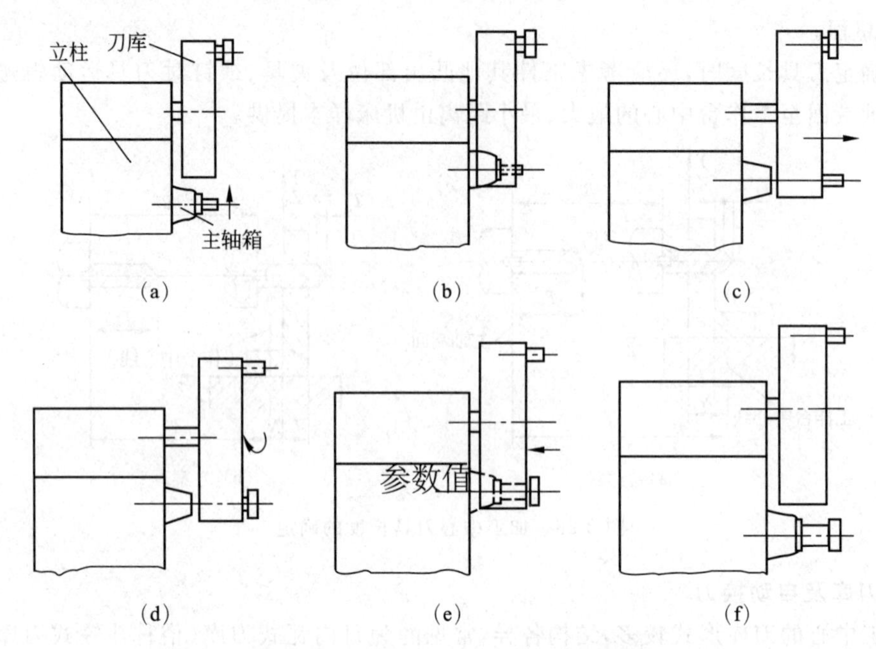

图 3-31 日内瓦式刀库换刀过程示意图

2) 链式刀库

链式刀库换刀可靠、效率高，刀库容量大，但结构较复杂。一般的链式刀库采用的是机械手换刀，其换刀过程如下。

(1) 主轴头回到换刀点，如图 3-32(a)所示。

(2) 机械手抓取刀库中的刀柄和主轴头上的刀柄，如图 3-32(b)所示。

(3) 将从主轴头上取下的刀柄及刀具对准刀库中的放置位置，如图 3-32(c)所示。

(4) 将从刀库中抓取的刀柄及刀具对准主轴头，如图 3-32(d)所示。

(5) 将从刀库中抓取的刀柄及刀具放入主轴头，如图 3-32(e)所示。

(6) 将从主轴头上取下的刀柄及刀具放入刀库中的相应位置，机械手回位，换刀动作完成，如图 3-32(f)所示。

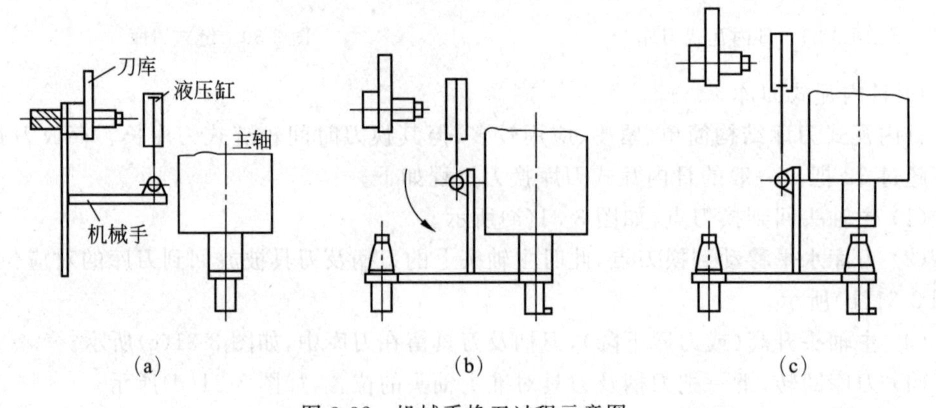

图 3-32 机械手换刀过程示意图

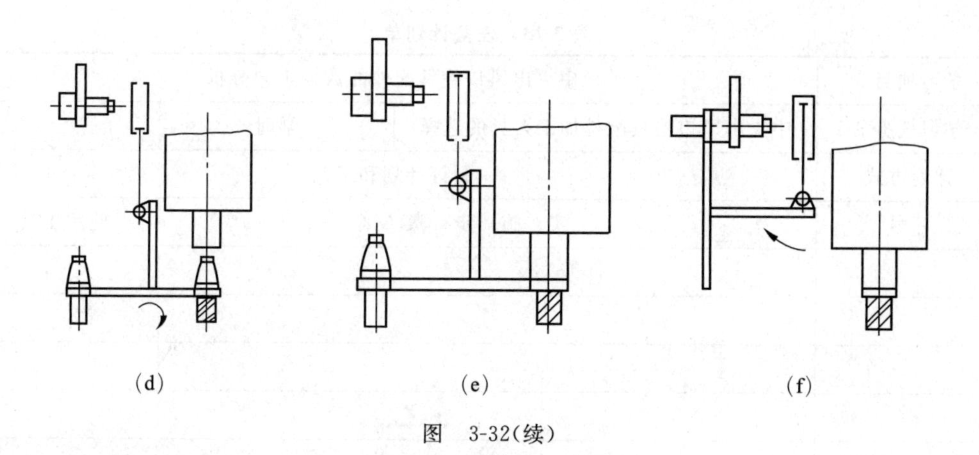

图　3-32(续)

3.3.3　参考案例

选择图 3-6 零件加工所用刀具步骤如下。

铣削上下平面时，为提高切削效率和加工精度，减少接刀刀痕，选用 ϕ125 硬质合金可转位铣刀。根据零件的结构特点，铣削矩形槽时，铣刀直径受矩形槽拐角圆弧半径 $R6$ 限制，选择 ϕ10mm 高速钢立铣刀，刀尖圆弧 r_ε 半径受矩形槽底圆弧半径 $R1$ 限制，取 $r_\varepsilon=1$mm。加工 ϕ8、ϕ10 孔时，先用 ϕ7.8、ϕ9.8 钻头钻削底孔，然后用 ϕ8、ϕ10 铰刀铰孔。所选刀具及其加工表面详见表 3-12。

表 3-12　数控加工刀具卡片

产品名称或代号			零件名称		零件图号	
序号	刀具号	刀具规格名称	数量	加工表面		备注
1	T01	ϕ125 可转位面铣刀	1	铣上下表面		
2	T02	ϕ4 中心钻	1	钻中心孔		
3	T03	ϕ7.8 钻头	1	钻 ϕ8H9 孔和工艺孔底孔		
4	T04	ϕ9.8 钻头	1	钻 2—ϕ10H9 孔底孔		
5	T05	ϕ8 铰刀	1	铰 ϕ8H9 孔		
6	T06	ϕ10 铰刀	1	铰 2—ϕ10H9 孔		
7	T07	ϕ10 高速钢立铣刀	1	铣削矩形槽、外形		$r_\varepsilon=1$mm
编制		审核		批准	共　页	第　页

3.3.4　制订计划

明确如何完成中央出风口检具配件加工刀具的选择及步骤，根据实际情况制订如表 3-13所示计划单。

表 3-13 任务计划单

学习项目3	中央出风口检具配件的数控工艺分析				
学习任务3	中央出风口检具配件加工刀具的选择			学时	
计划方式	制订计划和工艺				
序号	实 施 步 骤				使用工具
计划评价	班级		第 组	组长签字	
	教师签字			日期	
	评语				

3.3.5 任务实施

明确如何完成中央出风口检具配件加工刀具的选择任务，根据实际情况填写如表3-14所示任务实施单。

表 3-14 任务实施单

学习项目3	中央出风口检具配件的数控工艺分析		
学习任务3	中央出风口检具配件加工刀具的选择	学时	
实施方式	小组针对实施计划进行讨论，决策后每人填写一份任务实施单		

实施内容：

填写下列刀具卡片。

产品名称或代号			零件名称		零件图号		
序号	刀具号	刀具规格名称	数量	加工表面			备注
编制		审核	×××	批准	共 页	第 页	
班级			第 组	组长签字			
教师签字			日期				

3.3.6　任务评价

根据学生完成任务的情况及课堂表现,教师填写任务评价单,如表 3-15 所示。

表 3-15　任务评价单

评价等级 (在对应等级前打√)	等级分类	评　价　标　准		
	优秀	能高质量、高效率地完成加工刀具的选择		
	良好	能在无教师指导下完成加工刀具的选择		
	中等	能在教师的偶尔指导下完成加工刀具的选择		
	合格	能在教师的全程指导下完成加工刀具的选择		
班级		第　组	姓名	
教师签字		日期		

任务 3.4　中央出风口检具配件的切削用量选择

3.4.1　任务单

中央出风口检具配件的切削用量选择任务单,如表 3-16 所示。

表 3-16　项目任务单

学习项目 3	中央出风口检具配件的数控工艺分析		
学习任务 4	中央出风口检具配件的切削用量选择	学时	4
布　置　任　务			
学习目标	1. 掌握数控切削零件三要素。 2. 掌握数控切削零件背吃刀量的确定方法。 3. 掌握数控切削零件进给速度 f 的确定方法。 4. 掌握数控切削零件主轴转速 n 的确定方法。		
任务描述	1. 理解数控切削零件三要素的概念。 2. 掌握数控切削零件背吃刀量的确定方法。 3. 掌握数控切削零件进给速度的确定方法。 4. 掌握数控切削零件主轴转速 n 的确定方法。 5. 填写相应单据。		
对学生的要求	1. 小组讨论如何确定各加工部分切削的用量。 2. 小组讨论填写计划单。 3. 小组讨论填写实施单。 4. 独立进行任务实施单的填写。 5. 积极参加小组任务讨论,严禁抄袭,遵守纪律。		
学时安排	4		

3.4.2 任务相关知识

切削用量的选择与计算相关知识可参考项目 1。

3.4.3 参考案例

图 3-6 案例零件切削用量的选择步骤如下。

精铣上下表面时留 0.1mm 铣削余量，铰 $\phi8$、$\phi10$ 两个孔时留 0.1mm 铰削余量。选择主轴转速与进给速度时，先查切削用量手册，确定切削速度 v_c 与每齿进给量 f_z（或进给量 f），然后按式 $v_c=\pi dn/1000$、$v_f=nf=nZf_z$ 计算主轴转速与进给速度（计算过程略）。

注意：铣削外形时，应使工件与工艺凸台之间留有 1mm 左右的材料连接，最后钳工去除工艺凸台。

3.4.4 制订计划

明确如何完成中央出风口检具配件的加工切削用量的选择及步骤，根据实际情况制订表 3-17计划单。

表 3-17 任务计划单

学习项目 3	中央出风口检具配件的数控工艺分析				
学习任务 4	中央出风口检具配件的加工切削用量选择			学时	
计划方式	制订计划和工艺				
序号	实 施 步 骤				使用工具
计划评价	班级		第 组	组长签字	
	教师签字			日期	
	评语				

3.4.5　任务实施

明确如何确定中央出风口检具配件的加工切削用量的步骤，根据实际情况制订表 3-18 所示实施单。

表 3-18　任务实施单

学习项目 3	中央出风口检具配件的数控工艺分析			
学习任务 4	中央出风口检具配件的加工切削用量选择		学时	
实施方式	小组针对实施计划进行讨论，决策后每人填写一份任务实施单			
实施内容： (1) 该零件背吃刀量的选择。 (2) 该零件主轴转速的选择。 (3) 该零件进给速度的选择。				
班级		第　组	组长签字	
教师签字		日期		

3.4.6　任务评价

根据学生课堂表现及学生完成任务情况，教师填写如表 3-19 所示任务评价单。

表 3-19　任务评价单

评价等级 (在对应等级前打√)	等级分类	评　价　标　准	
	优秀	能高质量、高效率地完成切削用量的选择	
	良好	能在无教师指导下完成切削用量的选择	
	中等	能在教师的偶尔指导下完成切削用量的选择	
	合格	能在教师的全程指导下完成切削用量的选择	
班级		第　组	姓名
教师签字		日期	

任务 3.5　中央出风口检具配件的工艺文件的制订

3.5.1　任务单

中央出风口检具配件的工艺文件制订任务单，如表 3-20 所示。

表 3-20 项目任务单

学习项目 3	中央出风口检具配件的数控工艺分析		
学习任务 5	中央出风口检具配件的工艺文件的制订	学时	4
布 置 任 务			
学习目标	1. 掌握绘制加工中心加工工艺卡、数控刀具卡、数控加工走刀路线图、数控加工工件安装和原点设定卡的方法。 2. 掌握加工中心加工工艺卡的填写方法。 3. 掌握中央出风口检具配件等综合加工零件的数控加工工艺分析方法。		
任务描述	1. 学会正确划分加工中心加工工序内容。 2. 学会计算生产纲领，正确确定生产类型。 3. 掌握加工中心加工工艺规程包括的内容和作用。 4. 学会正确绘制加工中心加工工艺文件。		
对学生的要求	1. 小组讨论中央出风口检具配件的工艺路线方案。 2. 小组讨论填写中央出风口检具配件的工艺卡片。 3. 小组讨论填写实施单。 4. 参与工艺研讨，汇报中央出风口检具配件加工工艺，接受教师与同学的点评，同时参与评价小组自评与互评。		
学时安排	4		

3.5.2 任务相关知识

本任务相关知识参考项目 1 有关内容。

3.5.3 参考案例

图 3-6 案例零件各工步的加工内容、所用刀具和切削用量见表 3-21 所示。

表 3-21 底盒数控加工工艺卡片

单位名称	×××	产品名称或代号	零件名称	零件图号
		×××	座盒	×××
工序号	程序编号	夹具名称	使用设备	车间
×××	×××	螺旋压板	TH5660A	数控中心

工步号	工步内容	刀具号	刀具规格/mm	主轴转速/(r/min)	进给速度/(mm/min)	背/侧吃刀量/mm	备注
1	粗铣上表面	T01	$\phi125$	200	100		自动
2	精铣上表面	T01	$\phi125$	300	50	0.1	自动
3	粗铣下表面	T01	$\phi125$	200	100		自动
4	精铣下表面，保证尺寸 25±0.2	T01	$\phi125$	300	50	0.1	自动
5	钻工艺孔的中心孔(2 个)	T02	$\phi4$	900	40		自动

续表

工步号	工步内容	刀具号	刀具规格/mm	主轴转速/(r/min)	进给速度/(mm/min)	背/侧吃刀量/mm	备注
6	钻工艺孔底孔至 $\phi7.8$	T03	$\phi7.8$	400	60		自动
7	铰工艺孔	T05	$\phi8$	100	40		自动
8	粗铣底面矩形槽	T07	$\phi10$	800	100	0.5	自动
9	精铣底面矩形槽	T07	$\phi10$	1000	50	0.2	自动
10	底面及工艺孔定位，钻 $\phi8$、$\phi10$ 中心孔	T02	$\phi4$	900	40		自动
11	钻 $\phi8$H9 底孔至 $\phi7.8$	T03	$\phi7.8$	400	60		自动
12	铰 $\phi8$H9 孔	T05	$\phi8$	100	40		自动
13	钻 2－$\phi10$H9 底孔至 $\phi9.8$	T04	$\phi9.8$	400	60		自动
14	铰 2－$\phi10$H9 孔	T06	$\phi10$	100	40		自动
15	粗铣正面矩形槽及外形(分层)	T07	$\phi10$	800	100	0.5	自动
16	精铣正面矩形槽及外形	T07	$\phi10$	1000	50	0.1	自动
编制	审核		批准	年 月 日		共 页	第 页

3.5.4 制订计划

明确如何完成中央出风口检具配件的工艺文件的制订及完成步骤，根据实际情况制订表 3-22 所示计划单。

表 3-22 任务计划单

学习项目 3	中央出风口检具配件的数控工艺分析				
学习任务 5	中央出风口检具配件的工艺文件的制订			学时	
计划方式	制订计划和工艺				
序号	实施步骤				使用工具
计划评价	班级		第 组	组长签字	
	教师签字			日期	
	评语				

3.5.5 任务实施

明确如何完成中央出风口检具配件的工艺文件的制订及实施步骤，根据实际情况填写表 3-23 所示任务实施单。

表 3-23 任务实施单

<table>
<tr><td>学习项目 3</td><td colspan="3">中央出风口检具配件的数控工艺分析</td></tr>
<tr><td>学习任务 5</td><td>中央出风口检具配件的工艺文件的制订</td><td>学时</td><td></td></tr>
<tr><td>实施方式</td><td colspan="3">小组针对实施计划进行讨论，决策后每人填写一份任务实施单</td></tr>
<tr><td colspan="4">实施内容：
填写中央出风口的加工工艺卡片。</td></tr>
</table>

<table>
<tr><td rowspan="2">单位名称</td><td rowspan="2"></td><td colspan="2">产品名称或代号</td><td colspan="2">零件名称</td><td colspan="2">零件图号</td></tr>
<tr><td colspan="2"></td><td colspan="2"></td><td colspan="2"></td></tr>
<tr><td>工序号</td><td>程序编号</td><td colspan="2">夹具名称</td><td colspan="2">使用设备</td><td colspan="2">车间</td></tr>
<tr><td>001</td><td></td><td colspan="2">三爪卡盘和活动顶尖</td><td colspan="2"></td><td colspan="2">数控中心</td></tr>
<tr><td>工步号</td><td>工步内容</td><td>刀具号</td><td>刀具规格/mm</td><td>主轴转速/(r/min)</td><td>进给速度/(mm/min)</td><td>背吃刀量/mm</td><td>备注</td></tr>
<tr><td></td><td></td><td></td><td></td><td></td><td></td><td></td><td></td></tr>
<tr><td></td><td></td><td></td><td></td><td></td><td></td><td></td><td></td></tr>
<tr><td></td><td></td><td></td><td></td><td></td><td></td><td></td><td></td></tr>
<tr><td></td><td></td><td></td><td></td><td></td><td></td><td></td><td></td></tr>
<tr><td></td><td></td><td></td><td></td><td></td><td></td><td></td><td></td></tr>
<tr><td></td><td></td><td></td><td></td><td></td><td></td><td></td><td></td></tr>
<tr><td>编制</td><td></td><td>审核</td><td></td><td>批准</td><td></td><td>共 页</td><td>第 页</td></tr>
<tr><td colspan="2">班级</td><td></td><td></td><td>第 组</td><td>组长签字</td><td colspan="2"></td></tr>
<tr><td colspan="2">教师签字</td><td></td><td>日期</td><td colspan="4"></td></tr>
</table>

3.5.6 任务评价

根据学生任务完成情况及课堂表现，教师填写如表 3-24 所示任务评价单。

表 3-24 任务评价单

<table>
<tr><td>评价等级
(在对应等级前打√)</td><td>等级分类</td><td colspan="3">评 价 标 准</td></tr>
<tr><td></td><td>优秀</td><td colspan="3">能高质量、高效率地完成数控加工工艺卡片的填写及本项目的 PPT 汇报</td></tr>
<tr><td></td><td>良好</td><td colspan="3">能在无教师指导下完成数控加工工艺卡片的填写及本项目的 PPT 汇报</td></tr>
<tr><td></td><td>中等</td><td colspan="3">能在教师的偶尔指导下完成数控加工工艺卡片的填写及本项目的 PPT 汇报</td></tr>
<tr><td></td><td>合格</td><td colspan="3">能在教师的全程指导下完成数控加工工艺卡片的填写及本项目的 PPT 汇报</td></tr>
<tr><td>班级</td><td></td><td>第 组</td><td>姓名</td><td></td></tr>
<tr><td>教师签字</td><td></td><td>日期</td><td colspan="2"></td></tr>
</table>

项目 4

卡扣配合件的数控工艺分析

【项目介绍】

在工业产品中,配合件在生产加工各个环节应用十分广泛,尤其是在一些模具、夹具零件加工中有大量的配合件。在模具行业、机修行业和夹具制造中,多为单件小批生产,而零件图纸上标注的公差与配合是建立在大批量互换性生产基础上的。在单件小批生产中多采用试切法加工。由于操作者怕出现废品,往往"瞄准"最大实体尺寸(孔的最小极限尺寸和轴的最大极限尺寸)进行加工,装配后配合性质偏紧,有时达不到原设计所要求的配合性能。为了确保单件生产中零件的配合性能,可以采取两个措施:一是缩小零件的公差,但这样会使生产成本增加,所以一般不采用;二是采用配制配合。

本项目选取储物盒模具卡扣配合件,如图 4-1 所示,零件材料为 LY12 铝合金,要求表面无划伤,刮痕,表面喷砂,阳极氧化亮银,试对其进行数控加工工艺分析。卡扣配合件的零件实体图如图 4-1 所示。

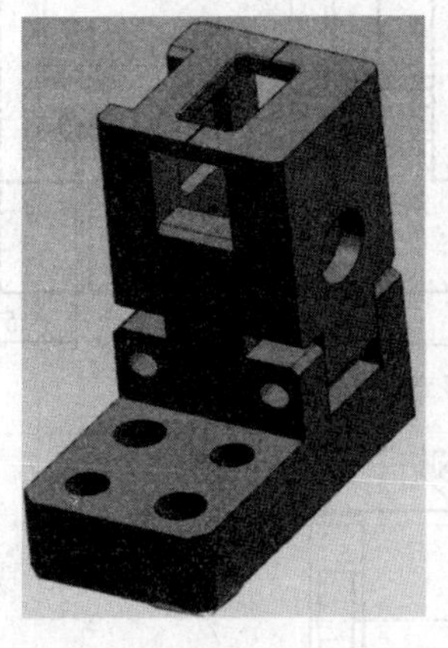

图 4-1　卡扣配合件的零件实体图

【学习目标】

(1) 学会配合零件的结构工艺性分析方法。

(2) 学会配合零件毛坯种类、制造方法、形状与尺寸的选择原则。

(3) 学会配合零件的定位方法及定位基准选择原则。

（4）学会制订配合零件加工工艺路线，选择加工方法及确定加工顺序。

（5）能读懂卡扣配合件的加工工艺规程。

任务 4.1　卡扣配合件的图纸分析及毛坯选择

4.1.1　任务单

卡扣配合件的图纸分析及毛坯选择的任务单见表 4-1。

表 4-1　项目任务单

<table>
<tr><td>学习项目 4</td><td colspan="3">卡扣配合件的数控工艺分析</td></tr>
<tr><td>学习任务 1</td><td>卡扣配合件的图纸分析及毛坯选择</td><td>学时</td><td>4</td></tr>
<tr><td colspan="4">布　置　任　务</td></tr>
<tr><td>学习目标</td><td colspan="3">1. 学会对零件图的尺寸分析和对零件的结构分析。
2. 学会对零件图的技术要求合理性分析。
3. 能够读懂零件图的技术要求。
4. 能够根据毛坯选择原则完成零件毛坯的选择。</td></tr>
<tr><td>任务描述</td><td colspan="3">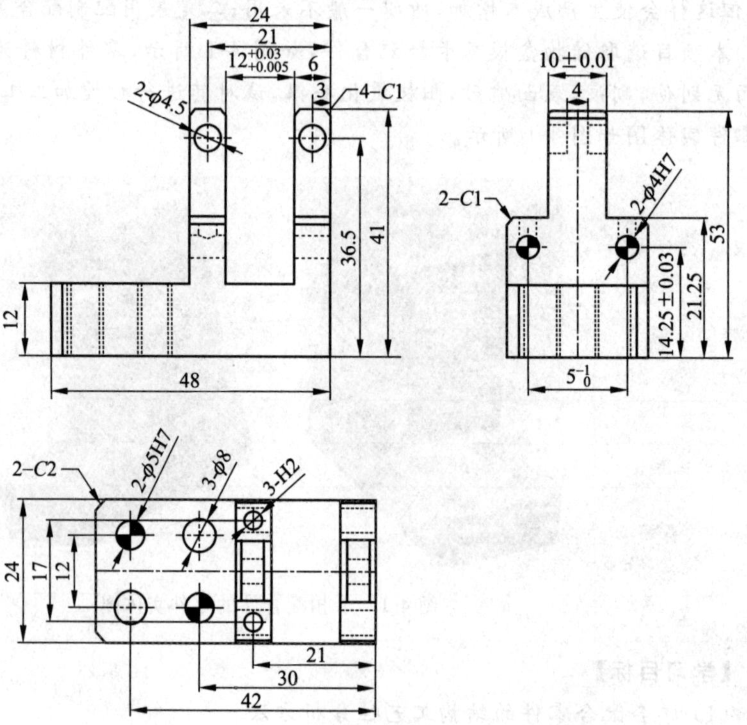
</td></tr>
</table>

续表

任务描述	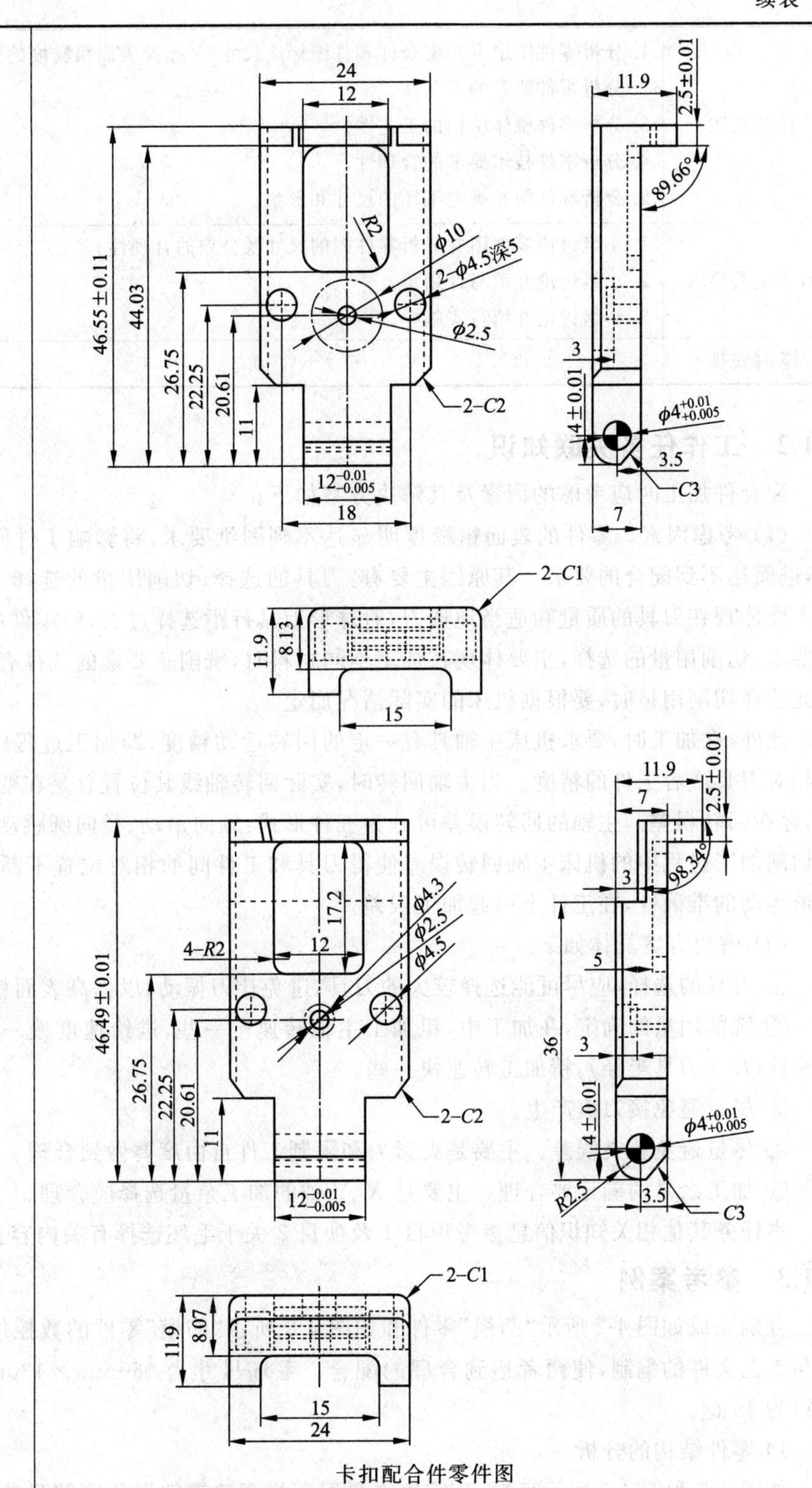 卡扣配合件零件图

续表

任务描述	1. 分析零件图中卡扣配合件零件图标注尺寸、公差及表面粗糙度的合理性。 2. 分析零件要素的工艺性。 3. 分析零件整体结构的工艺性。 4. 分析零件技术要求的合理性。 5. 分析零件图并确定毛坯的尺寸和形状。
对学生的要求	1. 小组讨论零件图并分析零件图的尺寸及公差的合理性。 2. 小组讨论并填写计划单。 3. 小组讨论并填写实施单。
学时安排	4

4.1.2 工作任务关联知识

配合件加工时应考虑的因素及其解决方案如下。

(1) 考虑因素。零件的表面粗糙度明显达不到图纸要求,将影响工件间配合的紧密度,进而达不到配合的要求。其原因主要有:刀具的选择、切削用量的选择等。刀具的选择主要体现在刀具的质量和适当地选刀,对球形刀具行距选择过大,使零件的粗糙度达不到要求;切削用量的选择,主要体现在加工不同材料时,铣削三要素的选择有很大的差异,因此选择切削用量时,要根据机床的实际情况而定。

此外,在加工时,要求机床主轴具有一定的回转运动精度,即加工过程中主轴回转中心相对刀具或者工件的精度。当主轴回转时,实际回转轴线其位置总是在变动的,也就是说,存在回转误差。主轴的回转误差可分为三种形式:轴向窜动、径向圆跳动和角度摆角。在切削加工过程中的机床主轴回转误差使得刀具和工件间的相对位置不断变化,影响着成形运动的准确性,在工件上引起加工误差。

(2) 解决方案具体如下。

① 刀具的选择,应尽可能选择较大的刀具,避免让刀振动,以提高表面粗糙度。

② 铣削用量的确定,在加工中,粗加工主轴转速慢一些,进给速度慢一些,铣削深度大一些(D<刀具半径),精加工转速快一些。

③ 尽量避免接刀痕产生。

④ 尽量避免装夹误差。主要是夹紧力和限制工件自由度要做到合理。

⑤ 加工余量的确定要合理。主要是 X、Y 轴的加工余量选择应合理。

本任务其他相关知识信息参考项目 1 及项目 2 关于毛坯选择有关内容。

4.1.3 参考案例

分别完成如图 4-2 所示“凸模”零件和如图 4-3 所示“凹模”零件的数控加工工艺的分析与工艺文件的编制,使两者达到合理的配合。毛坯尺寸为 160mm×130mm×30mm,材料为 45 钢。

1) 零件结构的分析

如图 4-2 和图 4-3 所示可知,该零件需要配合的薄壁零件形状比较简单,但是结构较复杂，表面质量和精度要求较高，因此，从精度要求上考虑，定位和工序安排比较关键。为了保证加工精度和表面质量，根据毛坯质量（主要是指形状和尺寸），分析采用两次定位（一次粗定位，一次精定位）装夹加工完成，按照基面先行、先主后次、先近后远、先里后外、先粗后精、先面后孔的原则依次划分工序加工。

2）加工余量的分析

根据精度要求，该图的尺寸精度要求较高，即需要有余量的计算，正确规定加工余量的数值，是完成加工要求的重要任务之一。在具体确定工序的加工余量时，应根据下列条件选择大小：

（1）在最后的加工工序，加工余量应达到图纸上所规定的表面粗糙度和精度要求；

（2）考虑加工方法、设备的刚性以及零件可能发生的变形；

（3）考虑零件热处理时引起的变形；

（4）考虑被加工零件的大小，零件越大，由于切削力、内应力引起的变形越会增加，因此要求加工余量也相应地大一些。

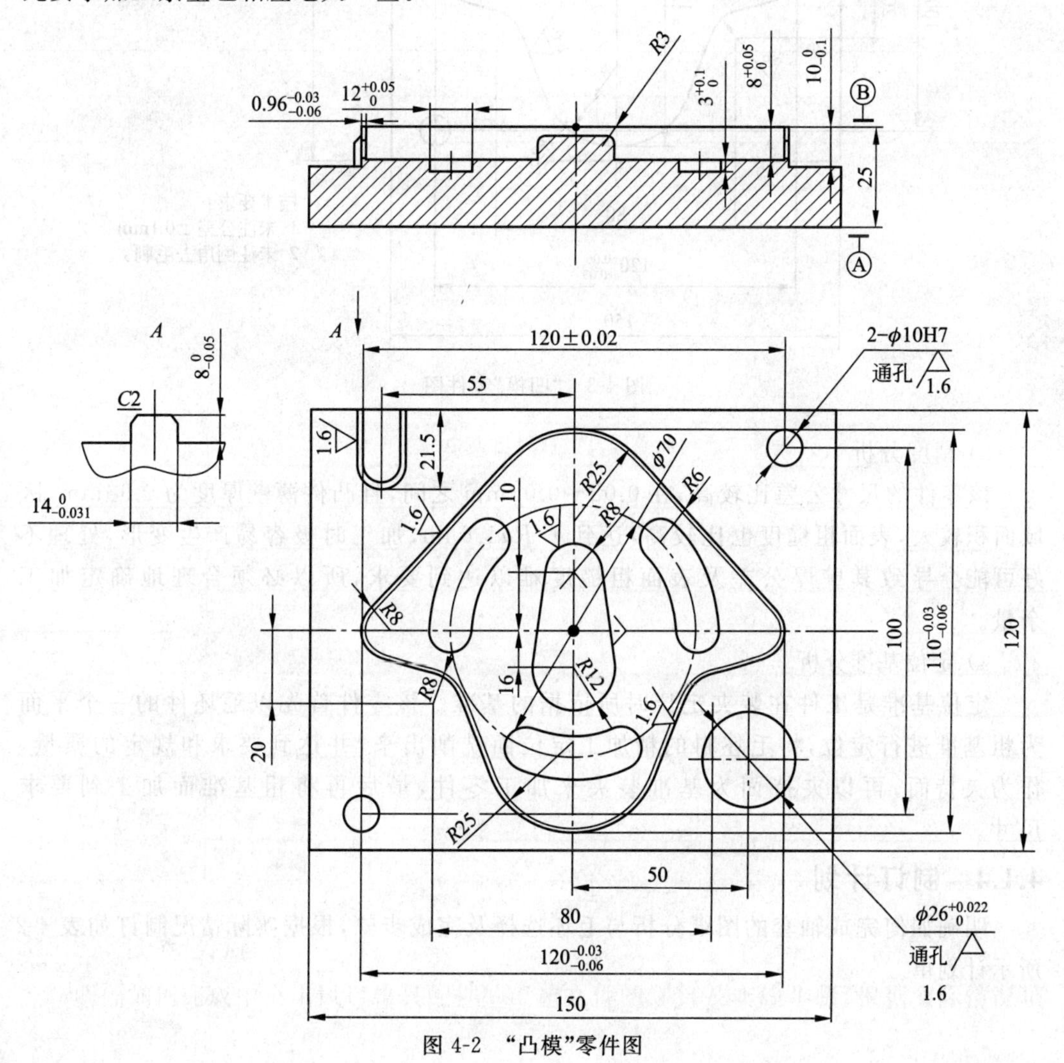

图 4-2　“凸模”零件图

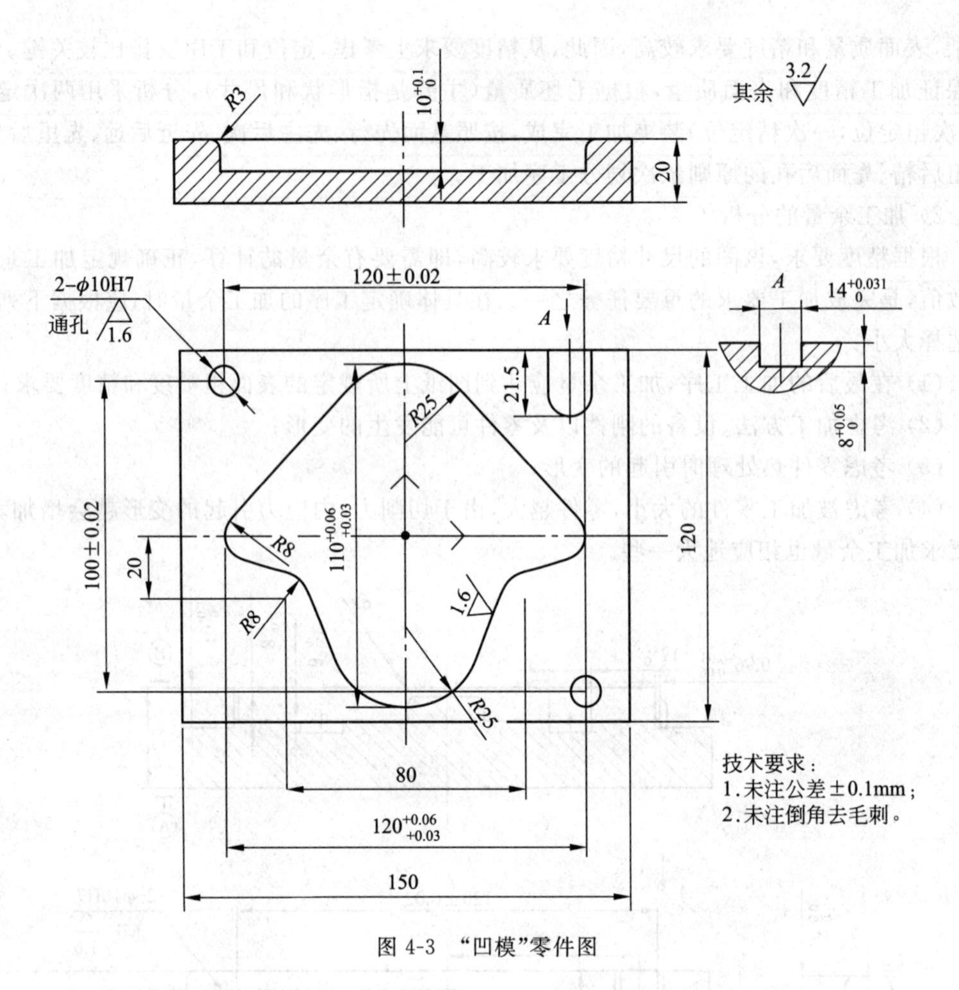

图 4-3 “凹模”零件图

3）精度分析

该零件的尺寸公差比较高，在0.02～0.03mm之间，且凸件薄壁厚度为0.96mm，区域面积较大，表面粗糙度也比较高，达到了$Ra1.6\mu m$，加工时极容易产生变形，处理不好可能会导致其壁厚公差及表面粗糙度难以达到要求，所以必须合理地确定加工余量。

4）定位基准分析

定位基准是工件在装夹定位时所依据的基准。该零件首先以毛坯件的一个平面为粗基准进行定位，将毛坯料的精加工定位面铣削出来，并达到要求和规定的质量，作为夹持面，再以夹持面为基准装夹来加工零件，最后再将粗基准面加工到要求尺寸。

4.1.4 制订计划

明确如何完成轴套的图纸分析与毛坯选择及完成步骤，根据实际情况制订如表4-2所示计划单。

表 4-2　卡扣配合件任务计划单

<table>
<tr><td>学习项目 4</td><td colspan="5">卡扣配合件的数控工艺分析</td></tr>
<tr><td>学习任务 1</td><td colspan="2">卡扣配合件的图纸分析及毛坯选择</td><td colspan="2">学时</td><td></td></tr>
<tr><td>计划方式</td><td colspan="5">制订计划和工艺</td></tr>
<tr><td>序号</td><td colspan="4">实　施　步　骤</td><td>使用工具</td></tr>
<tr><td></td><td colspan="4"></td><td></td></tr>
<tr><td></td><td colspan="4"></td><td></td></tr>
<tr><td></td><td colspan="4"></td><td></td></tr>
<tr><td></td><td colspan="4"></td><td></td></tr>
<tr><td></td><td colspan="4"></td><td></td></tr>
<tr><td rowspan="3">计划评价</td><td>班级</td><td></td><td>第　组</td><td>组长签字</td><td></td></tr>
<tr><td>教师签字</td><td></td><td></td><td>日期</td><td></td></tr>
<tr><td>评语</td><td colspan="4"></td></tr>
</table>

4.1.5　任务实施

根据所学内容具体实施卡扣配合件的图纸分析及完成毛坯选择任务，填写表 4-3 任务实施单。

表 4-3　任务实施单

<table>
<tr><td>学习项目 4</td><td colspan="3">卡扣配合件的数控工艺分析</td></tr>
<tr><td>学习任务 1</td><td>卡扣配合件的图纸分析及毛坯选择</td><td>学时</td><td></td></tr>
<tr><td>实施方式</td><td colspan="3">小组针对实施计划进行讨论，决策后每人填写一份任务实施单</td></tr>
</table>

实施内容：

回答下列问题。

1. 根据零件图纸，分析该零件属于什么类型的零件？
2. 根据零件图纸，分析该零件由什么材料组成？
3. 根据零件图纸，分析该零件的加工表面主要有哪几部分？
4. 根据零件图纸，分析该零件不同部分的精度要求是什么？
5. 根据零件图纸，分析该零件不同部分的粗糙度要求是什么？
6. 该零件有无热处理要求？
7. 根据毛坯选择原则，该零件加工毛坯尺寸为多少？
8. 根据该零件的图纸，分析该零件加工时应采取什么措施才能更好地完成加工任务？

班级		第　组	组长签字	
教师签字		日期		

4.1.6 任务评价

根据学生任务的完成情况及课堂表现情况，教师填写表 4-4 任务评价单。

表 4-4 卡扣配合件任务评价单

评价等级 （在对应等级前打√）	等级分类	评 价 标 准		
	优秀	能高质量、高效率地完成零件图分析和毛坯选择		
	良好	能在无教师指导下完成零件图分析和毛坯选择		
	中等	能在教师的偶尔指导下完成零件图分析和毛坯选择		
	合格	能在教师的全程指导下完成零件图分析和毛坯选择		
班级		第 组	姓名	
教师签字		日期		

任务 4.2 卡扣配合件加工工艺路线的拟订

4.2.1 任务单

卡扣配合件的加工工艺路线的拟订任务单见表 4-5。

表 4-5 项目任务单

学习项目 4	卡扣配合件的数控工艺分析		
学习任务 2	卡扣配合件的加工工艺路线的拟订	学时	4
布 置 任 务			
学习目标	1. 学会卡扣配合件零件的加工工艺路线的制订。 2. 学会卡扣配合件零件的加工方法的选择。 3. 学会确定轴类零件加工顺序。		
任务描述	1. 选择合理的表面加工方法。 2. 选择正确的加工顺序。 3. 制订合理的加工路线。 4. 填写任务单。		
对学生的要求	1. 小组讨论卡扣配合件零件的工艺路线方案。 2. 小组讨论如何选择卡扣配合件零件的加工方法。 3. 小组讨论确定轴类零件的加工顺序。		
学时安排	4		

4.2.2 工作任务相关联知识

本任务相关知识信息参考项目 2 及项目 3 关于工艺路线拟订的有关内容。

4.2.3　参考案例

分别完成如图4-2所示"凸模"零件和如图4-3所示"凹模"零件的数控加工工艺的分析与工艺文件的编制，使两者达到合理的配合。毛坯尺寸为160mm×130mm×30mm，材料为45钢。案例零件加工工艺路线设计如下。

1）机床的选择

选择KVC650加工中心，FANUC 0i Mate系统。加工中心加工柔性比普通数控铣床优越，有一个自动换刀的伺服系统，对于工序复杂的零件需要多把刀加工，在换刀的时候可以减少很多辅助时间，很方便，而且能够加工更加复杂的曲面等工件。因此，提高加工中心的效率便成为关键，而合理运用编程技巧，编制高效率的加工程序，对提高机床效率往往具有意想不到的效果。

2）装夹方案的确定

该零件形状规则，四个侧面较光整，加工面与加工面之间的位置精度要求不高，因此，以底面和两个侧面作为定位基准，用平口虎钳从工件侧面夹紧即可。

3）加工工艺过程设计

(1) 确定工序方案。根据零件图纸和技术要求，制订一套加工用时少、成本低，又能保证加工质量的工艺方案。通常毛坯未经过任何处理时，外表有一层硬皮，硬度很高，很容易磨损刀具，在选择走刀方式时选择逆铣，并且在装夹前应进行钳工去毛刺处理，再以面作为粗基准加工精基准定位面。

① "凸模"零件工艺方案。铣夹持面→粗铣上平面→精铣上平面→粗铣内轮廓（挖槽）→粗铣槽内凸台→手动去除槽内多余残料→粗铣槽内圆弧槽→粗铣外轮廓→粗此凸台→手动去除多余残料→精铣槽内凸台→精铣槽内圆弧槽→半精铣内轮廓→半精铣外轮廓→精铣凸台→精铣槽面→精铣内轮廓→精铣外轮廓→钻孔→绞孔→翻面铣掉夹持面。

② "凹模"零件工艺方案。铣夹持面→粗铣上平面→精铣上平面→粗铣内轮廓（挖槽）→手动去除槽内多余残料→粗铣定位槽→粗铣槽底面→精铣内轮廓和倒圆角→精铣定位槽→钻孔→绞孔→翻面铣掉夹持面。

加工顺序为先里后外，先粗后精，先面后孔。由于轮廓薄壁太薄，对其划分工序考虑要全面，受力大的部位先加工，剩余部分粗铣后开始精加工。由于有时粗精加工同一个部位用的不是同一把刀，所以选择加工方案要综合考虑。

(2) 加工工步顺序的安排主要包括以下两个方面。

① "凸模"零件加工工步顺序。由于下表面的精度要求不高，所以可以以底面作为基准，粗、精加工上平面，以底面作为基准线粗铣外轮廓尺寸精度可达IT7～IT8，表面粗糙度可达$Ra12.5$～$Ra50\mu$m。再精铣外轮廓，精度可达IT7～IT8，表面粗糙度可达$Ra0.8$～$Ra3.2\mu$m。因此采用粗＋精铣的顺序。

加工槽轮廓、槽内岛屿和圆弧槽时，由槽轮廓尺寸要求、圆弧曲率及其加工精度要求可知：轮廓精度要求很高，公差要求为±0.03mm，表面粗糙度$Ra1.6\mu$m，壁厚0.96，按其深度分层粗加工，留有合适的加工余量，所以要采用粗加工→半精加工→精加工的方案来完成加工，以满足加工要求；槽内岛屿只对表面质量有较高要求，在粗加工时留 0.3mm 的余量，采用同一把刀粗加工，按其深度分层粗加工，采用同一把刀精加工，减少换刀时间和增加刀具误差。采用粗加工→精加工方案来完成加工，以满足加工的要求。在倒圆角上，还要用到球形刀具，并考虑行距的大小。圆弧槽的加工只对其深度尺寸限制了公差，要求不高，但因为要进行粗、精铣削加工，而且刀具尺寸也有所限制，所以选择 $\phi10$ 的立铣刀，与前面的加工可以选同一把 $\phi10$ 粗加工刀具和一把 $\phi10$ 精加工刀具。

加工外轮廓和凸台时，采用与内轮廓相同的方法，采用同一规格 $\phi10$ 的立铣刀以及粗加工→半精加工→精加工的方案。外轮廓的加工要求比内轮廓高，在加工时要小心一点。凸台的尺寸要求和表面质量要求比较高，按其深度分层粗加工，留有 0.3mm 的精加工余量。还有 $C2$ 的倒角，要用到球形刀具，考虑行距的大小。

加工中间底面时，底面的表面质量要求高，考虑到铣面程序不好编制，计算时应注意会产生过切的地方。

孔加工时，通孔 $\phi10$，H7 的公差对应 $Ra1.6\mu m$ 粗糙度，通孔 $\phi26$mm 对应 0.022 的公差，$Ra1.6\mu m$ 粗糙度，所以先钻孔，再绞孔才能达到加工要求。

② “凹模”零件加工工步顺序。加工上表面和外轮廓时，凹模上表面和外轮廓加工方案与凸模的加工方案大致相同；两个凹槽的要求比较高，凹槽的深度要求为 8～10mm，需要分层加工，公差要求有高、有低，但表面粗糙度均为 $Ra1.6\mu m$，因此采用粗加工→半精加工→精加工的方案来完成加工，以满足加工的要求。凹槽的圆弧最小曲率半径为 8mm，所以在选择加工刀具时，应选择半径小于 8mm 的铣刀。

孔加工时，通孔 $\phi10$，H7 的公差对应 $Ra1.6\mu m$ 粗糙度，加工方法与凸模相同，先钻孔，再绞孔才能达到加工要求。

(3) 铣削下刀方式的设定主要包括“凸模”和“凹模”两种铣削下刀方式。

① “凸模”铣削下刀方式。槽内轮廓深度不是很深，区域比较大，采用螺旋下刀较好，减少换刀时间。精加工用切线方式进刀，切线退刀，防止接刀痕的产生；槽内凸台粗、精加工，选择直线进刀，在空挡的位置垂直下刀；圆弧槽的深度不是很深，粗加工采用极坐标螺旋下刀，精加工采用直接下刀，直线进刀；外轮廓深度不是很深，可以在外面直接垂直下刀，直线切入，精加工相同；凸台与外轮廓一样，采用的方法相同；钻孔和绞孔可直接垂直下刀。

② “凹模”铣削下刀方式。槽轮廓区域内没有岛屿，可以螺旋下刀，精加工下刀方式与凸模相同；开放式槽直接在工件外下刀，在轮廓延长线上切入切出；钻孔和绞孔可直接垂直下刀。

4.2.4 制订计划

明确如何拟订卡扣配合件的加工工艺路线及完成步骤，根据实际情况制订如表 4-6 所示的计划单。

表 4-6　任务计划单

学习项目 4	卡扣配合件的数控工艺分析				
学习任务 2	卡扣配合件的加工工艺路线的拟订			学时	
计划方式	制订计划和工艺				
序号	实 施 步 骤				使用工具
计划评价	班级		第　组	组长签字	
	教师签字			日期	
	评语				

4.2.5　任务实施

明确如何拟订卡扣配合件的加工工艺路线及实施方案，根据实际情况填写如表 4-7 所示任务实施单。

表 4-7　任务实施单

学习项目 4	卡扣配合件的数控工艺分析		
学习任务 2	卡扣配合件的加工工艺路线的拟订	学时	
实施方式	小组针对实施计划进行讨论，决策后每人填写一份任务实施单		

实施内容：

回答下列问题。

1. 根据加工工艺路线设计的知识，确定任务零件加工顺序。

2. 根据加工工艺路线设计的知识，确定任务零件进给加工路线。

班级		第　组	组长签字	
教师签字		日期		

4.2.6　任务评价

根据学生任务的完成情况及课堂表现情况，教师填写表 4-8 任务评价单。

表 4-8　任务评价单

评价等级 （在对应等级前打√）	等级分类	评 价 标 准		
	优秀	能高质量、高效率地完成零件加工顺序和加工路线的制订		
	良好	能在无教师指导下完成零件加工顺序和加工路线的制订		
	中等	能在教师的偶尔指导下完成零件加工顺序和加工路线的制订		
	合格	能在教师的全程指导下完成零件加工顺序和加工路线的制订		
班级		第　组	姓名	
教师签字		日期		

任务 4.3　卡扣配合件加工刀具的选择

4.3.1　任务单

卡扣配合件的加工刀具选择任务单如表 4-9 所示。

表 4-9　项目任务单

学习项目 4	卡扣配合件的数控工艺分析		
学习任务 3	卡扣配合件加工刀具的选择	学时	4
布　置　任　务			
学习目标	1. 掌握数控铣削零件刀具材料的基本要求。 2. 掌握数控铣刀的分类和组成形式。 3. 掌握不同类型的数控铣刀的应用场合。		
任务描述	多种类型的铣刀 1. 学会区分不同类型的数控铣刀。 2. 学会选择不同类型的数控铣刀完成数控加工。 3. 学会将所学铣削知识用于不同的工艺刀具选择。 4. 填写相应单据。		
对学生的要求	1. 小组讨论各种刀具的使用场合。 2. 小组讨论并填写计划单。 3. 小组讨论并填写实施单。		
学时安排	4		

4.3.2　工作任务关联知识

本任务相关知识信息参考项目 2 及项目 3 关于刀具选择的有关内容。

4.3.3　参考案例

"凸模"零件刀具卡见表 4-10,"凹模"零件刀具卡见表 4-11。

表 4-10　"凸模"零件刀具卡

工序号	刀具号	刀具名称	直径/mm	长度/mm	备注(刃长)/mm
1	T01	盘形铣刀	$\phi 80$		10
2	T02	$R2$ 立铣刀	$\phi 16R2$	120	50
3	T03	立铣刀	$\phi 10$	120	50
4	T04	立铣刀	$\phi 10$	120	50
5	T05	立铣刀	$\phi 16$	120	50
6	T06	球头铣刀	$\phi 12$	120	50
7	T07	中心钻	$\phi 2$	60	
8	T08	钻头	$\phi 25.6$	160	100
9	T09	绞刀	$\phi 26$	160	100
10	T10	钻头	$\phi 9.8$	120	60
11	T11	绞刀	$\phi 10$	120	60

表 4-11　"凹模"零件刀具卡

工序号	刀具号	刀具名称	直径/mm	长度/mm	备注(刃长)/mm
1	T01	盘形铣刀	$\phi 80$		10
2	T02	$R2$ 立铣刀	$\phi 16$R2	120	50
3	T03	立铣刀	$\phi 10$	120	50
4	T04	立铣刀	$\phi 10$	120	50
5	T05	立铣刀	$\phi 16$	120	50
6	T06	球头铣刀	$\phi 12$	120	50
7	T07	中心钻	$\phi 2$	60	
8	T10	钻头	$\phi 9.8$	120	60
9	T11	绞刀	$\phi 10$	120	60

4.3.4　制订计划

明确完成卡扣配合件的加工刀具的选择及完成步骤,根据实际情况制订如表 4-12 所示计划单。

表 4-12 任务计划单

学习项目 4	卡扣配合件的数控工艺分析				
学习任务 3	卡扣配合件加工刀具的选择			学时	
计划方式	制订计划和工艺				
序号	实施步骤				使用工具
计划评价	班级		第 组	组长签字	
	教师签字			日期	
	评语				

4.3.5 任务实施

明确如何完成卡扣配合件的加工刀具的选择，根据实际情况填写如表 4-13 所示任务实施单。

表 4-13 任务实施单

学习项目 4	卡扣配合件的数控工艺分析		
学习任务 3	卡扣配合件加工刀具的选择	学时	
实施方式	小组针对实施计划进行讨论，决策后每人填写一份任务实施单		

实施内容：

填写下列刀具卡片。

产品名称或代号				零件名称			零件图号	
序号	刀具号	刀具规格名称		数量	加工表面			备注
编制			审核		批准		共 页	第 页
班级			第 组		组长签字			
教师签字			日期					

4.3.6 任务评价

根据学生完成任务的情况及课堂表现，教师填写如表 4-14 所示任务评价单。

表 4-14　任务评价单

评价等级 （在对应等级前打√）	等级分类	评　价　标　准		
	优秀	能高质量、高效率地完成零件的加工刀具的选择		
	良好	能在无教师指导下完成零件的加工刀具的选择		
	中等	能在教师的偶尔指导下完成零件的加工刀具的选择		
	合格	能在教师的全程指导下完成零件的加工刀具的选择		
班级		第　组	姓名	
教师签字		日期		

任务 4.4　卡扣配合件切削用量的选择

4.4.1　任务单

卡扣配合件的切削用量选择任务单如表 4-15 所示。

表 4-15　项目任务单

学习项目 4	卡扣配合件的数控工艺分析		
学习任务 4	卡扣配合件切削用量的选择	学时	4
布　置　任　务			
学习目标	1. 掌握数控切削零件三要素。 2. 掌握数控切削零件背吃刀量的确定。 3. 掌握数控切削零件进给速度 f 的确定。 4. 掌握数控切削零件主轴转速 n 的确定。		
任务描述	1. 学会数控切削零件三要素的概念。 2. 学会数控切削零件背吃刀量的确定方法。 3. 学会数控切削零件进给速度的确定方法。 4. 学会数控切削零件主轴转速 n 的确定方法。 5. 填写相应单据。		
对学生的要求	1. 小组讨论各加工部分切削用量的确定。 2. 小组讨论并填写计划单。 3. 小组讨论并填写实施单。 4. 独立进行任务实施单的填写。 5. 积极参加小组任务讨论，遵守纪律，严禁抄袭。		
学时安排	4		

4.4.2 任务相关知识信息

本任务相关知识信息参考项目 1 及项目 2 关于切削用量选择的有关内容。

4.4.3 参考案例

选择主轴转速与进给速度时，先查切削用量手册，确定切削速度与每齿进给量，然后按式 $v_c=\pi dn/1000, v_f=nZf_z$ 计算主轴转速与进给速度(计算过程略)。

4.4.4 制订计划

明确如何完成卡扣配合件的加工切削用量选择及完成步骤，根据实际情况制订表 4-16所示计划单。

表 4-16 任务计划单

学习项目 4	卡扣配合件的数控工艺分析				
学习任务 4	卡扣配合件切削用量的选择			学时	
计划方式	制订计划和工艺				
序号	实 施 步 骤				使用工具
计划评价	班级		第 组	组长签字	
	教师签字			日期	
	评语				

4.4.5 任务实施

明确完成卡扣配合件的加工切削量的选择及实施步骤，根据实际情况制订表 4-17 的任务实施单。

表 4-17 任务实施单

学习项目 4	卡扣配合件的数控工艺分析			
学习任务 4	卡扣配合件切削量的选择		学时	
实施方式	小组针对实施计划进行讨论，决策后每人填写一份任务实施单			
实施内容： (1) 该零件背吃刀量的选择。 (2) 该零件主轴转速的选择。 (3) 该零件进给速度的选择。				
班级		第 组	组长签字	
教师签字		日期		

4.4.6　任务评价

根据学生课堂表现及学生完成任务情况,教师填写如表 4-18 所示任务评价单。

表 4-18　任务评价单

<table>
<tr><td>评价等级
(在对应等级前打√)</td><td>等级分类</td><td colspan="3">评　价　标　准</td></tr>
<tr><td></td><td>优秀</td><td colspan="3">能高质量、高效率地完成零件切削量的选择</td></tr>
<tr><td></td><td>良好</td><td colspan="3">能在无教师指导下完成零件切削量的选择</td></tr>
<tr><td></td><td>中等</td><td colspan="3">能在教师的偶尔指导下完成零件切削量的选择</td></tr>
<tr><td></td><td>合格</td><td colspan="3">能在教师的全程指导下完成零件切削用量的选择</td></tr>
<tr><td>班级</td><td></td><td>第　组</td><td>姓名</td><td></td></tr>
<tr><td>教师签字</td><td></td><td>日期</td><td colspan="2"></td></tr>
</table>

任务 4.5　卡扣配合件工艺文件的制订

4.5.1　任务单

卡扣配合件的工艺文件制订项目任务单,如表 4-19 所示。

表 4-19　项目任务单

<table>
<tr><td>学习项目 4</td><td colspan="3">卡扣配合件的数控工艺分析</td></tr>
<tr><td>学习任务 5</td><td>卡扣配合件工艺文件的制订</td><td>学时</td><td>4</td></tr>
<tr><td colspan="4">布　置　任　务</td></tr>
<tr><td>学习目标</td><td colspan="3">1. 掌握绘制机械加工工艺过程卡、机械加工工序卡、数控加工工艺卡、数控刀具卡、数控加工走刀路线图、数控加工工件安装和原点设定卡的方法。
2. 掌握机械加工工序卡、数控加工工艺卡的填写方法。
3. 掌握卡扣配合件综合铣削零件的数控加工工艺分析。</td></tr>
<tr><td>任务描述</td><td colspan="3">1. 学会正确划分机械加工工序内容。
2. 学会计算生产纲领,正确确定生产类型。
3. 掌握机械加工工艺规程包括的内容和作用。
4. 正确绘制数控加工工艺文件。</td></tr>
<tr><td>对学生的要求</td><td colspan="3">1. 小组讨论卡扣配合件的工艺路线方案。
2. 小组讨论并填写卡扣配合件的工艺规程。
3. 小组讨论并填写实施单。
4. 参与工艺研讨,讲解卡扣配合件加工工艺,接受教师与同学的点评,同时参与评价小组自评与互评。</td></tr>
<tr><td>学时安排</td><td colspan="3">4</td></tr>
</table>

4.5.2 任务相关知识信息

本任务相关知识信息参考项目2及项目3关于工艺文件制订的有关内容。

4.5.3 参考案例

将各工步的加工内容、所用刀具和切削用量填入表4-20"凸模"零件数控加工工序卡片和表4-21"凹模"零件数控加工工序卡片。

表4-20 "凸模"零件数控加工工序卡片

数控加工工序(工步)卡片	零件图号		零件名称	材料	使用设备		
			凸模	45钢	加工中心		
工步号	工步内容	刀具号	刀具规格	主轴转速/(r/min)	进给速度/(mm/min)	背吃刀量/mm	备注
1	装夹,粗铣基准面A,留1mm余量	T01	$\phi80$	1600	300	2	自动
2	粗铣定位侧面,留0.5mm余量	T02	$\phi16R2$	600	150	4	自动
3	装夹,粗精铣基准面B至尺寸要求和表面质量要求	T01	$\phi80$mm	1600/2000	300	2	自动
4	粗铣薄壁内轮廓,留0.8mm侧面余量,0.3mm底面余量	T03	$\phi10$	450	120	4	自动
5	粗铣薄壁内凸台轮廓,留0.8mm余量,0.3底面余量	T03	$\phi10$	450	120	4	自动
6	手动去除薄壁内大部分余量,留0.3mm底面余量	T02	$\phi16R2$	600	100—120	4	手动
7	粗铣薄壁内圆弧槽,留0.3mm余量,0.3mm底面余量	T03	$\phi10$	450	120	4	自动
8	粗铣薄壁外轮廓,留0.8mm侧面余量,0.3mm底面余量	T03	$\phi10$	450	120	4	自动
9	粗铣薄壁外凸台轮廓,留0.8mm侧面余量,0.3mm底面余量	T03	$\phi10$	450	120	4	自动
10	手动去除薄壁外大部分余量,留0.3mm底面余量	T02	$\phi16R2$	600	100—120	4	手动
11	粗铣加工四方轮廓形状,留0.4余量	T02	$\phi16R2$	600/800	150/120	4/10	自动
12	精加工薄壁内圆弧槽到尺寸要求和精度要求	T04	$\phi10$	720	100	4	自动
13	半精铣薄壁内轮廓,留0.2mm余量	T04	$\phi10$	720	100	10	自动

续表

工步号	工 步 内 容	刀具号	刀具规格	主轴转速/(r/min)	进给速度/(mm/min)	背吃刀量/mm	备注
14	半精铣薄壁内凸台轮廓，留 0.2mm 余量	T04	ϕ10	720	100	10	自动
15	半精铣薄壁外轮廓，留 0.2mm 余量	T04	ϕ10	720	100	10	自动
16	半精铣薄壁外凸台轮廓，留 0.2mm 余量	T04	ϕ10	720	100	10	自动
17	精铣薄壁内底面至尺寸要求和表面质量要求	T05	ϕ16	800	300	0.3	自动
18	精铣薄壁内凸台顶面至尺寸要求和表面质量要求	T05	ϕ16	800	300		自动
19	精铣薄壁外凸台顶面至尺寸要求和表面质量要求	T05	ϕ16	800	300		自动
20	精铣薄壁外底面至尺寸要求和表面质量要求	T05	ϕ16	800	300	0.3	自动
21	精铣四方轮廓面至尺寸要求和表面质量要求	T05	ϕ16	800	150		自动
22	精加工薄壁内轮廓至尺寸要求和表面质量要求	T04	ϕ10	1000	120	10	自动
23	精加工薄壁外轮廓至尺寸要求和表面质量要求	T04	ϕ10	1000	120	10	自动
24	精加工薄壁内凸台轮廓至尺寸要求和表面质量要求	T04	ϕ10	1000	120	10	自动
25	精加工薄壁外凸台轮廓至尺寸要求和表面质量要求	T04	ϕ10	1000	120	10	自动
26	倒圆角 $R3$	T06	ϕ12	800	200		自动
27	倒角 $C2$	T06	ϕ12	800	200		自动
28	钻中心孔	T07	ϕ2	600	60		自动
29	钻 ϕ26 的通孔，留 0.4mm 余量	T08	ϕ25.6	600	80		自动
30	绞 ϕ26 的通孔至尺寸要求和表面质量要求	T09	ϕ26	1000	100		自动
31	钻 ϕ10 的通孔，留 0.2mm 余量	T10	ϕ9.8	600	60		自动
32	绞 ϕ10 的通孔至尺寸要求和表面质量要求	T11	ϕ10	1000	60		自动
33	装夹，精铣基准面 A	T01	ϕ80	2000	300		自动
34	精加工四方轮廓面	T05	ϕ16	800	150		自动

表 4-21 “凹模”零件数控加工工序卡片

数控加工工序(工步)卡片	零件图号		零件名称	材料	使用设备		
			凸模	45 钢	加工中心		
工步号	工步内容	刀具号	刀具规格	主轴转速/(r/min)	进给速度/(mm/min)	背吃刀量/mm	备注
1	装夹,粗铣基准面 A,留 1mm 面余量	T01	$\phi80$	1600	300	2	自动
2	粗铣定位侧面,留 0.5mm 余量	T02	$\phi16R2$	600	150	4	自动
3	装夹,粗精铣基准面 B 至尺寸要求和表面质量要求	T01	$\phi80$	1600/2000	300	2	自动
4	粗铣薄壁内轮廓,留 0.5mm 侧面余量,0.3mm底面余量	T03	$\phi10$	450	120	4	自动
5	粗铣外槽轮廓,留 0.5mm 侧面余量,0.3mm 底面余量	T03	$\phi10$	450	120	4	自动
6	手动去除槽内大部分余量,留 0.3mm 底面余量	T02	$\phi16R2$	600	100～120	4	手动
7	粗铣加工四方轮廓形状,留 0.4mm 余量	T02	$\phi16R2$	600	150	4	手动
8	精铣槽内底面至尺寸要求和表面质量	T05	$\phi16$	800	300		自动
9	精铣加工四方轮廓形状至尺寸要求和表面质量	T05	$\phi16$	800	150		自动
10	精加工槽内轮廓至尺寸要求和表面质量	T04	$\phi10$	1000	120	10	自动
11	精加工槽内轮廓至尺寸要求和表面质量	T04	$\phi10$	1000	120	10	自动
12	倒圆角 $R3$	T06	$\phi12$	800	200		自动
13	钻中心孔	T07	$\phi2$	600	60		自动
14	钻 $\phi10$ 的通孔,留 0.2mm 余量	T10	$\phi9.8$	600	60		自动
15	绞 $\phi10$ 的通孔至尺寸要求和表面质量要求	T11	$\phi10$	1000	60		自动
16	装夹,精铣基准面 A	T01	$\phi80$	2000	300		自动
17	精加工四方轮廓面	T05	$\phi16$	800	150		自动

4.5.4 制订计划

明确如何完成卡扣配合件的工艺文件的制订及完成步骤,根据实际情况制订表 4-22 任务计划单。

表 4-22 任务计划单

学习项目4	卡扣配合件的数控工艺分析				
学习任务5	卡扣配合件的工艺文件的制订			学时	
计划方式	制订计划和工艺				
序号	实 施 步 骤				使用工具
计划评价	班级		第 组	组长签字	
	教师签字		日期		
	评语				

4.5.5 任务实施

明确如何完成卡扣配合件的工艺文件的制订及实施步骤，根据实际情况填写表 4-23 任务实施单。

表 4-23 任务实施单

学习项目4	卡扣配合件的数控工艺分析		
学习任务5	卡扣配合件的工艺文件的制订	学时	
实施方式	小组针对实施计划进行讨论，决策后每人填写一份任务实施单		

实施内容：

填写卡扣配合件的加工工艺卡片。

单位名称		产品名称或代号	零件名称	零件图号
			典型轴	
工序号	程序编号	夹具名称	使用设备	铣间
001		三爪卡盘和活动顶尖		数控中心

工步号	工步内容	刀具号	刀具规格/mm	主轴转速/(r/min)	进给速度/(mm/min)	背吃刀量/mm	备注
编制		审核		批准		共 页	第 页
班级			第 组		组长签字		
教师签字			日期				

4.5.6 任务评价

根据学生任务的完成情况及课堂表现，教师填写表 4-24 所示的任务评价单。

表 4-24 任务评价单

<table>
<tr><th>评价等级
（在对应等级前打√）</th><th>等级分类</th><th colspan="3">评 价 标 准</th></tr>
<tr><td></td><td>优秀</td><td colspan="3">能高质量、高效率地完成零件的数控加工工艺卡片的填写及本项目的 PPT 汇报</td></tr>
<tr><td></td><td>良好</td><td colspan="3">能在无教师指导下完成零件的数控加工工艺卡片的填写及本项目的 PPT 工作</td></tr>
<tr><td></td><td>中等</td><td colspan="3">能在教师的偶尔指导下完成零件的数控加工工艺卡片的填写及本项目的 PPT 工作</td></tr>
<tr><td></td><td>合格</td><td colspan="3">能在教师的全程指导下完成零件的数控加工工艺卡片的填写及本项目的 PPT 工作</td></tr>
<tr><td>班级</td><td></td><td>第 组</td><td>姓名</td><td></td></tr>
<tr><td>教师签字</td><td></td><td>日期</td><td colspan="2"></td></tr>
</table>

参考文献

[1] 刘永利. 数控加工工艺[M]. 北京:机械工业出版社,2011.

[2] 罗春华,刘海明. 数控加工工艺简明教程[M]. 北京:北京理工大学出版社,2007.

[3] 张明建,杨世成. 数控加工工艺规划[M]. 北京:清华大学出版社,2009.

[4] 杨建明. 数控加工工艺与编程[M]. 北京:北京理工大学出版社,2006.

[5] 苏建修,杜家熙. 数控加工工艺[M]. 北京:机械工业出版社,2009.

[6] 张平亮. 现代数控加工工艺与装备[M]. 北京:清华大学出版社,2008.

[7] 杨丰,宋宏明. 数控加工工艺[M]. 北京:机械工业出版社,2010.

[8] 田春霞. 数控加工工艺[M]. 北京:机械工业出版社,2006.

[9] 杨继宏. 数控加工工艺手册[M]. 北京:化学工业出版社,2008.